教育部高等学校电子信息类专业教学指导委员会规划教材
高等学校电子信息类专业系列教材

Internet of Things: Architecture, Protocol Standard and Wireless Communication
（RFID, NFC, LoRa, NB-IoT, WiFi, ZigBee and Bluetooth）

物联网

体系结构、协议标准与无线通信

（RFID、NFC、LoRa、NB-IoT、WiFi、ZigBee与Bluetooth）

高泽华　孙文生　编著
Gao Zehua　　Sun Wensheng

清华大学出版社
北京

内 容 简 介

物联网及智慧城市在近些年得到了突飞猛进的发展,物联网的赢利窗口已经开启。本书从物联网应用的角度出发,首先阐述了物联网的基本概念、体系架构、关键技术、标准化体系、物联网＋等知识,然后着重介绍了物联网工程开发(主控层、传感器层、无线传输层 RFID、NFC、LoRa、NB-IoT、WiFi、ZigBee 与 Bluetooth)、物联网应用实践案例,并配套相应的物联网硬件开发环境、硬件开发模块,力争让读者从科学前沿,对物联网未来应用和发展前景有一个全面科学的把握,培养面向未来的物联网思维模式以及物联网开发实践能力,提高利用物联网解决实际问题的能力。

书中第一部分着重描述物联网基础知识、未来发展。第二部分着重结合配套硬件开发环境模块介绍物联网主控层、传感器层、无线传输层 RFID、NFC、LoRa、NB-IoT、WiFi、ZigBee 与 Bluetooth 的开发技术及应用案例。这些章节各自独立,层次分明,既自成体系又互相联系。本书力求理论与实践紧密结合,内容翔实、实例丰富。

本书可以作为高等院校物联网课程的教材,也可供从事物联网系统开发与应用的工程技术人员自学与参考。

图书在版编目(CIP)数据

物联网:体系结构、协议标准与无线通信:RFID、NFC、LoRa、NB-IoT、WiFi、ZigBee 与 Bluetooth/高泽华,孙文生编著.—北京:清华大学出版社,2020.1(2022.2重印)
　　高等学校电子信息类专业系列教材
　　ISBN 978-7-302-53521-8

　　Ⅰ.①物…　Ⅱ.①高…②孙…　Ⅲ.①互联网络－应用－高等学校－教材②智能技术－应用－高等学校－教材　Ⅳ.①TP393.4②TP18

中国版本图书馆 CIP 数据核字(2019)第 180083 号

责任编辑:盛东亮
封面设计:李召霞
责任校对:梁　毅
责任印制:沈　露

出版发行:清华大学出版社
　　　　网　　　址:http://www.tup.com.cn,http://www.wqbook.com
　　　　地　　　址:北京清华大学学研大厦 A 座　　　　　邮　　编:100084
　　　　社 总 机:010-62770175　　　　　　　　　　　　邮　　购:010-83470235
　　　　投稿与读者服务:010-62776969,c-service@tup.tsinghua.edu.cn
　　　　质量反馈:010-62772015,zhiliang@tup.tsinghua.edu.cn
　　　　课件下载:http://www.tup.com.cn,010-83470236
印 装 者:三河市铭诚印务有限公司
经　　销:全国新华书店
开　　本:185mm×260mm　　印　张:18.25　　　　　字　　数:445 千字
版　　次:2020 年 1 月第 1 版　　　　　　　　　　　　印　　次:2022 年 2 月第 5 次印刷
印　　数:7501~9000
定　　价:59.00 元

产品编号:082013-01

序

FOREWORD

我国电子信息产业销售收入总规模在 2013 年已经突破 12 万亿元,行业收入占工业总体比重已经超过 9%。电子信息产业在工业经济中的支撑作用凸显,更加促进了信息化和工业化的高层次深度融合。随着移动互联网、云计算、物联网、大数据和石墨烯等新兴产业的爆发式增长,电子信息产业的发展呈现了新的特点,电子信息产业的人才培养面临着新的挑战。

(1) 随着控制、通信、人机交互和网络互联等新兴电子信息技术的不断发展,传统工业设备融合了大量最新的电子信息技术,它们一起构成了庞大而复杂的系统,派生出大量新兴的电子信息技术应用需求。这些"系统级"的应用需求,迫切要求具有系统级设计能力的电子信息技术人才。

(2) 电子信息系统设备的功能越来越复杂,系统的集成度越来越高。因此,要求未来的设计者应该具备更扎实的理论基础知识和更宽广的专业视野。未来电子信息系统的设计越来越要求软件和硬件的协同规划、协同设计和协同调试。

(3) 新兴电子信息技术的发展依赖于半导体产业的不断推动,半导体厂商为设计者提供了越来越丰富的生态资源,系统集成厂商的全方位配合又加速了这种生态资源的进一步完善。半导体厂商和系统集成厂商所建立的这种生态系统,为未来的设计者提供了更加便捷却又必须依赖的设计资源。

教育部 2012 年颁布了新版《高等学校本科专业目录》,将电子信息类专业进行了整合,为各高校建立系统化的人才培养体系,培养具有扎实理论基础和宽广专业技能的、兼顾"基础"和"系统"的高层次电子信息人才给出了指引。

传统的电子信息学科专业课程体系呈现"自底向上"的特点,这种课程体系偏重对底层元器件的分析与设计,较少涉及系统级的集成与设计。近年来,国内很多高校对电子信息类专业课程体系进行了大力度的改革,这些改革顺应时代潮流,从系统集成的角度,更加科学合理地构建了课程体系。

为了进一步提高普通高校电子信息类专业教育与教学质量,贯彻落实《国家中长期教育改革和发展规划纲要(2010—2020 年)》和《教育部关于全面提高高等教育质量若干意见》(教高【2012】4 号)的精神,教育部高等学校电子信息类专业教学指导委员会开展了"高等学校电子信息类专业课程体系"的立项研究工作,并于 2014 年 5 月启动了《高等学校电子信息类专业系列教材》(教育部高等学校电子信息类专业教学指导委员会规划教材)的建设工作。其目的是为推进高等教育内涵式发展,提高教学水平,满足高等学校对电子信息类专业人才培养、教学改革与课程改革的需要。

本系列教材定位于高等学校电子信息类专业的专业课程,适用于电子信息类的电子信息工程、电子科学与技术、通信工程、微电子科学与工程、光电信息科学与工程、信息工程及其相近专业。经过编审委员会与众多高校多次沟通，初步拟定分批次(2014—2017年)建设约100门课程教材。本系列教材将力求在保证基础的前提下，突出技术的先进性和科学的前沿性，体现创新教学和工程实践教学；将重视系统集成思想在教学中的体现，鼓励推陈出新，采用"自顶向下"的方法编写教材；将注重反映优秀的教学改革成果，推广优秀的教学经验与理念。

为了保证本系列教材的科学性、系统性及编写质量，本系列教材设立顾问委员会及编审委员会。顾问委员会由教指委高级顾问、特约高级顾问和国家级教学名师担任，编审委员会由教育部高等学校电子信息类专业教学指导委员会委员和一线教学名师组成。同时，清华大学出版社为本系列教材配置优秀的编辑团队，力求高水准出版。本系列教材的建设，不仅有众多高校教师参与，也有大量知名的电子信息类企业支持。在此，谨向参与本系列教材策划、组织、编写与出版的广大教师、企业代表及出版人员致以诚挚的感谢，并殷切希望本系列教材在我国高等学校电子信息类专业人才培养与课程体系建设中发挥切实的作用。

吕志伟 教授

前 言

PREFACE

互联网连接的是人,让人与人之间的距离变成零。物联网连接了人、物,让人与物、物与物之间的距离忽略不计。互联网颠覆了人类的传统信息体系架构,而物联网融合信息、物质、能量,将会再次猛烈冲击和改变世界信息物理体系架构。物联网也是继计算机、互联网之后第三次信息产业革命浪潮,将会形成一个更强大的产业,变成具有极大开发价值的资源,成为新经济时代的资源。

物联网(Internet of Things,IoT)是在通信技术、互联网、传感等新技术的推动下,逐步形成的人与人、人与物、物与物之间沟通的网络构架。物联网把所有物品通过各种信息传感设备与互联网连接起来,实现智能化识别和管理。

物联网核心是将物体联到网络上,物联网未来就是人工智慧生命感知决策行动系统。物联网采用传感感知技术获取物体、环境的各种信息参数,通过各种无线通信技术汇总到信息通信网络上,并传输到后端进行数据分析挖掘处理,提取有价值的信息给决策层,并通过一定的机制、措施,实现对现实世界的智慧控制。物联网是一个综合技术系统,未来还可以融合区块链、人工智能、可穿戴设备、增强现实(AR)、机器人、自动驾驶、无人机等技术,智能交互、信息智能呈现、随时采取行动,实现物联网+。

本书前半部分系统介绍了物联网的基础知识,涵盖基本概念、体系架构、关键技术、标准化体系、物联网+,通过物联网与各种最新技术融合的物联网+新技术,对未来发展趋势做了阐述。后半部分着重介绍了物联网工程开发(主控层、传感器层、无线传输层 RFID、NFC、LoRa、NB-IoT、WiFi、ZigBee 与 Bluetooth)、物联网应用实践案例,并配套相应的物联网硬件开发环境、硬件开发模块。通过本书,读者可以全面深刻地领会物联网技术及其应用,并可以进行物联网应用开发实践,解决实际问题。

本书具有如下特点。

(1) 入门要求低:本书介绍了物联网最基本的知识,读者只需要有一定的通信及网络知识。

(2) 完整性:本书内容完整,涉及面广,内容涵盖技术标准、关键技术、产业联盟、发展现状、物联网应用开发实践等内容,便于读者全面深刻地领会物联网技术。

(3) 概括性:本书每章标题及第一段都是对该章内容的高度概括,对其内容解释尽可能做到准确、翔实。

(4) 实用性:本书紧密结合应用,对具体的物联网应用场景开发作了较详细的介绍。

本书由高泽华、孙文生策划并编著。高泽华编写第 1~5 章,孙文生编写第 6~9 章。同时，在本书编写过程中，秦鸣然、刘欢、宋勇燕、李亚平、王曼婷、周紫葳、朱迪、许鑫、王甲、刘颖、张宸、王强、朱倍莹、郑方向、吴永侠、吴炜、吴成伟、骆浩、年鉴、范若乔完成了全书资料收集和整理，并完成了全书的文字校对和部分内容的编写，对他们的辛勤劳动表示感谢。特别感谢厦门南鹏物联科技有限公司对本书的出版所做的大力支持。

另外，在本书的编写过程中，得到了北京邮电大学领导及教研室同事的支持和帮助，他们对本书内容的取舍、主次安排均提出了很好的意见，在此表示衷心的感谢。在书稿撰写整理过程中清华大学出版社盛东亮老师为书稿的内容提出了大量有益建议，在此表示特别的感谢。

由于编者水平有限，加之编写时间仓促，书中不足之处在所难免，敬请读者批评指正。

编者于北京邮电大学

2019 年 9 月

教 学 建 议

教 学 内 容	学习要点及教学要求	课时安排	
		全部讲授	部分选讲
第1章　物联网简介	• 了解本课程的意义及内容,理解发展物联网的意义; • 了解物联网发展历史、体系框架、关键技术常见应用发展趋势	2～3	1
第2章　物联网体系架构	• 了解物联网感知层构成,无线传感器网络特点、无线传感器网络研究范畴; • 理解网络传输层技术; • 了解应用层技术; • 理解物联网体系构架	3～4	2
第3章　物联网关键技术	• 了解感知技术、通信组网技术、应用服务技术; • 理解射频识别、传感器、能源技术,掌握 Bluetooth、ZigBee、NFC、IEEE 802.11ah、LoRa、5G、NB-IoT 技术; • 掌握云计算、大数据、人工智能技术	4～6	4
第4章　物联网标准化体系	• 了解 RFID、Bluetooth、NFC、ZigBee 技术标准; • 掌握 RFID 技术标准体系框架、关键技术、应用技术标准; • 掌握 Bluetooth v4.0 标准的主要技术特点、Bluetooth 标准协议、传输协议层、中间件协议组、应用组; • 掌握 NFC 技术标准规范,掌握 ZigBee 协议框架、物理层、介质接入控制子层、网络层、应用层	3～6	3
第5章　物联网＋新技术应用	• 了解物联网＋新技术及应用 • 掌握可穿戴设备、人工智能、AR、区块链、机器人、无人机、3D 打印等新技术; • 掌握物联网＋可穿戴设备、人工智能、AR、区块链、机器人、无人机、3D 打印等新技术融合	2～6	2
第6章　开启物联网世界的大门	• 了解物联网开发平台; • 掌握物联网生活开发板、扩展板; • 熟练掌握物联网与家居、物联农业、救援应用	4～6	4
第7章　物联网开发基础入门	• 了解物联网开发环境; • 掌握物联网基础实验板资源; • 掌握物联网基础应用点亮 LED、七段数码管、按键和拨码开关、自动控制路灯开发	6～8	6

续表

教 学 内 容	学习要点及教学要求	课时安排	
		全部讲授	部分选讲
第8章 物联网进阶实战	• 了解物联网常见扩展板通信技术； • 掌握 Bluetooth、ZigBee、Wi-Fi、LoRa、RFID、NB-IoT 扩展板开发使用及通信应用	4～10	4
第9章 物联网的未来应用	• 了解物联网常见应用智慧物流、智慧医疗、智慧农业、智慧建筑； • 掌握细分技术； • 掌握并能分析智慧物流、智慧医疗、智慧农业、智慧建筑未来发展	2～6	2
教学总学时建议		30～55	28

说明：

（1）本书为信息与通信学科本科专业物联网课程的教材，理论授课学时数为 40～56 学时（相关配套实验另行单独安排），可根据不同的教学要求和计划教学时数酌情对教材内容进行适当取舍。

（2）本书理论授课学时数中包含习题课、课堂讨论、实验、创意开发、测验等必要的课内教学环节。

目 录
CONTENTS

第 1 章　物联网简介 ……………………………………………………………… 1

1.1　物联网简史 …………………………………………………………………… 2

1.2　物联网体系框架 ……………………………………………………………… 3

1.3　物联网关键技术 ……………………………………………………………… 4

1.4　物联网常见应用 ……………………………………………………………… 6

1.5　物联网发展趋势 ……………………………………………………………… 10

习题 ………………………………………………………………………………… 13

第 2 章　物联网体系架构 ………………………………………………………… 14

2.1　感知层 ………………………………………………………………………… 14

　　2.1.1　传感器 ………………………………………………………………… 14

　　2.1.2　无线传感器网络特点 ………………………………………………… 16

　　2.1.3　无线传感器网络研究范畴 …………………………………………… 17

2.2　网络层 ………………………………………………………………………… 18

　　2.2.1　互联网与 NGI 体系架构 ……………………………………………… 19

　　2.2.2　传输网与传感网的融合 ……………………………………………… 24

2.3　应用层 ………………………………………………………………………… 24

　　2.3.1　业务模式和流程 ……………………………………………………… 25

　　2.3.2　服务资源 ……………………………………………………………… 28

　　2.3.3　服务质量 ……………………………………………………………… 31

2.4　物联网体系架构 ……………………………………………………………… 33

　　2.4.1　USN 体系架构 ………………………………………………………… 33

　　2.4.2　M2M …………………………………………………………………… 34

　　2.4.3　SENSEI ………………………………………………………………… 34

　　2.4.4　WoT …………………………………………………………………… 35

习题 ………………………………………………………………………………… 36

第 3 章　物联网关键技术 ………………………………………………………… 37

3.1　感知技术 ……………………………………………………………………… 38

　　3.1.1　RFID …………………………………………………………………… 38

　　3.1.2　传感器 ………………………………………………………………… 40

　　3.1.3　能源技术 ……………………………………………………………… 51

3.2　通信组网技术 ………………………………………………………………… 52

　　3.2.1　Bluetooth ……………………………………………………………… 52

　　3.2.2　ZigBee ………………………………………………………………… 54

　　　　3.2.3　NFC ·· 55

　　　　3.2.4　IEEE 802.11ah ··· 55

　　　　3.2.5　LoRa ·· 59

　　　　3.2.6　5G ·· 61

　　　　3.2.7　NB-IoT ··· 63

　　3.3　应用服务技术 ·· 66

　　　　3.3.1　云计算 ·· 66

　　　　3.3.2　大数据 ·· 69

　　　　3.3.3　人工智能 ··· 71

　　习题 ··· 75

第 4 章　物联网标准化体系 ·· 76

　　4.1　RFID 标准 ·· 76

　　　　4.1.1　RFID 标准化组织 ·· 76

　　　　4.1.2　RFID 标准体系 ·· 78

　　　　4.1.3　EPC Global 标准体系 ···································· 79

　　4.2　中国 RFID 技术标准 ··· 88

　　　　4.2.1　中国 RFID 标准体系框架 ································· 88

　　　　4.2.2　中国 RFID 的关键技术 ··································· 89

　　　　4.2.3　中国 RFID 应用技术标准 ································· 91

　　4.3　Bluetooth 技术标准 ··· 92

　　　　4.3.1　Bluetooth v4.0 标准的主要技术特点 ···················· 92

　　　　4.3.2　Bluetooth 标准协议简介 ································· 93

　　　　4.3.3　传输协议组 ··· 94

　　　　4.3.4　中间件协议组 ··· 95

　　　　4.3.5　应用组 ··· 98

　　4.4　NFC 技术标准 ·· 98

　　　　4.4.1　NFC 技术标准简介 ······································ 99

　　　　4.4.2　NFC 标准规范 ·· 99

　　　　4.4.3　NFC 标签 ·· 102

　　　　4.4.4　NDEF 协议 ·· 103

　　　　4.4.5　LLCP 协议 ·· 105

　　4.5　ZigBee 技术标准 ··· 106

　　　　4.5.1　ZigBee 协议框架 ······································· 106

　　　　4.5.2　物理层 ··· 107

　　　　4.5.3　介质接入控制子层 ······································ 108

　　　　4.5.4　网络层 ··· 109

　　　　4.5.5　应用层 ··· 110

　　习题 ··· 111

第 5 章　物联网＋新技术应用 ·· 112

　　5.1　物联网＋可穿戴设备 ·· 112

　　　　5.1.1　可穿戴设备简介 ··· 112

　　　　5.1.2　可穿戴设备的主要产品 ·································· 114

　　　　5.1.3　可穿戴设备与物联网的结合 ····························· 120

5.2　物联网＋人工智能 ……………………………………………… 121
　　5.2.1　人工智能简介 ………………………………………… 121
　　5.2.2　人工智能相关技术 …………………………………… 121
　　5.2.3　人工智能与物联网的结合 …………………………… 123
5.3　物联网＋AR ……………………………………………………… 123
　　5.3.1　AR 简介 ………………………………………………… 123
　　5.3.2　AR 的呈现形式 ………………………………………… 124
　　5.3.3　AR 与物联网的结合 …………………………………… 124
5.4　物联网＋区块链 ………………………………………………… 126
　　5.4.1　区块链技术简介 ……………………………………… 126
　　5.4.2　区块链的应用场景 …………………………………… 131
　　5.4.3　区块链与物联网的结合 ……………………………… 132
5.5　物联网＋机器人 ………………………………………………… 132
　　5.5.1　机器人简介 …………………………………………… 133
　　5.5.2　机器人技术 …………………………………………… 134
　　5.5.3　机器人与物联网的结合 ……………………………… 137
5.6　物联网＋无人机 ………………………………………………… 137
　　5.6.1　无人机的概念及其发展历程 ………………………… 137
　　5.6.2　无人机系统分类 ……………………………………… 139
　　5.6.3　无人机结构与飞行原理 ……………………………… 143
　　5.6.4　无人机相关技术 ……………………………………… 144
　　5.6.5　无人机产业发展趋势及展望 ………………………… 147
5.7　物联网＋3D 打印 ………………………………………………… 148
　　5.7.1　3D 打印简介 …………………………………………… 148
　　5.7.2　3D 打印的原理与技术 ………………………………… 149
　　5.7.3　3D 打印的特点与优势 ………………………………… 153
　　5.7.4　3D 打印应用 …………………………………………… 154
　　5.7.5　3D 打印与物联网的结合 ……………………………… 156
5.8　小结 ……………………………………………………………… 156
习题 …………………………………………………………………… 157

第 6 章　开启物联网世界的大门 …………………………………… 158
6.1　选一把绝世宝剑——物联网开发平台 ………………………… 160
　　6.1.1　硬件平台设计 ………………………………………… 161
　　6.1.2　Wiki 平台设计 ………………………………………… 163
6.2　一起创造物联网生活吧——物联网开发平台应用示例 ……… 163
　　6.2.1　"听话"的台灯——BLE 扩展板 ……………………… 163
　　6.2.2　呵护植物小助手——WiFi 扩展板 …………………… 164
　　6.2.3　私人百宝箱——RFID 扩展板 ………………………… 164
　　6.2.4　血氧监测仪——ZigBee 扩展板 ……………………… 165
　　6.2.5　自动喂鱼机——LoRa 扩展板 ………………………… 166
　　6.2.6　小小气象站——NB-IoT 扩展板 ……………………… 167
6.3　物联网大应用 …………………………………………………… 167
　　6.3.1　物联网与家居 ………………………………………… 167

6.3.2 物联网与农业 ·· 169

6.3.3 物联网与救援 ·· 169

6.3.4 物联网与5G ·· 170

习题 ·· 171

第7章 物联网开发基础入门 ·· 172

7.1 物联网基础实验板 ·· 172

7.1.1 物联网基础实验板简介 ·· 172

7.1.2 基础实验板资源分配 ·· 173

7.1.3 基础实验板的功能单元 ·· 174

7.2 点亮LED ·· 176

7.2.1 安装集成开发环境 ·· 177

7.2.2 点亮第一个LED ·· 180

7.2.3 呼吸灯 ·· 181

7.2.4 流水灯 ·· 183

7.2.5 彩色LED ·· 184

7.2.6 Arduino主控板简介 ·· 186

7.2.7 Arduino Uno引脚简介 ·· 187

7.3 七段数码管 ·· 188

7.3.1 数码管简介 ·· 188

7.3.2 锁存器简介 ·· 188

7.3.3 数码管显示 ·· 188

7.3.4 数码管静态显示 ·· 190

7.3.5 数码管动态显示 ·· 191

7.4 按键和拨码开关 ·· 192

7.4.1 按键开关 ·· 192

7.4.2 拨码开关 ·· 192

7.4.3 按键消抖 ·· 193

7.4.4 设计按键计数器 ·· 194

7.5 自动控制路灯 ·· 196

7.5.1 光敏电阻 ·· 196

7.5.2 实验目的 ·· 197

7.5.3 实验软硬件 ·· 197

7.5.4 基础实验 ·· 197

7.5.5 实验反思 ·· 199

7.6 音乐电子琴 ·· 199

7.6.1 实验原理 ·· 200

7.6.2 振荡频率的产生 ·· 200

7.6.3 生日歌制作 ·· 201

习题 ·· 202

第8章 物联网进阶实战 ·· 203

8.1 Bluetooth ··· 203

8.1.1 Bluetooth扩展板 ·· 204

8.1.2 采用Bluetooth串口通信 ·· 206

8.2 WiFi ·· 209

    8.2.1 WiFi 扩展板 ··· 210

    8.2.2 采用 WiFi 联机通信 ································· 212

8.3 RFID ·· 214

    8.3.1 RFID 扩展板 ··· 216

    8.3.2 采用 RFID 读取标签 ································· 218

8.4 ZigBee ·· 220

    8.4.1 ZigBee 扩展板 ·· 221

    8.4.2 采用 ZigBee 透传通信 ····························· 224

8.5 LoRa ·· 225

    8.5.1 LoRa 扩展板 ··· 225

    8.5.2 采用 LoRa P2P 传输 ································· 227

8.6 NB-IoT ··· 231

    8.6.1 NB-IoT 扩展板 ··· 232

    8.6.2 采用 NB-IoT 云平台传输 ························ 234

习题 ·· 237

第 9 章 物联网的未来应用 ····························· 238

9.1 智慧物流 ·· 238

    9.1.1 智慧物流简介 ··· 239

    9.1.2 细分技术简介 ··· 240

    9.1.3 搭建智慧物流系统 ··································· 243

    9.1.4 发展前景展望 ··· 248

9.2 智慧医疗 ·· 250

    9.2.1 智慧医疗简介 ··· 250

    9.2.2 细分技术简介 ··· 252

    9.2.3 搭建智慧医疗系统 ··································· 254

    9.2.4 发展前景展望 ··· 258

9.3 智慧农业 ·· 259

    9.3.1 智慧农业简介 ··· 259

    9.3.2 细分技术简介 ··· 260

    9.3.3 搭建智慧农业系统 ··································· 261

    9.3.4 发展前景展望 ··· 266

9.4 智慧建筑 ·· 267

    9.4.1 智慧建筑简介 ··· 268

    9.4.2 细分技术简介 ··· 269

    9.4.3 搭建智慧建筑系统 ··································· 271

    9.4.4 发展前景展望 ··· 275

习题 ·· 276

第 1 章

CHAPTER 1

物联网简介

　　宇宙由物质、能量、信息三大要素构成,物质和能量在一定条件下可以相互转化,并遵从规律 $E=mc^2$,其中 E 是能量,m 是质量,c 是光速。信息在物质和能量运动转化过程中层出不穷地演变形成丰富多彩的现实世界。21 世纪人类进入信息化的时代,信息在引导物质和能量的运动变化中发挥的作用越来越强大,信息已经形成了一个强大的产业,变成具有极大开发价值的资源,成为新经济时代的资源。在通信技术、互联网、传感等新技术的推动下,逐步形成人与人、人与物、物与物之间沟通的网络构架——物联网。互联网让人与人之间的距离变成零或者忽略不计,只剩下逻辑关系;物联网让人与物、物与物之间的距离忽略不计,变成纯逻辑位置关系。互联网颠覆了人类的传统信息体系架构,而物联网融合物质、能量,将会再次强烈冲击和改变世界信息体系架构。

　　如图 1-1 所示,物联网将是继计算机、互联网和移动通信之后第三次信息产业革命浪潮,物联网融合了传感、通信网、云计算、云存储等多种技术。美国咨询机构 FORRESTER 预测到 2020 年,世界上物物信息传递的业务,与人与人通信的业务相比,将达到 30∶1。物联网产业被称为万亿级的产业,会形成意想不到的大量应用,其市场前景极为广阔。

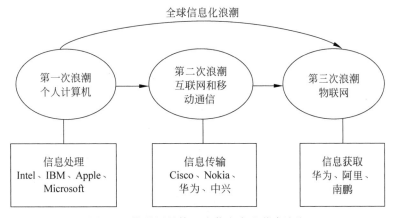

图 1-1　物联网是第三次信息产业革命浪潮

1.1 物联网简史

20 世纪 60 年代越战期间,越南北方通过胡志明小道向南方运输军用物资和人员,胡志明小道处于密林中,美军很难发现,为了切断这条通道,美军开始漫无目的地狂轰滥炸,效果并不大,后来美军在小道附近投下 2 万多枚传感器系统,这些系统提供了车辆活动较为准确的位置,取得了非常好的效果,这就是物联网较为早期的应用实践。

1995 年比尔·盖茨在他的《未来之路》一书中对未来的描述为:你不会忘记带走你遗留在办公室或教室里的网络连接用品,它将不仅仅是你随身携带的一个小物件,或是你购买的一个用具,而且是你进入一个新的、媒介生活方式的通行证。这个设想在那个年代是一个梦想,因为那时技术水平远远没有达到能实现的条件,但是,比尔·盖茨的描述为未来信息技术的发展指引了一个崭新的方向。

1998 年,美国麻省理工学院(MIT)创造性地提出了 EPC(Electronic Product Code,电子产品编码)系统的物联网构想。1999 年,建立在物品编码、RFID(Radio Frequency Identification,射频识别)技术和互联网的基础上,美国 Auto-ID 中心首先提出物联网概念。

2005 年 11 月 17 日,在信息社会世界峰会(WSIS)上国际电信联盟(ITU)发布了《ITU 互联网报告 2005:物联网》。报告指出,无所不在的"物联网"通信时代即将来临,世界上所有的物体都可以通过互联网主动进行信息交换。RFID、传感器技术、无线通信技术、云存储平台、人工智能等技术将得到更加广泛的应用。

奥巴马于 2009 年 1 月 28 日与美国工商业领袖举行了一次"圆桌会议"。IBM 首席执行官彭明盛首次提出"智慧地球"这一概念,建议政府投资新一代的智慧型基础设施。奥巴马回应:刺激经济的资金将会投入到宽带网络等新兴技术中去,这就是美国在 21 世纪保持和夺回竞争优势的方式。

2009 年,欧盟执行委员会发表题为《物联网——欧洲行动计划》的行动方案,描绘了物联网技术应用的前景,提出要推广标准化、推广物联网应用等行动建议。

韩国通信委员会于 2009 年出台了《物联网基础设施构建基本规划》,目标是要构建世界最先进的物联网基础设施、发展物联网服务、研发物联网技术、营造物联网推广环境等。

2009 年日本政府 IT 战略本部制定了日本新一代的信息化战略《i-Japan 战略 2015》,该战略目标是到 2015 年让数字信息技术如同空气和水一般融入每一个角落,聚焦电子政务、医疗保健和教育人才三大核心领域,并培育新产业。

2009 年 8 月 7 日,国务院总理温家宝在无锡视察时发表重要讲话,提出"感知中国"的战略构想,即中国要抓住机遇,大力发展物联网技术。2009 年 11 月 3 日,温家宝总理向首都科技界发表题为《让科技引领中国可持续发展》的讲话,强调科学选择新兴战略性产业非常重要,指示要着力突破传感网、物联网关键技术,大力发展物联网产业将成为一项具有国家战略意义的重要决策。

最早关于物联网的定义是 1999 年由麻省理工学院 Auto-ID 研究中心提出。对物联网的定义为:"物联网就是把所有物品通过射频识别(RFID)和条码等信息传感设备与互联网连接起来,实现智能化识别和管理。其实质就是将 RFID 技术与互联网相结合加以应用"。

2005 年,国际电信联盟(ITU)在 *The Internet of Things* 这一报告中对物联网的概念进行了阐述,提出任何时刻、任何地点、任何人可以连接到任意物体上(from anytime,any place connectivity for anyone,we will now have connectivity for anything),为实现无所不在的网络和无所不在的计算,物联网中广泛采用 RFID 无线技术、传感器技术、纳米技术、智能终端技术等。

欧洲智能系统集成技术平台对物联网的定义为:"物联网是由具有标识、虚拟个性的物体/对象所组成的网络,这些标识和个性等信息在智能空间使用智慧的接口与用户、社会和环境进行通信。"

欧盟第 7 框架下 RFID 和物联网研究项目组对物联网的定义为:"物联网是未来互联网的一个组成部分,可以定义为基于标准的和可互操作的通信协议,且具有自配置能力的、动态的全球网络基础架构。物联网中的'物'都具有标识、物理属性和实质上的个性,使用智能接口实现与信息网络的无缝整合。"

2010 年,中国的政府工作报告所附的注解中对物联网有如下说明:物联网是通过传感设备按照约定的协议,把各种网络连接起来,进行信息交换和通信,以实现智能化识别、定位、跟踪、监控和管理的一种网络。

从上述几种定义可以看出,物联网的概念最初起源于由 RFID 对物体进行标识并利用网络进行信息传输的应用,是在不断扩充、完善而逐步形成的。最初物联网架构主要由 RFID 标签、阅读器、信息处理系统和互联网等组成。通过对全球唯一编码的物品的标识实现对物品的跟踪、溯源、防伪、定位、监控以及自动化管理等功能。

我们对物联网有如下的定义:采用传感感知技术获取物体、环境的各种参数信息,通过各种无线通信技术汇总到信息通信网络上,并传输到后端进行数据分析挖掘处理,提取有价值的信息给决策层,并通过一定的机制、措施,实现对现实世界的智慧控制。由此可见,物联网核心是**将物体联到网络上**,物联网未来就是人工智慧生命感知决策行动系统。物联网是一个综合技术系统,未来还可以融合区块链、人工智能、可穿戴设备、增强现实(AR)、人体增强、机器人、自动驾驶、无人机等技术,智能交互、信息智能呈现、随时采取行动,实现物联网+。

1.2　物联网体系框架

物联网是一种综合集成创新的技术系统。按照信息生成、传输、处理和应用的原则,物联网可划分为感知层、网络层和应用层。图 1-2 展示了物联网的三层结构。

1. 感知层

感知是物联网的底层技术,是联系物理世界和信息世界的纽带。感知层包括各种感知技术。感知技术是能够让物品"开口说话"的技术,如 RFID 标签中存储的信息,通过无线通信网络把它们自动传输到中央信息系统,实现物品各种参数的提取和管理。无线传感网络主要通过各种类型的传感器对物质性质、环境状态、行为模式等参数信息进行获取。近年来,各类互联网联网电子产品层出不穷,智能手机、PAD、可穿戴设备、笔记本电脑等迅速普及,人们可以随时随地接入互联网,分享信息。信息生成、传输方式多样化是物联网区别于其他网络的重要特征。

2. 网络层

网络层的主要作用是把感知层数据接入互联网,供上层服务使用,包含信息传输、交换

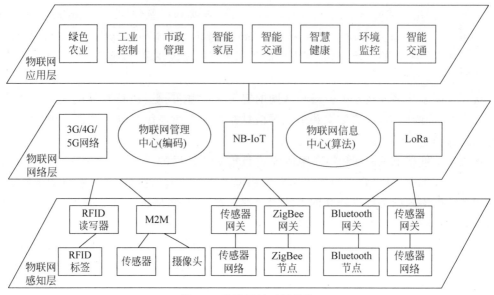

图 1-2　物联网的三层结构

和信息整合。物联网核心网络最主要使用的是互联网。网络边缘使用各种无线网络提供被感知物体参数信息的网络接入服务。无线通信技术有：移动通信网络（包括 2G、3G、4G 及 5G 技术），网络覆盖较为完善，但成本、耗电不具优势，对不易充电的环境使用非常受限；WiMAX 技术（IEEE 802.16 标准），提供城城范围高速数据传输服务；WiFi（IEEE 802.11 系列标准）、Bluetooth（IEEE 802.15.1 标准）、ZigBee（802.15.4 标准）等通信协议的特点是低功耗、低传输速率、短距离，一般用作个人电子产品互联、工业设备控制等领域；LoRa、NB-IoT 的特点是低功耗、低传输速率、长距离，适用于智慧城市、智慧农村等大量应用场景。各种不同类型的无线网络适用于不同的环境。根据应用场景采用不同技术或组合，是实现物联网的无线传输的重要方法。

3. 应用层

应用层利用经过分析处理挖掘的感知信息数据，为用户提供丰富的服务，实现智能化感知、识别、定位、追溯、监控和管理。应用层是物联网使用的目的。目前，已经有大量物联网应用在实际中，例如通过一种传感器感应到某个井盖被移动的信息，然后通过网络进行监控，及时采取应对措施。

应用层主要包含应用支撑平台子层和应用服务子层。应用支撑平台子层支撑跨行业、跨应用、跨系统之间的信息协调、共享、互通，包括公共中间件、信息开放平台、云计算平台和服务支撑平台。应用支撑平台子层可以将大规模数据高效、可靠地组织起来，为行业应用提供智能的支撑平台。应用服务子层包括智慧城市、智慧校园、智能交通、智能家居、工业控制等行业应用。

1.3　物联网关键技术

物联网是一个技术系统，融合了大量不同层面的技术，物联网的关键技术有传感技术、无线通信技术（物联网最初用到的是 RFID）、数据分析处理技术和网络通信技术等。下面将对这几种技术进行简介。

1. 传感技术

传感器负责物联网中的信息采集,是实现"感知"世界的物联网神经末梢。传感器是感知和探测物体的某些参数信息,如温度、湿度、压力、尺寸、成分等,并根据转换规则将这些参数信息转换成可传输的信号(如电压)的器件或设备。它们通常由某个参数敏感性部件和转换部件组成。

2. 无线通信技术

常见无线通信技术有移动通信 2G/3G/4G/5G 技术、WiMAX、WiFi、Bluetooth、ZigBee、LoRa、NB-IoT、RFID 等。最初在物联网中应用的无线技术是 RFID。下面简要介绍 RFID 技术。

RFID 技术是利用无线射频方式进行非接触式自动识别物品并获取相关信息的双向无线通信技术,又称"电子标签",它通过无线信号空间耦合实现无接触信息传送。RFID 技术的优势在于多种传输距离(读取半径从厘米量级到上千米不同距离)、穿透力强(可直接读取包装箱里物品的信息)、无磨损、非接触、防污染、高效率(可以同时识别多个标签)等。RFID 的工作原理如图 1-3 所示。电子标签带电池就称为有源标签,不带电池就称为无源标签。

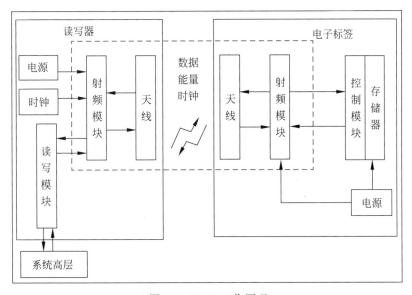

图 1-3 RFID 工作原理

RFID 系统包括 RFID 标签、阅读器和信息处理系统。当一件带有 RFID 标签的物品进入 RFID 阅读器读写范围内时,标签就会被阅读器激活,标签内的信息就会通过无线电波传输给阅读器,然后通过信息通信网络传输到后台信息处理系统,这样就完成了信息的采集工作。

3. 数据分析处理技术

数据分析处理技术是通过网络传输汇总物品参数信息,进一步分析处理海量数据,从海量数据中挖掘出有价值的规律、结论,把结论通过图表等形式提供给决策层用户来使用。可以借助人工智能(Artificial Intel ligence,AI)、智能控制技术等提升数据分析的智能性、自动化程度以代替人工进行决策、控制。

4. 网络通信技术

网络通信技术包括各种有线和无线传输技术、交换技术、网关技术等。M2M 通信技术是指机器对机器(Machine-To-Machine)通信,实现人、机器、系统之间的连接与通信。M2M 技术可以结合 WiMAX、WiFi、Bluetooth、ZigBee、LoRa、NB-IoT、RFID、UWB 等无线连接技术,提供通信服务。

1.4 物联网常见应用

物联网用途广泛,涉及生活中的方方面面,如智能交通、环境保护、公共安全、智能家居、工业监测、农业生产、食品追溯等多个领域。虽然物联网还未普及应用,但已有部分成功案例实现了管理效率的大幅提升,物联网技术应用前景广阔。

1. 智能交通

随着广大公民对交通工具使用的提升,交通拥堵已成为大城市的一个主要问题,基于物联网的智能交通系统提供了很好的解决方案。目前高速公路全程监控、ETC 自动收费、路况气象监测等已经大量应用。如图 1-4 所示,智能交通将先进的信息技术、通信技术、传感技术、控制技术和计算机技术有效集成于交通运输管理体系中,构建实时、准确、高效的运输管理系统,提升交通运输效率,缓解交通压力,减少交通事故。智能交通系统结合车联网,可以保障人、货物、车辆、道路与环境之间的有效相互交流,从而提高交通系统的安全和效率。

图 1-4　智能交通示意图

2. 智能监测

在环境条件比较恶劣的情况下,仅依靠人工到现场收集数据非常困难,成本高且效率非常低,也很难实现实时监测。如果使用物联网代替人工监测环境或设备运行状态,既准确、效率高,又能实现实时监测。如图 1-5 所示,智能监测主要使用振动、压力、声波、温度、湿度、气体色谱分析等传感设备收集相关环境参数或设备状态的数据,并利用无线网络将数据传送到后台分析系统,来监测、预测环境或设备变化,以便进行防范或实施维护。智能监测已应用于农业在线监控、生态环境监测、城市道路检测、矿区与核电厂监控等方面。

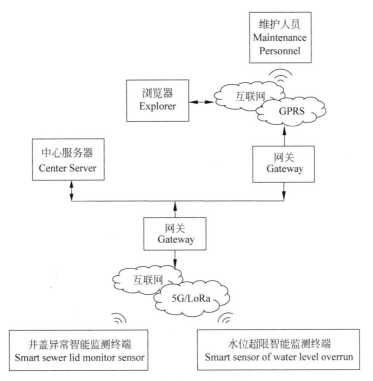

图 1-5 智能监测示意图

3. 智能电网

随着电网环境的日益复杂,电网中用电不均衡、蓄能电站效率低、电网电能浪费等问题不断出现,为了保持电网的高可靠性,减少电网中断次数,需要对电网进行周全的监测和管理,智能电网应运而生。如图 1-6 所示,智能电网可以通过实时的调整来实现负载均衡和精确的电网管理,从而减少电网的中断,提升电网的可靠性。变电站监控、智能电力测量和家庭能源管理都是智能电网的典型应用。目前,中国的智能电网注重电力系统发电、输电、变电、配电、用电和调度这六个环节,以通信信息技术为支撑,具有信息化、数字化、自动化特征。物联网技术可以整合通信及电力基础设施资源,使信息通信基础设施资源服务于电力系统运行,改善现有电力系统基础设施的利用效率,优化电网的运行和管理。

在发电方面,采用物联网技术可以对发电机、电动机等进行状态监测,对风力太阳能发电等进行发电预测。智能电网可以迅速直接地让可再生能源发电入网,如分布式发电的入网。线路状态监测主要包括对导线温度绝缘端子污秽、杆塔倾斜、覆冰、线路舞动、微气象等进行监测,获取设备状态信息,对设备状态进行评估和诊断。智能电网具有自愈功能,如把电网中有问题的元件从系统中隔离出来,并在很少或不用人为干预的情况下使系统迅速恢复到正常运行状态,几乎不需要中断对用户的供电服务。在变电方面,通过物联网技术对电气设备状态进行监测,对变电站的周界安全进行安全防护。

通过电力专用数据网络将信息传送至设备监测中心,实现输变电设备运行状态检测管理,提升输变电运行管理水平。在配电方面,物联网技术用在配电网现场作业管理、配电网设备的安全防护方面,提高电能利用效率,实现节能减排,降低生产成本。在用电方面,通过物联网技术的应用,智能电网可以对用电信息采集进行管理,从而对需求进行更准确的预

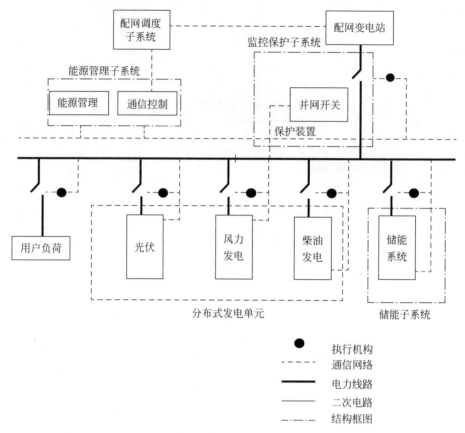

图 1-6 智能电网示意图

测,并在断电情况下及时采取措施。智能电网可以在智能电表的协助下,对供电量进行调配,制定动态计费方案,以反映不同时刻的发电、输电成本,有助于缓解用电峰谷矛盾,使电网保持供需平衡。在电力调度方面,通过物联网技术的应用,进行监控与数据采集。通过传感器及时感知电网内部的运行情况,反馈给调度系统全局电能的损耗情况,并能够辅助调度人员控制系统的运行方式,在保证安全运行的前提下优化网络的运行,节省能源消耗。

4. 智能物流

物流运输中,运输货物的种类、运输环节及物流企业的管理和服务,都影响到物流运输的成本和质量。如图 1-7 所示,智能物流是利用物联网技术,使物流系统具有感知、学习、优化控制、提升物流效率和物流安全可控的能力。智能物流为每辆配送车辆安装定位系统,而且在每件货物的包装中嵌入 RFID 或其他电子芯片,电子芯片写入物品信息,物品入库、出库通过阅读器读取,并把物品相关信息传输到管理中心数据库,可为该货品分配相关货仓、运输车辆。对应特殊货物,如生鲜食品、疫苗等,还可以通过传感器获取环境参数,如温度、湿度信息,并将参数信息及时传送到后台管理系统进行监控,便于物流公司和客户及时查询。物流公司和客户都能通过电子芯片从网络了解货物所处的位置和环境条件。同时在运输过程中物流公司可根据客户的要求,对货物进行及时的调整和调配,实时全程监控货物,防止物流遗失、误送等,以便优化物流运输路线,减少运输时间。物流发展趋势是物流的信息化和智能化,物流的信息化便于监控管理,伴随着新技术,如人工智能技术、自动化技术、信息技术的快速发展,物流的智能化程度将不断提高,从运输、存储、包装、装卸等诸环节,减少人工介入,提升效率。在物流中采用物联网技术实现智能物流,使得物流自动化,降低物流成本,提升物流效率。

图 1-7　智能物流示意图

5. 智能家居

如图 1-8 所示,智能家居是在住宅家居基础上,采用物联网技术,利用综合布线技术、网络通信技术、自动控制技术、音视频技术将与家居生活有关的设施集成,构建高效、安全、舒适、宜居的住宅家居环境,提升家居安全性、便利性、舒适性、健康宜居性,实现环保节能的居住环境。智能家居系统涵盖信息设备、通信设备、娱乐设备、家用电器、监控、空气净化、温度调整控制、照明设备、水电气热表、家庭求助报警等设备,通过互联网与后台控制系统互动,实现能源管理、安全管理、健康管理、家庭远程管理等功能,增强了家居生活的健康性、舒适性和便利性。

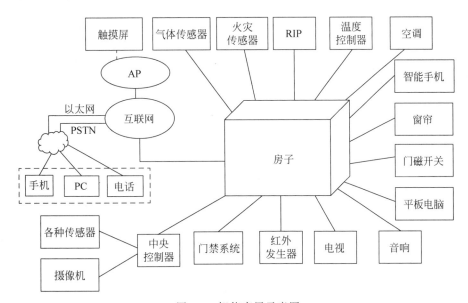

图 1-8　智能家居示意图

6. 智慧城市

2010 年,IBM 提出了"智慧的城市"愿景,认为城市由关系到城市主要功能的网络、基础设施和环境六个核心系统组成:组织(人)、业务/政务、交通、通信、水和能源。这些系统不是独立的,而是相互协作。城市本身是由这些系统所组成的宏观系统,特别是进入 21 世纪后,统一的网络协议和 B/S 访问模式,光纤通信骨干网和接入网的建设等技术给城市信息化提供了必要条件。"数字城市"指明了城市发展的主线,数字化、网络、多媒体等技术渗透到城市管理、文化教育、生活等各个方面。在建设"智慧城市"上,万兆以上的宽带网、移动互联网、云计算、人工智能等信息技术逐步与城市融合,特别是数据中心的建设和各级云计算的应用为智慧城市提供了重要的资源共享和公共服务。业界认为:在技术上,智慧城市是(互联网、物联网)应用+云计算服务。如图 1-9 所示,"智慧城市"的建设体现在城市的各个方面:在市政方面,有智能政务、智能安防、智能交通、智能城管等;在企业应用方面,有智能工业、智能物流等;在居民应用方面,有智能农牧业、智能医疗保健、智能社区、智能文化教育等;在节能环保方面,有智能电网、智能供水、智能供热、智能环保等;在信息基础设施建设方面,有数据中心、信息高速公路、三网融合等。基于云计算,通过智能融合技术的应用实现对海量数据的存储、计算与分析,通过人工智能大大提升决策支持的能力。

图 1-9 智慧城市示意图

1.5 物联网发展趋势

物联网被称为信息技术革命的第三次浪潮。物联网的产业链大致可分为三个层次:首先是传感网络,以二维码、RFID、传感器为主,实现"物"的识别;其次是传输网络,通过现有的互联网、通信网络,实现数据的传输与交换;三是应用网络,通过分析加工获取的数据得到有用的结论并进行监控和控制,可基于现有的手机、PC 等终端进行。

中国产业信息研究网发布的《2017—2022 年中国 RFID 行业运行现状分析与市场发展态势研究报告》的数据显示,2016 年中国 RFID 的市场规模达到 542.7 亿元,由此催生大量极具潜力的信息存储处理、IT 服务整体解决方案等信息服务产业。目前,中国已经形成一定的市场规模,物联网技术已经应用在公共安全、城市管理、环境监测、节能减排、交通监管等领域。无锡、厦门等地已经开始布局,积极推动行业应用,建设示范工程和示范区。据预测,2035 年前后中国的传感网终端将达到数千亿个,2050 年传感器将在生活中无处不在。在物联网普及后,用于动物、植物、机器、物品的传感器与电子标签及配套设备的数量将大大超过手机的数量,极大地推进信息技术的发展。

物联网的发展给中国带来新的发展机遇,而且物联网的发展会引发整个信息领域的重新洗牌。如果能够抓住这个机会,将改变中国在前两次信息革命浪潮中落后的局面。

这里参考 TRIZ 理论来分析判断物联网未来的发展趋势并预测物联网未来形态。

TRIZ 理论是苏联阿奇舒勒(G. S. Altshuller)在 1946 年创立的,阿奇舒勒也被尊称为 TRIZ 之父。阿奇舒勒在苏联里海海军的专利局工作期间,在处理世界各国著名的发明专利过程中发现任何领域产品的改进、技术的变革与创新和生物系统一样,都存在产生、成长、成熟、衰退的过程,是有规律可循的。人们如果掌握了这些规律,就能更理性地进行产品设计并能预测产品的未来趋势。在以后数十年中,阿奇舒勒致力于 TRIZ 理论的研究和完善,逐步建立起 TRIZ 理论体系。该理论被视为苏联国宝,并对其他国家严格保密,后来随着苏联的解体,一批科学家移居海外,逐渐把该理论介绍到世界产品开发的各领域。

技术系统进化论是 TRIZ 创新理论最重要的发现之一。阿奇舒勒发现技术系统如同生物一样会进化,技术系统的进化遵循一定的客观规律,所有系统都向"最终理想化"的方向进化。技术预测需要深度理解产品进化曲线——S 曲线,即产品从诞生到退出市场有一个生命周期的发展过程。在 TRIZ 理论中将进化曲线分为四个阶段,即婴儿期、成长期、成熟期和衰退期。婴儿期和成长期一般代表该产品处于原理实现、性能优化和商品化开发阶段,到了成熟期和衰退期,则说明该产品技术发展已经比较成熟,盈利逐渐达到最高并开始下降,需要开发新的替代产品。随着产品的不断更新换代,形成了该类产品的进化曲线。TRIZ 理论提供了一种识别和确认产品所处状态的技术,依据产品的专利数量、专利级别、市场利润和产品性能的基本变化规律,通过对当前产品的相关参数变化情况的了解,就可以确定该产品处于生命周期的哪个阶段,从而为制定产品开发策略提供参考。

阿奇舒勒发现技术系统有八大进化法则,这八大进化法则可以应用于市场需求预测、技术发展预测、新技术预测、专利布局、选择企业战略等。

TRIZ 技术系统八大进化法则分别是:

(1) 技术系统的 S 曲线进化法则;

(2) 提高理想度法则;

(3) 子系统的不均衡进化法则;

(4) 动态性和可控性进化法则;

(5) 向超系统进化法则;

(6) 子系统协调性进化法则;

(7) 向微观级和增加场应用的进化法则;

(8) 减少人工介入自动化方向发展的进化法则。

图 1-10 所示是物联网技术系统及投资在不同时间阶段的特征。物联网在 20 世纪到 21 世纪初处于技术系统婴儿期,也是技术、知识产权发展期,是知识产权投资最佳时期,2017

年物联网逐步转为成长期,目前基本处于成长初期,即将迎来爆发性增长,是商务型投资的最好时机。

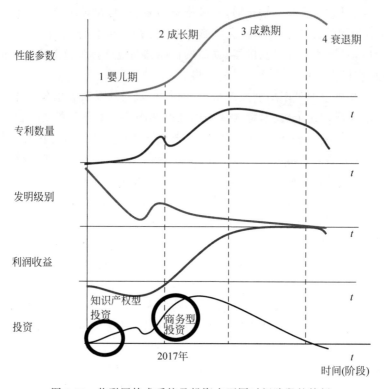

图 1-10　物联网技术系统及投资在不同时间阶段的特征

依据 TRIZ 理论的技术系统八大进化法则,我们对未来手机形态做大胆预测,未来手机技术系统向超系统进化,很多功能将迁移到超系统中去,特别是借助物联网系统,手机未来形态或者替代技术系统将是融合于物联网＋,基于物联网、融合区块链、人工智能,再结合增强现实(AR)、虚拟现实(VR)、人体增强、可穿戴设备、3D 打印、机器人、无人机等技术和设备进行内容呈现、交互、指令控制。未来手机形态将会不存在了,手机功能将会由物联网＋各种新技术来承载,**物联网＋将是手机未来的形态**。基于手机的替代系统物联网＋融合各种新技术将会带来完全革新的业务应用形态,给生活、工作和社会带来翻天覆地的变化。

从发展来看,目前手机功能过于集中,未来其功能将逐步迁移到超系统中:显示用 AR/VR 技术,识别用户 ID、输入控制、计算用可穿戴设备(如手环)技术。识别身份由可穿戴设备认证逐步转移到由环境识别身份,如人脸、虹膜、DNA 等,计算存储逐步转向云端。用户 ID 识别设备完成人们联网的身份识别功能,目标是识别人。输入控制信号设备采用拾取人体动作作为输入信号,这时输入方式将会大大扩展,例如除了现在用手指控制手机之外,还可以用动作、语音、脑电波等所有能采集到的人体信息控制手机未来系统,以便进一步解放双手。人工智能技术的介入将进一步解放人类大脑,让人有更多时间去思考、去创新、去娱乐。另外还可以采集人体健康参数做健康管理,并随时把健康情况分享给家人或者健康管理事业部。

各种设备电源来源将逐步过渡到从周围获取与可充电电源结合的方式。从周围获取电能方式包括太阳能、光能、机械能、热能、声波充电、无线充电、能量包等。

语音通话、视频通话可以实现随时随地借助超系统完成,如可穿戴设备、智能衣服、智能家电、办公桌、各种家具、机器人、无人机、路灯、汽车系统、其他交通工具,甚至马路等,用户周围接触到的物理世界都能带着用户随时随地自由地进行沟通。

拍照功能的实现:通过上层应用协议和商务模式,用户将能够借助任何摄像头进行拍照,所有摄像头都可以共享,用户可以以任意角度,在任何时间、任何地点进行拍照。摄像头拥有者将通过分享获取价值回报。

信息处理功能:从物联网获取的大量数据,通过人工智能处理,供用户参考决断。用户想写一篇文章,想到的任意一个想法,都可以通过脑电波、用户的声音等整理成文字,存到网络云端随时供用户使用。用户的反馈信息、指令也可以通过物联网+传递给操作对象。

地图功能:该功能将通过随时随地的 VR/AR 为用户提供服务。VR/AR 设备未来会越来越多地从室内覆盖逐步向室外覆盖发展,为大众随时随地提供服务。

影音文字资料功能:存储在分布式的全息云端,随时供人类调用和存储,并通过VR/AR 等技术进行呈现。

支付功能:由可穿戴设备、环境完成身份识别,通过 AR 交互投影触控完成支付操作,所购买的服务或物品都可以实现无人操作自动完成。

未来还可以通过无人机、机器人提供随时的支持和帮助,特别是小孩、老人、病人等需要监护的对象可以得到及时的看护、帮助。

习题

1. 三次信息产业革命浪潮是什么?
2. 简述物联网的概念。
3. 物联网有哪三层结构?
4. 物联网关键技术有哪些?
5. 简述物联网的发展趋势。

## 第 2 章

物联网体系架构

物联网是互联网向世界万物的延伸和扩展,是以实现万物互联的一种网络。万物互联是实现物与物、人与人、物与人之间的通信。在物联网中,将采集到的物品信息通过信息通信传输技术将信息传输至数据处理中心,进而提取有效信息,再由数据处理中心通过信息通信传输至相应物品或执行相应命令操作。物联网涉及许多领域和关键技术,为了更好地梳理物联网系统结构、关键技术和应用特点,促进物联网产业的稳定快速发展,就要建立统一的物联网系统架构和标准的技术体系:感知层、网络层、应用层。

物联网体系架构是系统框架的抽象性描述,是物联网实体设备功能行为角色的一种结构化逻辑关系,为物联网开发和执行者提供了一个系统参考架构。

2.1 感知层

感知层是物联网的基础,由具有感知、识别、控制和执行等功能的多种设备组成,通过采集各类环境数据信息,将物理世界和信息世界联系在一起。主要实现方式是通过不同类型的传感器感知物品及其周围各类环境信息。感知层应用的技术有传感器技术、RFID 技术、定位技术、图像采集技术等。

在对物理世界感知的过程中,不仅要完成数据采集、传输、转发、存储等功能,还需要完成数据分析处理的功能。数据处理将采集数据经过数据分析处理提取出有用的数据。数据处理功能包含协同处理、特征提取、数据融合、数据汇聚等。还需要完成设备之间的通信和控制管理,实现将传感器和 RFID 等获取的数据传输至数据处理设备。

2.1.1 传感器

传感网络是由传感器、执行器、通信单元、存储单元、处理单元和能量供给单元等模块组成的以实现信息的采集、传输、处理和控制为目的的信息收集网络。传感网络结构示意图如图 2-1 所示。

传感器是通过监测物理、化学、空间、时间和生物等非电量参数信息,并将监测结果按照一定规律转化为电信号或其他所需信号的单元。它主要负责对物理世界参数信息进行采集和数据转换。

执行器主要用于实现决策信息对环境的反馈控制,执行器并非是传感网络的必需模块,

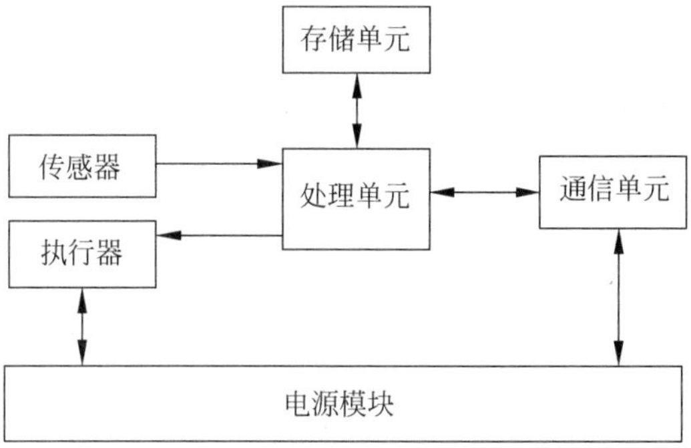

图 2-1 传感网络结构示意图

对无须实现反馈控制只监测的传感网络无须执行器模块。

处理单元是传感器的核心单元,它通过运行各种程序处理感知数据,利用指令设定发送数据给通信单元,并依据收到的数据传递给执行器来执行指令的动作。

存储单元主要实现对数据以及代码的存储功能。存储器主要分为随机存取存储器(RAM)、只读存储器(ROM)、电可擦除可编程只读存储器(EEPROM)、闪存(Flash Memory)四类。随机存取存储器用来存储临时数据,并接收其他节点发送的分组数据等,电源关闭时,数据不保存。只读存储器、电可擦除可编程只读存储器、闪存用来存储非临时数据,如程序源代码等。

通信单元主要实现各节点数据的交换,通信模块可分为有线通信和无线通信两类。有线通信包括现场总线 Profibus、LONWorks、CAN 等;无线通信主要有射频、大气光通信和超声波等。

电源模块主要为传感网络各模块可靠运行提供电能。

上述模块共同作用可实现物理世界的信息采集、传输和处理,为实现万物互联奠定了基础。

传感器将软件与硬件相结合,利用嵌入式微处理器以及嵌入式软件,传感器一般具有功耗低、体积小、集成度高、效率高、可靠性高等优点,这些推动了物联网的实现。传感器节点还具有以下特点。

1. 电源能量有限

传感器的体积小,携带的电量有限。然而传感器的数目庞大、成本要求低廉、分布区域广,而且部署环境复杂,有些区域甚至于人员不能到达。因此大量应用环境情况下,通过更换电池的方式来补充传感节点的电能代价太高,几乎是不现实。传感器节点的能量主要消耗在无线通信模块上。无线通信模块在发送信号时的能量消耗最大,在空闲状态和接收状态能量消耗小,还可以让传感器处于睡眠状态,这时电能消耗最少。

2. 通信能力有限

无线通信的能量消耗与通信距离的关系为

$$E = kd^n$$

式中,E 是消耗的能量;k 是常数;d 是通信距离;参数 n 满足关系 $2<n<4$,n 的取值与天线质量、传感节点的部署环境等因素有关。

由上式可知,随着通信距离 d 的增加,无线通信的能量消耗将急剧增加。因此,在满足通信的前提下应该尽量减少单跳的通信距离。由于传感器节点的能量限制和网络覆盖区域大,很多无线传感器网络采用多跳路由的传输机制。

3. 计算和存储能力有限

传感器通常是微型兼顾网络节点终端和路由双重功能的嵌入式系统,它的处理能力、存储能力和通信能力相对较弱,汇聚节点可供电的可能性大,其处理能力、存储能力和通信能力相对较强。它连接传感器网络和外部网络,实现两种协议栈之间的通信协议转换,发布管理节点的监测任务,把收集到的数据转发到外部网络。用户可以通过管理节点对传感器网络进行配置和管理,发布监测任务以及收集监测数据。

单一的传感器在通信、电能、处理和储存等多个方面受到限制,通过组网连接后,具备应对复杂计算和协同信息处理的能力,它能够更加灵活、以更强的鲁棒性来完成感知的任务。无线传感器网络是集成了检测、控制以及无线通信的网络系统,其基本组成实体是具有感知、计算和通信能力的智能微型传感器。无线传感器网络通常由大量无线传感器节点对监测区域进行信息采集,以多跳中继方式将数据发送到汇聚节点,经汇聚节点的数据融合和简单处理后,通过互联网或者其他网络将监测到的信息传递给后台用户。无线传感器网络的体系架构如图 2-2 所示。

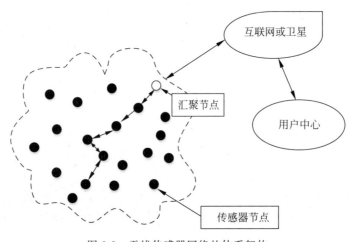

图 2-2　无线传感器网络的体系架构

2.1.2　无线传感器网络特点

无线传感器网络的部署一般通过飞行器播撒、火箭弹射和人工埋置等方式,当部署完成后,监测区域内的节点可以以自组织的形式构成网络。无线传感器网络与无线自组网、Bluetooth 网络、蜂窝网及无线局域网相比,它具有以下特点。

1. 分布式、自组织性

无线传感网是由对等节点构成的网络,不存在中心控制。管理和组网都非常简单灵活,不依赖固定的基础设施,每个节点都具有路由功能,可以通过自我协调、自动组织而形成网络,不需要其他辅助设施和人为手段。

2. 网络规模大、分布密度高

为了获取监测环境中完整精确的信息,并且保证网络较长的生存寿命和可用性,可能需要在一个无线传感器网络中部署的节点达到成千上万,甚至更多,特别是在人类难以接近或无人值守的危险地区。大规模的无线传感器网络通过分布式采集大量信息以便提高监测区域的监测精确度,同时有大量冗余节点协同工作,提高系统容错性和覆盖率,减少监测盲区。

3. 可扩展性

当网络中增加新的无线传感器节点时,不需要其他外界条件,原有的无线传感器网络可以有效地容纳新增节点,使新增节点快速融入网络,参与全局工作。

4. 网络节点的计算能力、储存能力和电源能量有限

传感器节点作为一种微型嵌入式设备应用于无线传感器网络中,成本低、功耗小是对传感器节点的基本要求,要求节点的处理器容量较小且处理能力弱。传感器节点通常采用能量有限的纽扣式电池供电,随着节点电池能量的耗尽,节点寿命终止,达一定比例时,整个网络将不能工作。在执行任务时,传感器节点以较少的能量消耗且利用有限的计算和存储资源完成监测数据的采集、传递和处理,这是无线传感器网络设计中必须考虑的因素之一。

5. 相关应用性

无线传感器网络不像互联网有统一的通信平台,而是根据不同的应用背景,其软件系统、硬件平台和网络协议都有着很大的差别。相对于不同无线传感器网络应用中的共性问题,在实际应用中更多关注的是其差异性。因此,考虑如何设计系统使其贴近应用,才能做出更加高效的目标系统。针对应用研究无线传感器网络方法设计及策略,这是无线传感器网络优于传统网络的显著特征。

6. 以数据为中心

在对某一区域进行目标监测时,传感器节点随机部署,监测网络的无线通信是完全动态变化的,需要监测到动态的观测数据,而不是单个节点所观测到的数据,无线传感器网络以数据为中心,需要快速有效地接收并融合各个节点的信息,提取出有效信息传递给用户。

2.1.3　无线传感器网络研究范畴

无线传感器网络的研究与应用涉及多个学科的交叉,无线传感器网络的研究主要涉及如下几种关键技术。

1. 网络拓扑控制

拓扑控制是传感器节点实现无线自组的基础,良好的拓扑结构能够提高数据链路层和网络层传输协议的效率,合理的拓扑结构能够维持网络的链接,节省电能,延长网络生命周期。同时拓扑结构能够为节点定位、时间同步和数据融合等研究奠定基础。

2. 网络协议

无线传感器网络是以数据为中心的网络,如何把数据从传感器节点传送到终端节点,依赖于良好的网络传输协议,目前网络传输协议主要有 MAC 协议、路由协议。其中,路由协议属于网络层协议,MAC 协议属于数据链路层协议。

3. 网络安全

无线传感器网首先将数据传送到汇聚节点,高质量安全地将数据传输到汇聚节点是无线传感器网络必须要重视的问题,安全问题主要涉及数据的可靠性传输、完整性、保密性传输,保证数据不在传输的过程中丢失或者被篡改等。

4. 时间同步

无线传感器网络是由很多节点共同组成的,要使各个节点能够协调工作前提是每个节点都要通过与邻居节点的同步协调,才能完成复杂任务。

5. 定位技术

无线传感器网络的一个重要作用是能够查知数据的传输来源和位置,查知传感器的位置信息以及传感器周围发生的事件的位置信息尤为重要,如森林火灾预测系统、煤矿井下安全事件、野生生物生活习性统计系统都需要这样的位置信息。

6. 数据融合

相邻的传感器可能采集到相同的数据,重复传输这些数据会浪费大量的网络资源,为了节省网络资源,延长网络的生命周期,无线传感器网络应能够检测出冗余的数据,并对相异的数据进行组合,然后传送给目标节点。所以,数据融合技术是改善无线传感器网络性能的重要技术。

7. 数据管理

无线传感器网络从本质上看也是由多个分布式的数据库组成,与传统数据库相比,这些分布式数据库的载体容量小,能量有限,因此,传统的数据库的管理方式不能应用在无线传感器网络中。研究如何高效、安全、实时地管理这些数据具有重要的意义。

8. 无线通信技术

无线传感器网络通过无线通信技术互联进行信息交互与转达,目前常见的无线通信技术有 IEEE 802.11g 协议、ZigBee 协议等。这些协议都有各自的优缺点,如何设计出低功耗、高效率的无线通信协议是无线传感器网络研究领域的关键技术。

9. 嵌入式操作系统

无线传感器网络的操作系统根据检测的环境的不同有所区别,对无线传感器网络操作系统的研究也是当前无线传感器网络的关键技术之一。

传感器技术可以感知外界,它是一种检测装置,可以感受到被测的信息,并将检测到的信息,按一定规律转化成为电信号输出,以满足信息的传输、处理、存储、显示、记录和控制等要求。执行反馈决策也是物联网感知层重要功能之一,它是实现自动检测和自动控制的首要环节。

根据执行层执行器节点的位置信息和接收数据包速率信息反馈至感知层,感知层传感器节点采用效能协作和组织协作的方法,在提高信息传递可靠性的同时减少参与数据传输的传感器节点数目,降低网络能量消耗。在传感器节点采集数据传递至执行器节点过程中,网络层根据执行层的执行决策和感知层的信道信息动态调整网络层信息传输路径,进而提高信息传递的速率,优化网络性能。执行层根据网络层数据包传输速率,动态调整参与执行决策的执行器节点数目,提高执行层的执行效率。

2.2 网络层

网络层借助于已有的网络通信系统可以完成信息交互,把感知层感知的信息快速、可靠地传送到相应的数据库,使物品能够进行远距离、大范围的通信。

网络层是物联网的神经系统,主要进行信息的传递,网络层包括接入网和核心网。网络层根据感知层的业务特征优化网络,更好地实现物与物之间的通信、物与人之间的通信以及人与人之间的通信。物联网中接入设备有很多类型，接入方式也是多种多样，接入网有移动通信网络、无线通信网络、固定网络和有线电视网络 HFC。移动通信网具有覆盖广、部署方便、具备移动性等特点，缺点是成本和耗电问题。有时还要借助有线和无线的技术，实现无缝透明的接入。随着物联网业务种类的不断丰富、应用范围的扩大、应用要求的提高，对于通信网络也会从简单到复杂、从单一到融合方向过渡。

2.2.1 互联网与 NGI 体系架构

互联网是由网络与网络之间串联成的庞大网络，这些网络以一组通用的协议相连，形成逻辑上的单一巨大国际网络。将计算机网络互相联结在一起，在这基础上发展出覆盖全世界的互联网络称互联网。互联网并不等同万维网，万维网只是一个基于超文本相互链接而成的全球性系统，是互联网所能提供的服务之一。

开放系统互连参考模型（Open System Interconnect，OSI）是国际标准化组织（ISO）和国际电报电话咨询委员会（CCITT）联合制定的一个用于计算机或通信系统间开放系统互连参考模型，一般称为 OSI 参考模型或七层模型，OSI 为开放式互连信息系统提供了一种功能结构的框架。它从低到高分别是物理层、数据链路层、网络层、传输层、会话层、表示层和应用层。

七层模型目的是为异种计算机互连提供一个共同的基础和标准框架，并为保持相关标准的一致性和兼容性提供共同的参考。开放系统指的是遵循 OSI 参考模型和相关协议能够实现互连的具有各种应用目的的计算机系统。OSI 参考模型如图 2-3 所示。

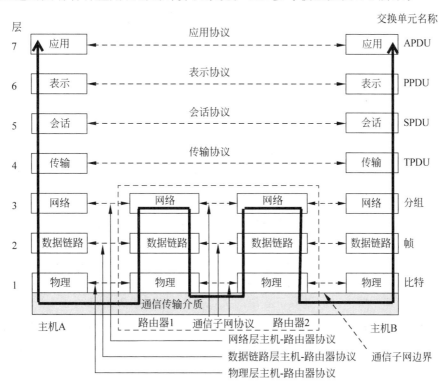

图 2-3 OSI 七层模型

从图 2-3 可见,整个开放系统环境由信源端和信宿端开放系统及若干中继开放系统通过物理介质连接构成。这里的端开放系统和中继开放系统相当于资源子网中的主机和通信子网中的节点机(IMP)。主机需要包含所有七层的功能,通信子网中的 IMP 一般只需要最低三层或者只要最低两层的功能即可。

OSI 参考模型是计算机网络体系架构发展的产物。基本内容是开放系统通信功能的分层结构。模型把开放系统的通信功能划分为七个层次,从物理媒体层开始,上面分别是数据链路层、网络层、传输层、会话层、表示层和应用层。每一层的功能是独立的。它利用其下一层提供的服务并为其上一层提供服务,而与其他层的具体实现无关。服务是下一层向上一层提供的通信功能和层之间的会话规定,一般用通信原语实现。两个开放系统中的同等层之间的通信规则和约定称为协议。

第一层:物理层。提供为建立、维护和拆除物理链路所需要的机械的、电气的、功能的和规程的特性;有关的物理链路上传输非结构的位流以及故障检测指示。

第二层:数据链路层。建立逻辑连接、进行硬件地址寻址、差错校验等功能,将比特组合成字节进而组合成帧,用 MAC 地址访问介质。在网络层实体间提供数据发送和接收的功能和过程;提供数据链路的流控,如 802.2、802.3ATM、HDLC、FRAME RELAY。

第三层:网络层。控制分组传送系统的操作、路由选择、用户控制、网络互连等功能,如 IP、IPX、APPLETALK、ICMP。

第四层:传输层。提供建立、维护和拆除传送连接的功能;选择网络层提供最合适的服务;在系统之间提供可靠的、透明的数据传送,提供端到端的错误恢复和流量控制,如 TCP、UDP、SPX。

第五层:会话层。提供两进程之间建立、维护和结束会话连接的功能;提供交互会话的管理功能,如 RPC、SQL、NFS、X WINDOWS、ASP。

第六层:表示层。代表应用进程协商数据表示;完成数据转换、格式化和文本压缩,如 ASCLL、PICT、TIFF、JPEG、MIDI、MPEG。

第七层:应用层。提供用户服务,如文件传送协议和网络管理等(如 HTTP、FTP、SNMP、TFTP、DNS、TELNET、POP3、DHCP)。

模型中数据的实际传送过程如图 2-4 所示。数据由发送进程送给接收进程;经过发送方各层从上到下传递到物理介质;通过物理介质传输到接收方后,再经过从下到上各层的传递,最后到达接收进程。

在发送方从上到下逐层传递的过程中,每层加上该层的头信息首部,即图 2-4 中的 H7、H6、…、H1。到底层为由 0 或 1 组成的数据比特流(即位流),然后再转换为电信号或光信号在物理介质上传输至接收方,这个过程还可能采用伪随机系列扰码便于提取时钟。接收方在向上传递时的过程正好相反,要逐层剥去发送方相应层加上的头部信息。

因接收方的某一层不会收到底下各层的头信息,而高层的头信息对于它来说又只是透明的数据,所以它只阅读和去除本层的头信息,并进行相应的协议操作。发送方和接收方的对等实体看到的信息是相同的,就像这些信息通过虚通道直接给了对方一样。

开放系统互连参考模型各层的功能可以简单地概括为:物理层正确利用媒质,数据链路层协议走通每个节点,网络层选择走哪条路,传输层找到对方主机,会话层指出对方实体是谁,表示层决定用什么语言交谈,应用层指出做什么事。

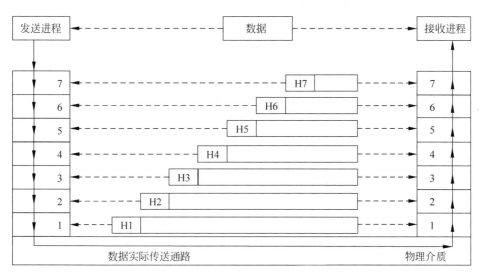

图 2-4　数据传送过程

互联网的基础是 TCP/IP 协议。TCP/IP 协议也可以看成四层的分层体系架构,从底层开始分别是物理数据链路层、网络层、传输层和应用层,为了和 OSI 的七层协议模型对应,物理数据链路层还可以拆分成物理层和数据链路层,每一层都通过调用它的下一层所提供的网络任务来完成自己的需求。

OSI 七层模型和 TCP/IP 四个协议层的关系如图 2-5 所示。

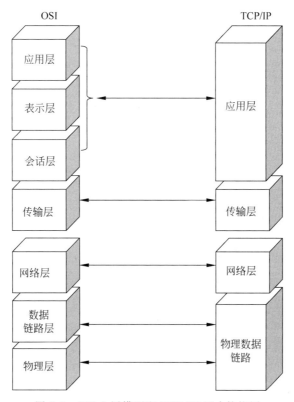

图 2-5　OSI 七层模型和 TCP/IP 四个协议层

TCP/IP 分层模型的四个协议层有以下功能：

第一层：物理数据链路层（Physical Data Link），又称网络接口层，还可以划分为物理层和数据链路层，包括用于协作 IP 数据在已有网络介质上传输的协议。TCP/IP 标准并不定义与 OSI 数据链路层和物理层相对应的功能，而是定义像地址解析协议（Address Resolution Protocol，ARP）这样的协议，提供 TCP/IP 协议的数据结构和实际物理硬件之间的接口。

物理层规定了通信设备的机械的、电气的、功能的等特性，用来建立、维护和拆除物理链路连接，如电气特性规定了物理连接上传输比特流时线路上信号电平强度、驻波比、阻抗匹配等。物理层规范有 RS-232、V.35、RJ-45 等。

数据链路层实现了网卡接口的网络驱动程序，处理数据在物理媒介上的传输。数据链路层两个常用的协议是 ARP 和 RARP（Reverse Address Resolve Protocol，逆地址解析协议）。这些协议实现 IP 地址和物理地址之间的相互转换。网络层通过 IP 地址寻址一台机器，而数据链路层通过物理地址寻址一台机器，因此网络层先将目标机器的 IP 地址转化为其物理地址，才能使用数据链路层提供的服务，这是 ARP 的用途。RARP 协议仅用于网络上某些无盘工作站（无存储盘）。因为没有存储设备，无盘工作站只能利用网卡上的物理地址来向网络管理者查询自身 IP 地址。运行 RARP 服务的网络管理者通常存有该网络上所有机器的物理地址到 IP 地址的映射表。

第二层：网络层（Network Layer），对应于 OSI 七层参考模型的网络层。本层包含 IP 协议、RIP 协议（Routing Information Protocol，路由信息协议），负责数据的包装、寻址和路由。包含网间控制报文协议（Internet Control Message Protocol，ICMP，即互联网控制报文协议）用来提供网络诊断信息。

网络层实现数据报的选路和转发。网络层的任务是确定两台主机之间的通信路径，对上层协议隐藏网络拓扑连接的细节，使得在传输层和网络应用程序看来，通信双方是直接相连的。网络层最核心的协议是 IP 协议。IP 协议根据数据包的目的 IP 地址来决定如何投递它。网络层另外一个重要协议是 ICMP，ICMP 主要用来检查网络连接，可以分为两类：一类是差错报文，用来回应网络错误；另一类是查询报文，用来查询网络信息。ping 程序就是使用 ICMP 报文查看目标报文是否可达。

第三层：传输层（Transport Layer），对应于 OSI 七层参考模型的传输层，传输层为两台主机的应用程序提供端到端的通信服务。与网络层使用的逐跳方式不同，传输层只关心通信的起始端和目的端。传输层负责数据的收发、链路的超时重发等功能。传输层主要有三个协议：TCP 协议（Transmission Control Protocol，传输控制协议）、UDP 协议（User Datagram Protocol，用户数据报文）和 SCTP 协议（Stream Control Transmission Protocol，流控制协议）。TCP 协议为应用层提供可靠的、面向连接的和基于流的服务。UDP 协议为应用层提供不可靠、无连接和基于数据报的服务，优点是实时性比较好。SCTP 协议是为在互联网上传输电话信号设计的。

第四层：应用层（Application Layer），对应于 OSI 七层参考模型的应用层、表示层和会话层。应用层负责应用程序的逻辑。物理数据链路层、网络层、传输层协议系统负责处理网络通信细节，要稳定高效。应用层在用户空间实现。应用层协议有 Finger、Whois、FTP（文件传输协议）、Gopher、HTTP（超文本传输协议）、SMTP（简单邮件传送协议）、IRC（互联网中继会话)、NNTP(网络新闻传输协议)、ping 应用程序(不是协议,利用 ICMP 报文检测网络连接)、Telnet(远程终端登录协议)、OSPF(Open Shortest Path First,开放最短路径优先,协议提供动态路由更新协议,用于路由器之间的通信,告知对方各自的路由信息)、DNS(Domain Name Service,域名服务协议提供机器域名到 IP 地址的转换)等。应用层协议可跳过传输层直接使用网络层提供的服务,如 ping。例如,DNS 协议既可以使用 TCP 服务,又可以使用 UDP 服务。

应用程序数据在发送到物理层之前,沿着协议栈从上往下依次传递。每层协议都将在上层数据的基础上加上自己的头部信息(有时包括尾部)完成封装,以实现该层的功能。

当数据帧到达目的主机时,将沿着协议栈从下向上依次传递。各层协议处理数据帧中本层负责的头部数据,以获取所需信息,并将最终处理后的数据帧交给目标应用程序,这个过程叫作分用(demultiplexing)。分用是依靠头部信息中的类型字段实现的。

OSI 七层模型和 TCP/IP 四个协议层的关系:

(1) OSI 引入了服务、接口、协议、分层等概念;TCP/IP 借鉴了 OSI 的这些概念并建立了 TCP/IP 模型。

(2) OSI 是先有模型,后有协议,先有标准,后进行实践;而 TCP/IP 是先有协议和应用,再参考 OSI 模型提出了自己的四个协议层模型。

(3) OSI 是一种理论模型,而 TCP/IP 已广泛使用,成为网络互联事实上的标准。

TCP/IP 模型可以通过 IP 层屏蔽掉多种底层网络的差异(IP over Everything),向传输层提供统一的 IP 数据包服务,进而向应用层提供多种服务(Everything over IP),因而具有很好的灵活性。

随着互联网全球广泛应用,互联网网络节点数目呈现几何级数的增长。互联网上使用的网络层协议 IPv4,其地址空间为 32 位,理论上支持 40 亿台终端设备的互联,随着互联网的迅速发展,这样的 IP 地址空间正趋于枯竭。

1996 年美国克林顿政府出台"下一代互联网"研究计划(Next Generation Internet,NGI),下一代互联网络协议 IPv6 具有以下优势。

1. 地址空间巨大

IPv6 的地址空间由 IPv4 的 32 位扩大到 128 位,2 的 128 次方形成了一个巨大的地址空间,可以让地球上每个人拥有 1600 万个 IP 地址,甚至可以给世界上每一粒沙子分配一个 IP 地址。采用 IPv6 地址后,未来的移动电话、冰箱等信息家电都可以拥有自己的 IP 地址,基本实现给生活中的每一个东西分配一个自己的 IP 地址,让数字化生活无处不在。任何人、任何东西都可以随时、随地联网,成为数字化网络化生活的一部分,为物联网终端地址提供了保障。

2. 地址层次丰富

IPv6 用 128 位地址中的高 64 位表示网络前缀,如图 2-6 所示,低 64 位表示主机,为支持更多地址层次,网络前缀又分成多个层次的网络,包括 13 位的顶级聚类标识(TLA-ID)、24 位的次级聚类标识(NLA-ID)和 16 位的网点级聚类标识(SLA-ID)。IPv6 的管理机构将某一确定的 TLA 分配给某些骨干网 ISP,骨干网 ISP 再灵活为各个中小 ISP 分配 NLA,用户从中小 ISP 获得 IP 地址。

图 2-6　IPv6 报头格式

3. 实现 IP 层网络安全

IPv6 要求强制实施安全协议 IPSec(Internet Protocol Security),并已将其标准化。IPSec 在 IP 层可实现数据源验证、数据完整性验证、数据加密、抗重播保护等功能;支持验证头协议(Authentication Header,AH)、封装安全性载荷协议(Encapsulating Security Payload,ESP)和密钥交换 IKE 协议(Internet Key Exchange),这三种协议将是未来互联网的安全标准。

4. 无状态自动配置

IPv6 通过邻居发现机制能为主机自动配置接口地址和缺省路由器信息,使得从互联网到最终用户之间的连接不经过用户干预就能够快速建立起来。IPv6 在 QoS 服务质量保证、移动 IP 等方面也有明显改进。

中国的下一代互联网 CNGI:中国从 1998 年开始下一代互联网研究。1998 年 4 月,中国教育和科研计算机网 CERNET 建立中国第一个 IPv6 试验网。1999 年 5 月,CERNET 正式接入全球性 IPv6 研究和教育网 6REN。2000 年 3 月,正式与国际下一代互联网签署互联协议。2001 年 3 月,首次实现了与国际下一代互联网的互联。2003 年 8 月,国务院批复启动"中国下一代互联网示范工程 CNGI"。2004 年 3 月,中国第一个下一代互联网主干网——CERNET2 试验网在北京正式开通并提供服务,标志着中国下一代互联网建设的全面启动。CERNET2 是中国下一代互联网示范工程最大的核心网,也是唯一的全国性学术网。CERNET2 主干网采用 IPv6 协议。

2.2.2　传输网与传感网的融合

传感器网络是由大量部署在物理世界中的,具备感知、计算和通信能力的微小传感器组成,对物理环境和各种事件进行感知、检测和控制的网络。传感器网络采集到的物理世界的信息,可通过互联网、电信网等传输网传输到后台服务器,并融入到传输网络的业务平台之中。

2.3　应用层

应用层是物联网运行的驱动力,提供服务是物联网建设的价值所在。应用层的核心功能在于站在更高的层次上管理、运用资源。感知层和传输层将收集到的物品参数信息,汇总在应用层进行统一分析、挖掘、决策,用于支撑跨行业、跨应用、跨系统之间的信息协同、控制、共享、互通,提升信息的综合利用度。应用层是对物联网的信息进行处理和应用,面向各类应用,实现信息的存储、数据的分析和挖掘、应用的决策等,涉及海量信息的智能分析处

理、分布式计算、中间件等多种技术。

2.3.1　业务模式和流程

服务是一个或多个分布式业务流程的组成部分。

1. 业务模式

目前,物联网业务主要有三种模式,分别是业务定制模式、公共服务模式和灾害应急模式。

1) 业务定制模式

在业务定制模式下用户自己查询、确定业务的类型和内容。用户通过主动查询和信息推送两种方式,获取物联网系统提供的业务类型以及业务内容。

业务定制过程环节:用户挑选业务类型,确定业务内容后,向物联网应用系统定制业务。物联网应用系统受理业务请求后,确认业务已成功定制。建立用户与所定制业务的关联,将业务相关的操作以任务形式交付后台执行。任务执行返回的数据和信息由应用系统反馈给用户。

业务退订过程环节:用户向物联网应用系统提交退订的业务类型和内容,应用系统受理业务退订的要求,解除用户与业务之间的关联,给用户一个确认业务已成功退订。

业务定制模式如个人用户向物联网应用系统定制气象服务信息、交通服务信息等,企业用户向物联网应用系统定制的服务有智能电网、工业控制等。

2) 公共服务模式

在公共服务模式下,常由政府或非盈利组织建立公共服务的业务平台,在业务平台之上定义业务类型、业务规则、业务内容、业务受众等。

业务平台的核心层包括业务规则、业务逻辑和业务决策,它们之间彼此关联、相互协调,保证公共服务业务顺利、有效地进行。业务逻辑与信息收集系统相连;业务决策与指挥调度系统、信息发布系统相连。信息收集系统、指挥调度系统和信息发布系统处在外围层,这三个系统由第三方厂商提供。

公共服务模式的例子包括公共安全系统、环境监测系统等。

3) 灾害应急模式

随着突发自然灾害和社会公共安全复杂度的不断提高,应急事件牵涉面也会越来越广,这为灾害应急模式下的物联网系统的设计提出了更高的要求。

在通信业务层面,物联网系统必须提供宽带和实时服务,并将语音、数据和视频等融合于一体,为指挥中心和事发现场之间提供反映现场真实情况的宽带音视频通信手段,支持应急响应指挥中心和现场指挥系统之间的高速数据、语音和视频通信,支持对移动目标的实时定位。

在通信建立层面,物联网系统必须支持无线和移动通信方式。由于事发现场的不确定性,应急指挥平台必须具备移动特性,在任何地方、任何时间、任何情况下均能和指挥中心共享信息的能力,减少应急呼叫中心对固定场所的依赖,提高应急核心机构在紧急情况下的机动能力。

在信息感知层面,物联网系统必须实现对应急事件多个参数信息的采集和报送,并与应急综合数据库的各类信息相融合,同时结合电子地图,基于信息融合和预测技术,对突发性灾害发展趋势进行动态预测,进而为辅助决策提供依据,有效地协调指挥救援。

典型的灾害应急模式的物联网应用场景包括地震、泥石流、森林火灾等。

2. 业务描述语言

1) XML

XML 是目前通用的表示结构化信息的一种标准文本格式,没有复杂的语法和包罗万象的数据定义,是一个用来定义其他语言的元语言,是一种既无标签集也无语法的标记语言。

XML 的优势如下。

(1)可拓展性:企业可以用 XML 为电子商务和供应链集成等应用定义自己的标记语言,还可以为特定行业定义该领域的特殊标记语言,作为该领域信息共享与数据交换的基础。

(2)灵活性:XML 提供一种结构化的数据表示方式,使得用户界面分离与结构化数据。Web 用户追求的先进功能在 XML 环境下容易实现。

(3)自描述性:XML 文档通常包含一个文档类型声明,除了人容易读懂 XML 文档,计算机也能处理。XML 文档被看作是文档的数据库化和数据的文档化,做到了独立于应用系统,并且数据能够重用。

(4)简明性:它只有 SGML 约 20% 的复杂性,但却具有 SGML 80% 的功能。XML 简单、易学、易用并且易实现。另外,XML 也吸收了在 Web 中使用 HTML 的经验。

2) UML

UML 是用来对软件密集系统进行描述、构造、可视化和文档编制的一种语言。它融合了 Booch、OMT 和 OOSE 方法中的概念,是可以被使用者广泛采用的简单、一致、通用的建模语言。

UML 是标准的建模语言,不是一个标准的开发流程。虽然 UML 的应用以系统的开发流程为背景,但根据现有开发经验,不同的组织不同的应用领域需要不同的开发过程建立自身的 UML 模型。

UML 的重要内容由下列五类图来定义。

第一类是用例图。从用户角度描述系统功能并指出各功能的操作者。

第二类是静态图,包括类图、对象图和包图。其中,类图描述系统中类的静态结构。不仅定义系统中的类,表示类之间的联系,如关联、依赖、聚合等,还包括类的内部结构。

第三类是行为图,描述系统的动态模型和组成对象间的交互关系,包括状态图和活动图,状态图描述类的对象所有可能的状态以及事件发生时状态的转移条件,状态图是对类图的补充,活动图描述满足用例要求所要进行的活动以及活动间的约束关系,有利于识别并进行活动。

第四类是交互图,描述对象间交互关系,包括顺序图和合作图。顺序图显示对象之间的动态合作关系,它强调对象之间消息发送的顺序,合作图描述对象间的协作关系。合作图与顺序图相似,也显示对象间的动态合作关系。

第五类是实现图。其中的构件图描述代码部件的物理结构及各部件之间的依赖关系。

3) BPEL

业务过程执行语言(Business Process Excution Language,BPEL)是基于 XML,用来

描述业务过程的编程语言。被描写业务过程由 Web 服务来实现,这个描写的本身也由服务提供,并可以当作 Web 服务来使用。

BPEL 提供的服务组装模型提供如下特性。

(1) 灵活性:服务组装模型具有丰富的表现能力,能够描述复杂的交互场景,能够快速地适应变化。

(2) 嵌套组装:一个业务流程可以表现为一个标准的 Web 服务,并被组装到其他流程或服务中,组成更粗粒度的服务,提高了服务的可伸缩性和重用性。

(3) 关注点分离:BPEL 只关注于服务组装的业务逻辑。其他关注点由具体实现平台进行处理。

(4) 会话状态和生命周期管理:与无状态的 Web 服务不同,一个业务流程通常具有明确的生命周期模型。BPEL 提供对长时间运行的、有状态交互的支持。

(5) 可恢复性:对于业务流程(尤其对长时间运行的流程)是非常重要的。BPEL 提供了内置的失败处理和补偿机制,对于可预测的错误进行必要的处理。

3. 业务流程

业务流程与系统相似,拥有物理结构、功能组织以及为实现既定目标的协作行为。业务流程的组件是业务流程相关的人和系统,参与者具有物理结构,能按照功能进行组织,并相互协作产生业务流程的预期结果。

业务流程开发者设计和规划业务流程时,需要考虑如下问题:

(1) 定义业务流程的组件和服务。

(2) 为组件和服务分配活动职责。

(3) 确定组件和服务之间所需的交互。

(4) 确定业务流程组件与服务的网络地理位置。

(5) 确定组件之间的通信机制。

(6) 决定如何协调组件和服务的活动。

(7) 定期评估业务流程,判断它是否符合需求,并进行反馈调整。

面向服务架构(Service-Oriented Architecture,SOA)将信息系统模块化为服务的架构风格。一条业务流程是一个有组织的任务集合,SOA 的思想就是用服务组件执行各个任务。

SOA 定义的服务层和扩展阶段的关系分为三个阶段:

(1) 第一个阶段只有基本服务。每个基本服务提供一个基本的业务功能,基本功能不会被进一步拆分。基本服务可以分为基本数据服务和基本逻辑服务两类。

(2) 第二个阶段在基本服务之上增加组合服务。组合服务是由其他服务组合而成的服务。组合服务的运行层次高于基础服务。

(3) 第三个阶段在第二个阶段基础上增加流程服务。流程服务代表了长期工作流程或业务流程。业务流程是可中断的、长期运行的服务流,与基本服务、组合服务不同,流程服务通常有一个状态,该状态在多个调用之间保持稳定。

基于 SOA 的思路进行业务流程的建模、设计,是业界推崇的方法,也是业务流程设计的一个重要原则。

根据业务流程管理(Business Process Management)提供的准则和方法,物联网业务流程包含以下三个层次。

(1) 业务流程的建立：根据预计的输出结果，整理业务流程的具体要求，定义各种具体的业务规则，划分业务中各参与者的角色，为他们分配功能职责，设计和规划详细的业务方案，协调参与者之间的交互。

(2) 业务流程的优化：由于环境、用户群的变化，业务流程提供的功能和服务也应随之调整变化，优化调整过程去除无用、低效和冗余流程环节，增加必须的新环节，之后重新排列调整优化各个环节之间的顺序，形成优化之后的业务流程。

(3) 业务流程的重组：相对业务流程优化，业务流程重组是更为彻底的变革行动。对原有流程进行全面的功能和效率分析，发现存在的问题；设计新的业务流程改进方案，并进行评估；制定与新流程匹配的组织结构和业务规范，使三者形成一个体系。

目前市场上有许多公司(如 IBM、Microsoft、BEA、Oracle、SAP、金蝶软件、神州数码等)提供帮助企业用户进行业务流程建模分析和管理的系统软件。

2.3.2 服务资源

物联网系统的服务资源，包括标识、地址、存储系统、计算能力等。

1. 标识

在许多系统和业务中，都需要对不同的个体进行区分。需给每个对象起一个唯一的名字即标识。标识只是为每个对象创建和分配唯一的号码或字符串。之后，这些标识就可以用来代表系统中的每个对象。

大多数在物理世界中存在的实体并未真正出现在抽象的逻辑环境中。如果要在逻辑环境中为物理实体分配角色，描述它们的行为，需将物理实体和标识关联起来。

一个标识符代表唯一一个对象，说明标识符所包含的可以量化的值具有唯一性。不排除一个对象在不同的系统中扮演不同的角色，这样的对象通常具有多种类型的标识符。标识符的唯一性是针对某一种特定的标识符类型而言的。

由于组成物联网的设备种类繁多，数量巨大，为保证任何设备在身份上的唯一性，需要设立一个标识管理中心。标识管理中心基本职责如下：

(1) 分配唯一标识符。

(2) 关联标识符和它们应该标识的对象。

初级的唯一标识符分配做法是，指定 GUID 管理中心在数据库中维护一个标识符列表，然后确保每个分配的新标识符不在数据库中引发冲突即可。因为只有一个标识管理中心有时是不现实的。因此，实际中使用层次标识符。

全球唯一标识符(Universally Unique IDentifier，UUID)属于层次标识符。创建 UUID 的方法很多，常见的有 GUID 标准和 OID 标准。

1) GUID 标准

一个 GUID 是长度为 128 位的二进制数字序列。GUID 使用计算机网卡(NIC)MA 的 48 位 MAC 地址作为发放者的唯一标识符。MAC 地址本身包含两部分的 24 编码。第一部分标识了网卡制造商，它的标识管理中心是 IEEE 注册管理中心；MAC 地址的其余部分由制造商唯一分配，唯一标识网卡，制造商因此就成了 MAC 地址的第二部分的标识管理中心。

GUID 的其余部分(唯一标识对象的部分)是从公历开始到分配标识符时刻之间流逝的时间(以 100ns 间隔进行度量),它将作为单个对象标识符。只要被分配的 Mac 地址的机器不在两个 100ns 之间产生多个标识符。就将为每个对象产生唯一的标识符。

GUID 由 24 位网卡制造商 ID、24 位独立网卡 ID 和其余部分组成,GUID 涉及三个层次的标识管理中心:

(1) IEEE 注册管理中心分配网卡制造商的标识符,该标识符是分配给网卡 MAC 地址的第一部分。

(2) 制造商发放各个网卡的标识符,该标识符是分配给网卡 MAC 地址的第二部分。

(3) 负责分配 GUID 的组件运行在一台计算机上。组件使用计算机 MAC 地址,加上计算机时钟确定的值,生成一个完整的 GUID,用于标识特定对象。

2) OID 标准

对象标识符(Object IDentifier,OID)成为 ISO 和 ITU 标准工作组的对象标识方法。OID 标识体系呈现树状结构,从树根上分出三支分别代表 ITU-T 标准工作组、ISO 标准工作组以及 ITU-T 和 ISO 联合工作组。

OID 标识体系具有以下特点:

(1) OID 标识树状结构由弧和节点组成,两个不同节点由弧连接。

(2) 树上的每个节点代表一个对象,每个节点必须被编号,编号范围为 0 至无穷。

(3) 每个节点可以生长出无穷多的弧,弧的另一端节点用于表示根节点分支之下的对象。

SNMP(Simple Network Management Protocol)是 IETE 工作组定义的一套网络管理协议。SNMP 的管理信息库及 MIB(Management Information Base)是一种树状结构。MIB 中一个 OID 表示一个特定的 SNMP 目标。

2. 地址

地址包含了网络拓扑信息,用于标识一个设备在网络中的位置。对于网络中的一个设备,标识符用于唯一标识它的身份,不随设备的接入位置变化而发生改变;而设备的地址是由其在网络中的接入位置决定的。标识如同人的名字,地址如同人的家庭住址,一个人搬家后,家庭住址会发生改变,而人的名字通常不会因搬家而变更。

标识符只保证被标识对象的身份唯一性,标识符的结构呈现扁平特点,没有内部结构,无法进行聚合,导致可扩展性不足。地址则需要采集层次性的名字空间,体现一定的拓扑结构,层次名字空间包含一定的结构特性,有利于聚合。

IP 地址是目前最广泛使用的网络地址。互联网现在使用 IP 地址既表示节点的位置信息,又表示节点的身份信息。混淆了地址和标识的功能界限,就是 IP 地址语义过载。因此,在这里有必要指出的是,IP 地址的功能是用于互联网中进行分组路由。而非标识一个网络设备的身份。

目前 IP 协议有两个不同的版本,即 IPv4 地址和 IPv6 地址。

IPv4 地址长度是 32 位,以字节为单位划分成四段。用符号“.”区分不同段的数值。将段数值用十进制表示。例如,123.125.71.111 就是一个 IPv4 地址。IPv4 地址被分为五类,A 类地址首位是 0,B 类地址前两位是 10,C 类地址前三位是 110,D 类地址前四位是 1110,E 类地址前五位是 11110。

IPv6 地址长度是 128 位,巨大的地址容量将彻底解决 IPv4 地址不足的问题,支持未来多年的需求。IPv6 还提供了从传感器终端到最后的各类客户端的"端到端"的通信特点,为物联网的发展创造了良好的网络通信环境。

IPv6 地址划分为以下三个类别。

(1) 单播地址(Unicast Address):单播地址是点对点通信时使用的地址,此地址仅标识一个网络接口。网络负责将对单播地址发送的分组送到该网络接口上。

(2) 组播地址(Multicast Address):组播地址表示主机组。它标识一组网络接口,该组包括属于不同系统的多个网络接口。当分组的目的地址是组播地址时,网络尽可能将分组发到该组的所有网络接口上。

(3) 任播地址(Anycast Address):任播地址也标识接口组。它与组播的区别在于发送分组的方法,向任播地址发送的分组并未被发送给组内的所有成员。而只发给该地址标识的路由意义上最近的那个网络接口,它是 IPv6 新加入的功能。

从 32 位扩展到 128 位,不仅保证能够为数以亿万计的主机编址,而且也在为等级结构中插入更多的层次提供了余地。IPv6 地址的层次远多于在 IPv4 中的网络、子网和主机三个基本层次。

3. 存储资源

随着科技的进步,人们制造数据的方式有多种,制造的数据量也在高速增长,如互联网上的多媒体业务、电子商务等。

储存数据是进一步使用、加工数据的基础和必要前提,也是保存、记录数据的重要方法。常用的存储介质包括磁盘和光盘。衡量储存介质性能的重要指标包括储存容量和访问速度。

1) 磁盘

磁盘属于计算机的外部储存器,如硬盘,其内部有圆形的磁性盘。硬盘接口有以下几种:

(1) ATA 是用 40 针脚并口数据线连接主板与硬盘,分为 Ultra-ATA/100 和 Ultra-ATA/133 两种,表示硬盘接口的最大传输速率分别是 100MB/s 和 133MB/s。

(2) SATA 串口硬盘使用 4 支针脚,分别用于连接电源、连接地线、发送数据和接收数据,这样的结构可以降低系统能耗和系统复杂性。SATA 定义的数据传输速率达到 150MB/s。

(3) SATA2 是在 SATA 基础上发展起来的,它采用原生命令队列技术,对硬盘的指令执行顺序进行优化,引导磁头以高效率的顺序进行寻址。SATA2 的数据传输速率达到 300MB/s。

硬盘记录密度决定了可以达到的硬盘储存容量。为提升单个硬盘储存容量的限制,出现了磁盘阵列,磁盘阵列是由多个容量较小、稳定性较高、速度较慢的磁盘组合成的一个大型的磁盘组,可以提升整个磁盘系统在储存容量和访问速度两方面的效能。

2) 光盘

光盘是光学储存介质。根据光盘结构,光盘主要分为 CD、DVD、蓝光光盘等。这几种光盘的主要结构原理一样,区别在于光盘的厚度和材料。光盘的记录密度受限于读出的光点大小,即光学的绕射极限,包括激光波长、物镜的数值孔径。缩短激光波长、增大物镜数值孔径可以缩小光点,提高记录密度。

读取和烧录 CD、DVD、蓝光光盘的激光是不同的。例如读出 CD 数据时，激光波长为 780nm，物镜数值孔径为 0.45；读出 DVD 数据时，激光波长为 650nm，物镜数值孔径为 0.6；读出蓝光光盘数据时，激光波长为 405nm，物镜数值孔径为 0.85。激光光束的不同导致了光盘容量的差别，CD 的容量 700MB 左右，DVD 达到 4.7GB，蓝光光盘可以达到 25GB。

4. 计算能力

计算是分析、处理数据的基本操作。除了保证计算结果的正确性，谈及计算能力，常强调计算速度。

2.3.3 服务质量

物联网的服务质量可以分别从通信、数据和用户体验三个方面来细分。

1. 通信为中心的服务质量

1）时延

时延是指一个报文或分组从网络的一端传输到另一端所需要的时间。它包括了发送时延、传播时延、处理时延、排队时延。

时延是通信信服务质量的一个重要指标。低时延是网络运营商追求的目标。时延过大通常是由于网络负载过重导致。

2）公平性

由于通信网络能够为网络节点提供带宽资源的总量是有限的，所以公平性是衡量网络通信质量的重要指标，按照公平性保证的强度分为：

（1）保证网络内的每个节点都能够绝对公平地获得信道带宽资源。

（2）保证网络内的每一个节点都能够有均等的机会获得信道带宽资源。

（3）保证网络内的每一个节点都有机会获得信道带宽资源。

第一种公平性在实际网络环境中是很难得到保证的。在实际运用过程中，更多的是强调后面两种公平性所代表的含义，并用于衡量网络性能。

3）优先级

网络通信中的优先级主要是指根据对网络承载的各种业务进行分类，并按照分类指定不同业务的优先等级。正常情况下，网络保证优先等级高的业务比优先等级低的业务有更低的等待时延、更高的吞吐量。网络资源紧张时网络会限制低优先的业务，尽力满足优先等级高的业务需求。

除了不同业务之间的优先等级之外，通信中也会考虑不同用户之间的优先等级。网络运营商根据与用户达成的服务条款协议确定优先等级，网络根据运营商与用户之间达成的协议提供相应优先等级的服务。

4）可靠性

通信的一个基本目的就是保证信息被完整地、准确地、实时地从源节点传输到目的节点。保证信息传输的可靠性也是通信的一个重要原则。

在网络中有些服务如 HTTP、FTP 等，对于数据的可靠性要求较高，在使用这些服务时，必须保证数据包能够完整无误地送达。而另外一些服务如邮件、即时聊天等并不需要这么高的可靠性。根据这两种服务不同的需求，对应地有面向连接的 TCP 协议和面向无连接的 UDP 协议（可能会出现分组丢失的问题，不能保证分组的有效传输，但实时性较好，适合实时业务）。

2. 数据为中心的服务质量

1）真实性

数据的真实性是用于衡量使用数据的用户得到的数值和数据源的实际数据及真值之间的差异，对于数据真实性有三种理解：接收方和发送方持有数据的数值间的偏差程度；接收方和发送方持有数据所包含的内容在语义上的吻合程度；接收方和发送方持有数据所指代范围的重合程度。

2）安全性

数据安全的要求是通过采用各种技术和管理措施，使通信网络和数据库系统正常运行，从而确保数据的可用性、完整性和保密性，保证数据不因偶然或恶意的原因遭受破坏、更改和泄露。

3）完整性

数据完整性是指数据的精确性和可靠性。它防止数据库中存在不符合语义规定的数据和防止因错误信息的输入/输出造成无效操作或错误信息的出现，确保数据库中包含的数据尽可能地准确和一致。

数据完整性有四种类型：实体完整性、域完整性、引用完整性和用户定义完整性。

4）冗余性

数据冗余是指数据库的数据中有重复信息的存在，数据冗余会对资源造成浪费。完全没有任何数据冗余并不现实也有弊端。

一方面，应当避免出现过度的数据冗余，因为会浪费很多的存储空间，尤其是存储海量数据的时候。降低数据冗余度不仅可以节约存储空间，也可以提高数据传输效率。

另一方面，必须引入适当的数据冗余。数据库软件或操作系统的故障、设备的硬件故障、人为的操作失误等都将造成数据丢失和毁坏。为消除这些破坏数据的因素，数据备份是一个极为重要的手段。数据备份的基本思想就是在不同的地方重复储存数据，从而提高数据的抗毁能力。

5）实时性

对数据的实时性要求，与应用的背景有着密切关系。典型应用主要包括工业生产控制、应急处理、灾害预警等。

3. 用户为中心的数据质量

无论网络通信还是各种数据，其最终目的是为不同的用户提供不同质量的服务。因此，用户对网络通信服务、数据质量的评价是最有意义的。体验质量（Quality of Experience，QoE）是指用户对设备、网络和系统、应用或业务的质量和性能的主观感受。

1）智能化

对于用户体验到的智能化服务，以搜索引擎的功能为例。

搜索引擎的目的是为不同的搜索提供准确的信息。用户搜索意图的研究主要包括两个步骤：一是通过搜索引擎获取用户意图；二是对用户意图进行分类。

用户搜索意图分为三类。

（1）导航型：寻找某类网站，该网站能够提供某个行业领域的导航。

（2）信息型：寻找网站上静态形式的信息，这是一种用户常见的查询。

（3）事务型：寻找某类垂直网站，这类站点的信息能够直接被用户做进一步的在线操作，如购物、游戏等。

对于搜索引擎，通过获取和分类用户搜索意图可以实现为用户提供独特、贴切用户需求的信息，以满足用户个性化的需求，这就是智能化的重要体现。

2）吸引力

有用的服务是对用户产生吸引力的最重要因素，有用是针对用户的需求而言的。例如，电子邮件的出现使得在世界范围内信息传递的时间大大缩短，并极大降低邮件交互的成本。即时聊天工具如微信的出现，使得人们以低成本、友好的界面进行信息交互，并且交互及时性得到很好的保障，使得微信得以快速普及，很快形成庞大的用户群体。

新颖性是提升吸引力的重要措施，这种新颖性可以是服务内容上的，也可以是服务形式上的，前者是指设计出新颖的内容、功能，后者是对已有内容、功能进行新颖的组合，例如手机通话和短信是移动运营商提供的一种内容吸引的服务，而微信将通话和短信等功能重新组合等则属于提供新颖的服务形式。

人机交互过程中也强调通过人的感官建立服务的吸引力。人的感观包括触觉器官、视觉器官、听觉器官、嗅觉器官和味觉器官等。人通过感官感知世界。用户通过各种感官，体验服务质量。服务应该通过各种感官向用户传达信息，让服务本身产生吸引力。例如，通过增强现实、虚拟现实产生视觉上的吸引力。

3）友好度

服务的设计，应当符合人体工学原理，就是使工具使用方式尽量适合人体自然形态。这样就可以使人在使用工具的时候身体和精神不需要任何主动适应，减少使用工具造成人的疲劳。

容易使用是友好度的另外一个重要方面。在服务过程中，人机界面的交互中相关的提示应该易于用户理解，并且服务本身具备对用户误操作的纠错能力。

避免服务过程过于复杂，友好度是制约用户接受服务的重要因素，必须重视。

2.4 物联网体系架构

体系架构是指说明系统组成部件及其之间的关系，是指导系统的设计与实现的一系列原则的抽象。建立体系架构是设计与实现物联网系统的首要前提，体系架构可以定义系统的组成部件及其之间的关系，指导开发者遵循一致的原则去开发实现系统，以保证最终建立的系统符合预期的要求。

2.4.1 USN 体系架构

USN 体系架构是在 2007 年 9 月瑞士日内瓦召开的 ITU-T 下一代网络全球标准举措会议 NGN-GSI 上由韩国的电子与通信技术研究所 ETRI 提出的。该体系架构自底向上将物联网分为五层，即感知网、接入网、网络基础设施、中间件和应用平台。每一层的功能定义如下：

（1）感知网用于采集与传输环境信息。

（2）接入网由一些网关或汇聚节点组成，为感知网与外部网络或控制中心之间的通信提供基础通信接入设施。

（3）网络基础设施是指下一代互联网 NGN。

（4）中间件由负责大规模数据采集与处理的软件组成。

（5）应用平台涉及未来各个行业，它们将有效使用物联网提供服务以提高生产和生活的效率和质量。

2.4.2　M2M

M2M 是欧洲电信标准组织（ETSI）制订的一个关于机器与机器之间进行通信的标准体系架构，非智能终端设备可以通过移动通信网络与其他智能终端设备（Intelligence Terminal，IT）或系统进行通信，包括服务需求、功能架构和协议定义三个部分。

2.4.3　SENSEI

SENSEI 是欧盟 FP7 计划支持下建立的一个物联网体系架构。SENSEI 自底向上由通信服务层、资源层与应用层组成，如图 2-7 所示。各层的功能定义如下：

（1）通信服务层将现有网络基础设施的服务，如地址解析、流量模型、数据传输模式与移动管理等，映射为一个统一的接口，为资源层提供统一的网络通信服务。

（2）资源层是 SENSEI 体系架构参考模型的核心，包括真实物理资源模型、基于语义的资源查询与解析、资源发现、资源聚合、资源创建和执行管理等模块，为应用层与物理世界资源之间的交互提供统一的接口。

（3）应用层为用户及第三方服务提供者提供统一的接口。

IoT-A 是欧盟 FP7 计划项目——物联网体系架构（IoT-A）的研究结果，Zorzi 等针对大规模、异构物联网环境中由无线与移动通信带来的问题，提出了一个物联网参考模型，如图 2-8 所示。该模型将不同的无线通信协议栈统一为一个物物通信接口（M2M API），结合互联通信协议（IP）支持大规模、异构设备之间的互联，支持大量的物联网应用。

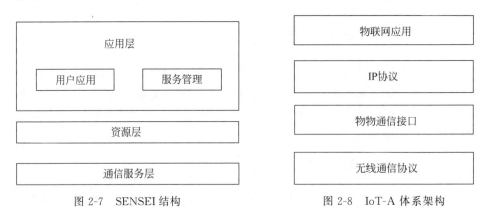

图 2-7　SENSEI 结构　　　　　　　图 2-8　IoT-A 体系架构

IoT-A 在以下几个方面进行了细化：

（1）IoT-A 的 M2M API 层更加明确地定义了资源之间进行交互的方式和接口。

（2）IoT-A 的 IP 层更加明确地指出了广域范围内实现大规模资源共享的互联技术。

2.4.4 WoT

随着物联网的快速发展,大量的设备都将接入到网络中,人们通过身边的各种物联网设备获取周边环境信息,物联网所提供的服务将会渗透到人们日常生活的方方面面中去。物联网是物理世界与信息世界的桥梁,赋予物理世界的事物以感知、通信和计算的能力,可以将物理世界中的万事万物接入到网络中来,实现人类感知的延伸。目前的物联网设备和平台还存在异构性强、平台架构封闭化和扩展性差等问题,导致了物联网应用碎片化、开发门滥高、开发周期长。

面对以上问题,WoT(Web of Things)技术为物联网的发展提供了新的解决方案。WoT 技术可用来解决物联网开放性不足的问题,通过风格的架构设计和技术标准将物联网设备的数据和功能开放到互联网上,从而整合异构的物联网设备,降低物联网应用的开发门槛,同时,保证了系统的可扩展性,解决了物联网系统的开放性、降低设备接入系统的成本问题。当物联网中的设备数量增加以后,如何利用好数以百万计的设备为用户提供所需要的服务,如何实现人与设备、设备与设备之间的信息交互,就成了需要解决的问题。

由于用户的个性化需求的变化快,需要物联网系统能够适应功能及服务动态变化的能力。传统的自上而下的集中式控制系统无法很好地满足这个需求,而去中心化的分布式系统具有更好的灵活性,让这种功能的实现成为了可能,并且可以与区块链很好地结合。社交网络发展及在解决复杂问题上取得的成功,为物联网提出了一种新的解决方案:利用社交网络思想、来解决物联网服务中遇到的复杂问题。研究表明,大量接入网络的个体相比于单一个体来说,可以对复杂问题给出更准确的答案。基于这条准则,人们利用社交网络已经实现了网络资源的搜索、交通线路的查询以及潜在好友推荐等。在物联网中引入社交网络的概念,可以解决物联网资源和服务过于分散的问题,为用户提供个性化的发现和推荐服务,提高资源与服务的共享率和利用率;另外,还可以利用社交网络的管理方法实现对物联网中资源与服务的管理和维护。人们通过社交网络在互联网上共享图片、日志、状态等个人信息,通过社交网络进行沟通与交流。社交网络的发展拉近了世界的距离,使得人们任何时间任何地点不受限制地进行交流,通过社交关系建立起人与人的联系,促进社交网络的进一步发展。

现有的社交网络还都是面向人与人之间的社交网络,还没有真正意义上人与设备共存的社交网络出现。如何在物联网中实现"人与设备"、"设备与设备"的沟通与协作是一个新方向。通过社交网络,将物联网设备与他们的主人连接到一起,发挥物联网获取真实世界信息的能力,同时还充分利用了社交网络对信息的传播功能,可以有效解决物联网资源和服务发现与传播问题,同时还可以提高用户体验,显著地增强用户黏度。此外,通过社交网络建立起人与人、设备与设备、人与设备的社交关系模型,对解决物联网系统中资源管理、资源共享以及授权等问题提供了有利的条件。

智能社交系统中,将现实世界中的事物抽象成资源接入网络中,系统自行分配对接入网络的资源进行管理。这样一个分布式智能社交系统可以实现多个资源间的信息交流、协同工作。通过这种方式,根据具体需求扩展或定制化的功能,提高智能化程度以满足用户的需求;对这种架构体系定义好接口,各部分独立更新后并不影响整个系统的正常工作,实现系统的可扩展性。

随着嵌入式设备的广泛应用,基于互联网实现相互通信和数据共享的物联网 IoT 技术成为研究的重点。由于物联网应用需求的多样性需求,基于开放 Web 技术构建 WoT 物联网,实现物联网设备及物联网设备与现有网络服务之间的信息共享、协同工作和系统集成等成为研究的热点。

习题

1. 物联网分为几层?分别是什么?并请简述它们的功能。
2. 传感网络由哪几个模块组成?
3. 简述 TCP 协议与 UDP 协议的异同。
4. IPv6 较之 IPv4 有哪些优点?
5. 描述 OSI 开放系统互连七层参考模型及各层功能。
6. 描述 OSI 开放系统互连七层参考模型的数据发送进程。
7. OSI 开放系统互连七层模型和 TCP/IP 四个协议层的关系是什么?
8. 简述一个分组或报文从一端传输到另一端所需要的时间。

## 第 3 章

物联网关键技术

物联网概念是在互联网概念的基础上,将其用户端延伸和扩展到任何物品与任何物品之间,进行信息交换和通信的一种网络,最核心的是**把物联到网上**。物联网的系统架构自下而上分别是:底层——利用 RFID 等无线通信技术、传感器、二维码等随时随地获取物体的信息,感知世界的感知层主要完成信息的采集、转换和收集;中间层——用来传输数据的网络传输层,主要完成信息传递和处理;上层——把感知层得到的信息进行分析处理的应用服务层,主要完成数据的管理和数据的处理,并将这些数据与行业应用相结合,实现智能化识别、定位、跟踪、监控和管理等实际应用。

一个物联网系统基本是由如图 3-1 所示的三部分组成:一个是传感器主导的信息采集系统,一个是处理和传输系统,一个是云及处理系统。物联网是利用现有技术去搭建的,下面分别介绍物联网的关键技术。

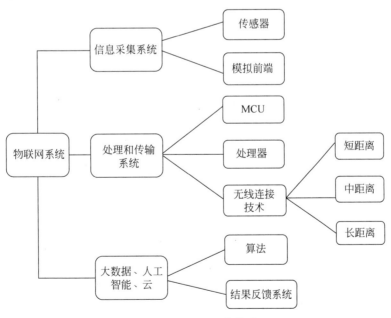

图 3-1　物联网系统构成

3.1 感知技术

感知功能是构建物联网系统的基础。其包含的关键技术有 RFID 等无线通信技术、传感器技术、信息处理技术等,感知是信息采集和处理的关键部分。下面将分别对各项技术进行介绍。

3.1.1 RFID

1. RFID 简介

RFID 是一种利用无线射频技术去识别目标对象并获取相关信息的非接触式的双向通信技术,其系统由一个阅读器和若干标签组成,如图 3-2 所示。标签分有源标签和无源标签,有源标签自身带电源,无源标签自身不带电源,能量来自阅读器发射的电磁波,把这个电磁波转化为自己工作的能源。

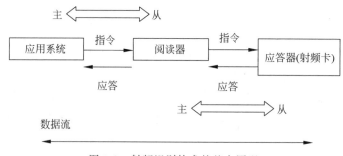

图 3-2 射频识别技术的基本原理

其原理是利用射频信号和空间耦合(电感或电磁耦合),实现对被识物体的自动识别。其工作过程如图 3-3 所示。

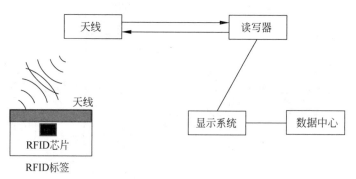

图 3-3 RFID 的工作过程

RFID 标签与条形码相比具有读写距离远、储存量高等特性,另外 RFID 技术具有以下特点:

(1) 快速扫描。RFID 识别器的防碰撞技术能够有效避免不同目标标签之间的相互干扰,可以同时识别多个目标,颠覆了以往条码、磁卡、IC 卡等一次只能识别一个目标的技术。

(2) 数据读写功能。通过射频读写器能够对支持读写功能的射频标签进行数据的写入与读出。而条码只支持数据读出功能,条码信息一旦录入便不能再修改。

(3)电子标签的小型化,形状多样化,使 RFID 更容易嵌入到不同的物体内,应用于不同的产品。

(4)耐环境性。RFID 采用非接触式读写,不怕水、油等物质,可在黑暗以及脏污环境中读取数据。

(5)可重复使用。RFID 电子标签中存储的是一定格式的电子数据,故可通过射频读写器对其进行反复读写,比传统的条码具有更高的利用率,对信息的更新提供了便捷。

(6)穿透性和无屏蔽阅读。在被纸张、木质材料以及塑料等非金属障碍物覆盖的情况下,射频卡也可以进行穿透性通信。而条形码在被覆盖或无光条件下将失去提供信息的能力。

(7)数据记忆容量大。一般条码的容量为 30～3000 字符,而 RFID 的最大容量达到数兆字符。

(8)安全性、可靠性更高。RFID 射频标签存储的是电子信息,可通过加密对数据进行保护。

射频识别的几种常见分类如表 3-1 所示。

表 3-1 射频识别几种常见分类

分类标准	具体类别	特 点
工作模式	主动式(有源标签)、被动式(无源标签)	有源标签发射功率低、通信距离长、传输容量大、可靠性高、兼容性好。无源标签体积小、质量轻、成本低、寿命长,但无源标签通常要求与读写器之间的距离较近,且读写功率大
工作频率	低频 RFID、中高频 RFID、超高频 RFID、微波 RFID 等	低频 RFID 标签典型的工作频率为 125kHz 与 133kHz;中高频 RFID 标签典型的工作频率为 13.56MHz;超高频 RFID 标签典型的工作频率为 860～960MHz;微波 RFID 标签典型的工作频率为 2.45GHz 与 5.8GHz
封装形式	粘贴式 RFID、卡式 RFID、扣式 RFID 等	灵活应用

2. 射频识别的应用

随着物联网的发展,物联网逐步走进我们的生活。作为物联网中较早使用的无线通信技术,RFID 的应用领域非常广泛,包括物流领域、交通运输、医疗卫生、市场流通、食品、商品防伪、智慧城市、信息、金融、养老、教育文化、残疾事业、劳动就业、智能家电、智慧工业、生态活动支援、犯罪监视安全管理、国防军事、警备、图书档案管理、消防及防灾、生活与个人利用等。下面是 RFID 的几个典型应用。

1)供应链管理领域

无线射频识别技术适合在物流跟踪、货架识别等要求非接触式采集数据和要求频繁改变数据内容的场合使用,特别适合供应链管理。在供应链管理中无缝整合所有的供应活动,供应商、运输商、配送商、信息提供商和第三方物流公司整合到供应链当中。在每件商品中都贴上 RFID 标签,就不必打开产品外包装,系统就能对成箱成包的产品进行识别,从而准确地随时获取产品相关信息,如产品、生产地点、生产商、生产时间等。RFID 标签可以对商品从原料、成品、运输、仓储、配送、上架、销售、售后等所有环节进行实时监控,不仅极大地提高了自动化程度,而且可大幅降低差错率,大幅削减获取产品信息的人工成本,显著提高供应链透明度,使物流各个环节实现自动化。

2)智能电子车牌

智能电子车牌是将普通车牌与RFID技术相结合形成的一种新型电子车牌。电子车牌是一个存储了经过加密处理的车辆数据的RFID电子标签。其数据由经过授权的阅读器才能读取。同时在各交通干道架设的监测基站通过移动通信终端与中心服务器相连,还可以与警用PDA相连。PDA放在监测基站前方,车辆经过监测基站时,摄像机将车辆的物理车牌拍摄下来,然后经过监测基站图像识别系统处理后,得到物理车牌的车牌号码;同时,RFID阅读器将读取电子车牌中加密的车辆信息,经监测基站解密后,得到电子车牌的车牌号码。

由于电子车牌经过了软硬件设计和数据加密,因此不能被仿制。每辆车配备的电子车牌都有与之对应的物理车牌号码,如果是假套牌,则没有与之对应的车牌号码,此时,监测基站会将物理车牌的车牌通过WLAN发送到前方交警的PDA上,提示交警进行拦截。同理,在此过程中智能车牌系统也能识别黑名单车辆、非法营运车辆。

RFID电子标签安全性能也非常重要。现有的RFID系统安全解决方案分为:第一类,通过物理方法,阻止标签与读写器之间的通信;第二类,通过逻辑方法,增加标签安全机制。

常用的物理方法如下:

(1)杀死(Kill)标签——使标签丧失功能阻止标签的跟踪。

(2)法拉第网罩(Faraday Cage)——由导电材料构成的法拉第网罩可以屏蔽无线电波,使外部无线电信号不能进入网罩。

(3)主动干扰——用户使用某种设备将无线干扰信号广播出去,干扰读写器。

常用的逻辑方法如下:

(1)Hash锁——用Hash散列函数给标签加锁。

(2)随机Hash锁——将Hash锁扩展,使读写器每次访问标签的输出信息都不同,可以隐藏标签位置。

(3)Hash链——标签使用一个Hash函数,使每次标签被读写器访问后,都自动更新标识符,下次再被访问,就被认为是另一个标签。

(4)匿名ID方案——采用匿名ID,即使被截获标签信息,也不能获得标签的真实ID。

(5)重加密方案——采用第三方设备对标签定期加密。

RFID电子标签分为存储型和逻辑加密型两类。存储型电子标签是通过读取ID号来达到识别的目的,可应用于动物识别、跟踪追溯等方面。这种电子标签常应用唯一序列号来实现自动识别。逻辑加密型的RFID电子标签有些涉及小额消费,其安全设计是极其重要的。逻辑加密型的RFID电子标签内部存储区一般按块分布,并由密钥控制位设置每数据块的安全属性。

3.1.2 传感器

传感器是物联网的神经末梢,是物联网感知世界的终端模块,同时传感器会受到环境恶劣的考验。

1. 传感器技术简介

传感器是许多装备和信息系统必备的信息获取单元,用来采集物理世界的信息。传感器实现最初信息的检测、交替和捕获。传感器技术的发展体现在三个方面:感知信息、智能化、网络化。

传感器技术涉及传感信息获取、信息处理和识别的规划设计、开发、制造、测试、应用及评价改进活动等内容,是从自然信源获取信息并对获取的信息进行处理、变换、识别的一门多学科交叉的技术。

如图 3-4 所示,传感器网络节点的组成和功能包括如下四个基本单元:感知单元、处理单元、通信单元以及电源部分。还可以选择加入如定位系统、运动系统以及发电装置等其他功能单元。

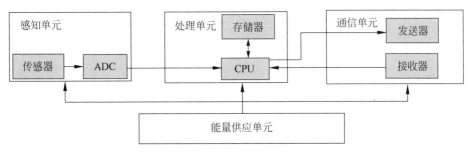

图 3-4 传感器节点结构

电源为传感器正常工作提供电能。感知单元用于感知、获取外界的信息,并将其转换成数字信号。处理单元主要用于协调节点内各功能模块的工作。通信单元负责与外界通信。

2. 传感器的分类

传感器可根据不同分类方法进行分类:

(1) 按所属学科分为物理型、化学型、生物型传感器。物理型传感器是利用各种物理效应,把被测量参数转换成可处理的物理量参数;化学型传感器是利用化学反应,把被测量参数转换成可处理的物理量参数;生物型传感器是利用生物效应及机体部分组织、微生物,把被测量参数转换为可处理的物理量参数。

(2) 按传感器转换过程中的物理机理分为结构型传感器和物性型传感器。结构型传感器是依靠传感器结构(如形状、尺寸等)参数变化,利用某些物理规律引起参量变化并被测量,将其转换为电信号实现检测(如电容式压力传感器,当压力作用在电容式敏感元件的动极板上时,引起电容间隙的变化导致电容值的变化,从而实现对压力的测量)。物性型传感器是利用传感器的材料本身物理特性变化实现信号的检测(包括压电、热电、光电、生物、化学等,如利用具有压电特性的石英晶体材料制成的压电式传感器)。

(3) 按能量关系,可分为能量转换型和能量控制型传感器。能量转换型传感器是直接利用被测量信号的能量转换为输出量的能量。能量控制型传感器是由外部供给传感器能量,而由被测量信号来控制输出的能量,相当于对被测信号能量放大。

(4) 根据作用原理,可分为应变式、电容式、压电式、热电式、电感式、电容式、光电式、霍尔式、微波式、激光式、超声式、光纤式、生物式及核辐射式传感器等。

(5) 根据功能用途,可分为温度、湿度、压力、流量、重量、位移、速度、加速度、力、热、磁、光、气、电压、电流、功率传感器等。

(6) 根据功能材料，可分为半导体材料、陶瓷材料、金属材料、有机材料、半导磁、电介质、光纤、膜、超导、拓扑绝缘体等。半导体传感器主要是硅材料，其次是锗、砷化镓、锑化铟、碲化铅、硫化镉等，主要用于制造力敏、热敏、光敏、磁敏、射线敏等传感器。陶瓷传感器材料主要有氧化铁、氧化锡、氧化锌、氧化锆、氧化钛、氧化铝、钛酸钡等，用于制造气敏、湿敏、热敏、红外敏、离子敏等传感器。金属传感器材料主要用在机械传感器和电磁传感器中，用到的材料有铂、铜、铝、金、银、钴合金等。有机材料主要用于力敏、湿度、气体、离子、有机分子等传感器，所用材料有高分子电解质、吸湿树脂、高分子膜、有机半导体聚咪唑、酶膜等。

(7) 按输入量可以分为位移、压力、温度、流量、气体等。

(8) 按输出量的形式可分为模拟式传感器、数字式传感器、赝数字传感器、开关传感器等。模拟式传感器输出量为模拟量，数字式传感器输出量为数字量，赝数字传感器将被测量的信号量转换成频率信号或短周期信号的输出（包括直接或间接转换），开关传感器当一个被测量的信号达到某个特定的阈值时，传感器相应地输出一个设定的低电平或高电平信号。

(9) 按输出参数可分为电阻型、电容型、电感型、互感型、电压（电势）型、电流型、电荷型及脉冲（数字）型传感器等。

(10) 按照制造工艺分为集成传感器、薄膜传感器、厚膜传感器、陶瓷传感器等。集成传感器是用标准的生产硅基半导体集成电路的工艺技术制造的。通常还将用于初步处理被测信号的部分电路也集成在同一芯片上。薄膜传感器则是通过沉积在介质衬底（基板）上的相应敏感材料的薄膜形成的。使用混合工艺时，同样可将部分电路制造在此基板上。厚膜传感器是利用相应材料的浆料，涂覆在陶瓷基片上制成的，基片通常是 Al_2O_3 制成的，然后进行热处理，使厚膜成形。陶瓷传感器采用标准的陶瓷工艺或其某种变种工艺（溶胶、凝胶等）生产。完成适当的预备性操作之后，已成形的元件在高温中进行烧结。

(11) 根据测量对象特性不同分为物理型、化学型和生物型传感器。物理型传感器是利用被测量物质的某些物理性质发生明显变化的特性制成的。化学型传感器是利用能把化学物质的成分、浓度等化学量转化成电学量的敏感元件制成的。生物型传感器是利用各种生物或生物物质的特性做成的，用以检测与识别生物体内化学成分的传感器。

其中湿度传感器的原理常用的有湿敏电阻和湿敏电容两种，湿敏电阻传感是在基片上覆盖一层用感湿材料制成的膜，当空气中的水蒸气吸附在感湿膜上时，元件的电阻率和电阻值都发生变化，利用这一特性即可测量湿度。湿敏电容传感是用高分子薄膜电容制成的，常用的高分子材料有聚苯乙烯、聚酰亚胺、酪酸醋酸纤维等。当环境湿度发生改变时，湿敏电容的介电常数会发生变化，使其电容量也发生变化，其电容变化量与相对湿度成正比。

压力传感器主要有压电压力传感器、压阻压力传感器、电容式压力传感器、电磁压力传感器、振弦式压力传感器等。压电压力传感器主要基于压电效应（Piezoelectric effect），利用电气元件和其他机械把待测的压力转换成为电量，再进行测量。主要的压电材料是磷酸二氢胺、酒石酸钾钠、石英、压电陶瓷、铌镁酸压电陶瓷、铌酸盐系压电陶瓷和钛酸钡压电陶瓷等。传感器的敏感元件是用压电的材料制作而成的，而当压电材料受到外力作用的时候，它的表面会形成电荷，电荷通过电荷放大器、测量电路的放大以及变换阻抗以后，就会被转换成为与所受到的外力成正比关系的电量输出。它是用来测量力以及可以转换成为力的非电物理量，如加速度和压力。压阻压力传感器主要基于压阻效应（Piezoresistive effect）。压阻效应是用来描述材料在受到机械式应力下所产生的电阻变化。电容式压力传感器是一种利用电容作为敏感元件，将被测压力转换成电容值改变的压力传感器。电磁压力传感器包括电感压力传感器、霍尔压力传感器、电涡流压力传感器等。振弦式压力传感器的敏感元件是拉紧的钢弦，敏感元件的固有频率与拉紧力的大小有关。弦的长度是固定的，弦的振动频率变化量可用来测算拉力的大小，频率信号经过转换器可以转换为电流信号。

3. 传感器的性能指标

衡量传感器指标包括重复性、线性度、迟滞、稳定性、分辨率、温稳定性、寿命、多种抗干扰能力等。

（1）线性度：传感器的输入/输出之间会存在非线性。传感器的线性度就是输入/输出之间关系曲线偏离直线的程度。

（2）迟滞：传感器在正（输入量增大）反（输入量减小）行程中输出与输入曲线不相重合时称为迟滞，如磁滞、相变。

（3）重复性：重复性是指传感器在输入按同一方向作全量程连续多次变动时所得特性曲线是否一致的程度。

（4）灵敏度：灵敏度是指传感器输出的变化量与引起改变的输入变化量之比。

（5）分辨率：分辨度是指传感器能检测到的最小的输入变量。

4. 传感器技术应用

传感器的应用领域相当广泛，从茫茫宇宙到浩瀚海洋，再到各种复杂的工程系统，几乎每一个项目都离不开各种各样的传感器。

1）机械制造

在机械制造中，用距离传感器来检测物体的距离；在工业机器人中，用加速度传感器、位置传感器、速度及压力传感器等来完成机器人需要进行的动作。

2）环境保护

在环境保护中，各种气体报警器、气体成分控测仪、空气净化器等设备，用于易燃、易爆、有毒气体的报警等，有效防止火灾、爆炸等事故的发生，确保环境清新、安全。采用汽车尾气催化剂和尾气传感器，解决汽车燃烧汽油所带来的尾气污染问题。

3）医疗卫生

医疗诊断测试用的传感器，尤其是血糖测试传感器将占据整体市场的大半部分。血糖测试传感器的市场规模还将以大约年率3%持续成长。从智能包装传感器来看，食品和一般消费者倾向的医疗护理产品，如检测温度、湿度，以及各种化学物质和气体包装将显著增长。

5. 传感器技术的安全机制

传感器是物联网中感知物体信息的基本单元，同时传感网络比较脆弱，容易受到攻击，如何有效地应对这些攻击，对于传感网络来说十分重要。

1）物理攻击防护

建立有效防护物理攻击非常重要，如当感知到一个可能的攻击时，就会自销毁，破坏一切数据和密钥。还可以将随机时间延迟加入到关键操作过程中，设计多线程处理器，使用具有自测试功能的传感器实现物理攻击的有效防护。

2）密钥管理

密码技术是确保数据完整性、机密性、真实性的安全技术。如何构建与物联网体系架构相适应的密钥管理系统是物联网安全机制面临的重要问题。

物联网管理系统的管理方式有两种,分别为以互联网为中心的集中式管理和以物联网感知为中心的分布式管理。前者将感知互动层接入到互联网,通过密钥分配中心与网关节点的交互,实现对物联网感知互动层节点的密钥管理;后者通过分簇实现层次式网络结构管理,这种管理方式比较简单,但是由于对汇聚节点和网关的要求较高,能量消耗大,实现密钥管理所需要的成本也比前者高出很多。

3)数据融合机制

安全的数据融合是保证信息和信息传输安全、准确聚合信息的根本条件。一旦数据融合过程中受到攻击,则最终得到的数据将是无效的,甚至是有害的。因此,数据融合的安全十分重要。

安全数据融合的方案可由融合、承诺、证实三个阶段组成。在融合阶段,传感器节点将收集到的数据送往融合节点并通过指定的融合函数生成融合结果,融合结果的生成是在本地进行的,并且传感节点与融合节点共用一个密钥,这样可以检测融合节点收到数据的真实性;融合阶段生成承诺标识,融合器提交数据且融合器将不再被改变;证实阶段通过交互式证明协议主服务器证实融合节点所提交融合结果的正确性。

4)节点防护

节点的安全防护可分为内部节点之间的安全防护、节点外部安全防护以及消息安全防护。节点的安全防护可通过鉴权技术实现。首先是基于密码算法的内部节点之间的鉴别,共用密钥的节点可以实现相互鉴别;再者是节点对用户的鉴别,属于节点外部的安全防护,用户是使用物联网感知互动层收集数据的实体,当其访问物联网感知互动层并发送收集数据请求时,需要通过感知互动层的鉴别;最后,由于感知互动层的信息易被篡改,因此需要消息鉴别来实现信息的安全防护,其中消息鉴别主要包括点对点的消息鉴别和广播的消息鉴别。

5)安全路由

路由的安全威胁主要表现在物联网中不同结构网络在连接认证过程中会遇到 DoS、异步等攻击的安全威胁,以及单个路由节点在面对海量数据传输时,由于节点的性能原因,很有可能造成数据阻塞和丢失,同时也容易被监听控制的安全威胁。其中运用到的安全技术主要有认证与加密技术、安全路由协议、入侵检测与防御技术和数据安全和隐私保护。可信分簇路由协议 TLEACH(Trust Low-Energy Adaptive Clustering Hierarchy)协议是一个信任管理模块和一个基于信任路由模块的有机整合,其中信任管理模块负责建立传感器节点之间的信任关系;基于信任的路由模块具有和基本 TLEACH 协议相同的簇头选举算法和工作阶段,通过增加基于信任的路由决策机制来提供更加安全的路由。

建立在地理路由之上的安全 TRANS(Trust Routing for Location-aware Sensor Networks)协议包括信任路由和不安全位置避免两个模块,信任路由模块安装在汇聚节点和感知节点上,不安全位置避免模块仅安装在汇聚节点上。

6. 超材料传感新技术

超材料(matamaterials)是人造电磁材料,由一些周期性排列的材料组成,可显著提高传感器的灵敏度和分辨率,实现基于传统材料传感器难以实现的功能,在传感器设计方面开启新的篇章。

（1）基于超材料的生物传感技术具有无标签生物分子检测等优势，分为三种类型，即微波生物传感器、太赫兹生物传感器和等离子体生物传感器。

微波生物传感器：基于开口谐振环（SRR）阵列可以实现有效磁导率为负，响应电磁波频率在微波段。有人提出基于SRR的生物传感器，有着较小的尺寸来检测生物分子是否出现粘连。

太赫兹生物传感器：在太赫兹频段感应样品复杂的介电特性有优势，通过探测分子或声子共振对小分子化合物的共振吸收，可以直接识别化学或生物化学分子的组成。克里斯蒂安等通过向分裂环中加入第二间隙并破坏对称性，获得了电场分布的高浓度点，由超材料构成的非对称开口环谐振器（aDSR）的太赫兹频率选择表面（FSS）来感测少量的化学和生化材料。

等离子体生物传感器：表面等离子体对于衰减场的穿透深度内的电介质的折射率非常敏感，可用于开发无标记等离子体生物传感器，用于检测和调查目标与金属表面上其相应受体之间的结合情况。以超材料为基础的等离子体生物传感器能进一步提高灵敏度，采用以玻璃为基底的平行金纳米级材料，将大量金纳米棒镀在薄膜多孔氧化铝模板上，形成约 $2cm^2$ 的平行纳米棒阵列超材料结构。

（2）超材料薄膜传感器：利用电磁波与薄膜样本物质之间的相互作用，在整个化学和生物学过程中提供重要信息。超材料薄膜传感器谐振频率可调谐，容易实现高灵敏度化学或生物薄膜检测。超材料薄膜传感器分为微波薄膜传感器、太赫兹薄膜传感器和等离子体薄膜传感器。

微波薄膜传感器：为了感应微量的样品物质，薄膜传感器在微波频段响应敏感。有人提出将尖端SRR超材料作为薄膜传感器来减小器件的尺寸和谐振频率以及改善Q因子。为了进一步提高电场分布，有人提出具有尖锐尖端的矩形尖端形状的aDSR，可以在较小体积时提供非常高的灵敏度。

太赫兹薄膜传感器：许多材料在太赫兹频段表现出的独特性质，可以实现新的化学和生物薄膜检测方式，提高灵敏度。波导传感器可以通过增加有效的相互作用长度来对水薄膜进行感测。为了进一步提高灵敏度，超材料已经成为高度敏感的化学或生物薄膜检测的候选对象，可以通过设计调整谐振频率响应。

等离子体薄膜传感器：在SRR阵列上施加不同厚度的薄介电层时，薄膜传感器在多谐振反射光谱中显示出每个谐振模式的不同感应行为。低阶模式具有更高的灵敏度，高阶模式呈现了具有微米级检测长度的可调节灵敏度，以允许细胞内的生物检测。可以利用较低的模式来检测小目标和大分子，包括抗体—抗原的相互作用以及细胞膜上的大分子识别，以获得优异的灵敏度以及降低来自电介质环境的噪声，高阶模式检测由于其微米级别的检测长度更远，且无标记的方式，有助于探索活细胞器和细胞内的生物特性。可用于分析寄生细胞之间相互作用，是一种无标记生物成像传感器。

（3）超材料无线应变传感器：超材料无线应变传感器可以实现远程实时测量材料的强度，可更好地了解瞬时结构参数，例如，在地震前后。超材料无线传感器可实时测量飞行器部件的抗弯强度、监测骨折后骨头的愈合过程。

基于超材料的无线应变传感器具有更高品质因数以及调制深度，使得超材料非常适合遥测传感应用。超材料结构可以实现更高的谐振频率偏移，从而提高灵敏度和线性度。

其他超材料传感器：超材料也可以应用其他领域，有人提出了一种高度敏感的太赫兹表面波传感器，由周期性的金属超材料组成用于近场光谱学和传感应用程序。普恩特斯等提出了使用超材料传输线路的双模传感器，这种传感器有两种不同的工作模式用于同时检测材料的介电常数和位置。本实验室还在研究介质超材料传感器，研究可见光系统中运行的基于超材料的柔性光子装置，显示出其在高灵敏度应变、生物和化学感应中的潜在应用。

超材料在传感领域的应用为发展新一代的传感技术提供了新的机遇。超材料可以改善传感器的机械特性、光学特性和电磁特性，基于超材料的传感器正朝着单分子生物传感器和高通量传感器阵列方向发展。太赫兹、可见光和红外线领域对超材料的电磁响应可以在安全成像、遥感和谐振装置这些领域开启新的篇章。

7. 生物传感器

分析生物的重要方法是采用生物传感器(biosensor)获取生物数据，生物传感器属于交叉学科，涉及生物化学、电化学等多个基础学科。生物相容的生物传感器、生物可控和智能化的传感器将是生物传感器的重要方向。生物传感器在医疗、食品工业和环境监测等方面有大量应用。

生物传感器概念来源于 Clark 关于酶电极的描述，其中传感器的构成中分子识别元件为具有生物学活性的材料。

在首届世界生物传感器学术大会(BIOSENSORS'90)上将生物传感器定义为生物活性材料与相应的换能器的结合体，能测定特定的生物化学物质的传感器；将能用于生物参量测定但构成中不含生物活性材料的装置称为生物敏(biosensing)传感器。

《生物传感器和生物电子学》对生物传感器的描述为：生物传感器是一类分析器件，它将一种生物材料(如组织、微生物细胞、细胞器、细胞受体、酶、抗体、核酸等)、生物衍生材料或生物模拟材料，与物理化学传感器或传感微系统密切结合或联系起来，使其分析功能。这种换能器或微系统可以是光学的、电化学的、热学的、压电的或磁学的。Turner 教授将它简化定义为：生物传感器是一种精致的分析器件，它结合一种生物的或生物衍生的敏感元件与一只理化换能器(如氧电极、光敏管、场效应管、压电晶体等)，能够产生间断或连续的数字电信号，信号强度与被分析物成比例。

1977 年，日本东京大学的 Iso Karube 和美国 Georgia 技术学研的 J. Janata 分别提出了测定生物化学需氧量(Biochemical Oxygen Demand，BOD)的微生物传感器和测抗原的免疫传感器。随后出现了细胞器传感器、细胞传感器和组织切片传感器。

随着生物技术、生物电子学和微电子学的不断渗透、融合，生物传感器不再局限于生物反应的电化学过程，而是根据生物学反应中产生的各种信息(如光效应、热效应、场效应和质量变化等)来设计各种精密的探测装置。

在功能方面，生物传感器已经发展到活体测定、多指标测定和联机在线测定，检测对象包括各种常见的生物化学物质，可用在临床、发酵、食品、化工和环保等方面。

20 世纪 80 年代牛津出版社出版了《生物传感器：基础与应用》(*Biosensors：Fundamental and Applications*)，该书由 65 位著名学者联合执笔，被誉为生物传感器的"圣经"。

1992 年，在瑞士日内瓦召开了 BIOSENSORS'92，光生物传感器是大会的亮点，奥地利 Karl-Franzens 大学 O. S. Wolfbeis 教授和法国 Lyon 大学的 P. R. Coule 教授分别做了"酶光导纤维传感器"和"荧光素酶生物传感器"的报告。另一项研究成果是利用表面等离子体共振(Surface Plasmon Resonance,SPR)研究生物分子识别作用,该方法在亲和生物反应和免疫学以及分子识别研究方面具有重要的应用价值,SPR已经成为生物分子识别研究的首选方法。

1994年,在美国召开BIOSENSORS'94。出现生物传感器阵列、DNA的液晶性质与DNA传感器、光波导生物传感器。

1996年,在曼谷举行了BIOSENSORS'96。介体酶电极血糖传感器结合丝网印刷技术取得了成功,为糖尿病人自我监护带来极大方便。作为人工模拟酶或受体的分子印迹(Molecular Imprinting,MIP)技术首次在大会引入。

1998年,在德国柏林召开了BIOSENSORS'98。澳大利亚Cornell博士做了离子通道开关生物传感器报告,引入单分子测定概念和技术。核酸生物传感器成为大会的主题之一,代表了生物传感器研究新的方向。

2000年,在美国San Diego举行了第6次世界生物传感学术大会,核酸传感器和分子识别(molecular recognition)方向引人注目。生物传感器的早期的开拓者之一、美国Hawaii大学G. A. Rechnitz教授做了生物传感器:从酶到神经突触(*Biosensors: from enzymes to synapses*)的报告。他表示科学研究的发现很大程度上源于科学家对新事物的兴趣,有时候,研究只是为了乐趣(for fun),不经意之间的发现就变成了对科学和社会的贡献。他的研究大多集中在植物和动物的敏感组织或器官,甚至是个体上完整的生物传感器。

2002年的世界生物传感学术大会在日本京都召开。DNA生物传感器和DNA芯片研究受到关注。组合化学和分子印迹生物传感器也取得了进展。

2004年,在西班牙召开了第8届国际生物传感学术大会,论文涉及核酸生物传感器、DNA芯片、生物电子学、生物燃料电池、微分析系统、酶传感器、器官与全细胞生物传感器、传感器系统集成、蛋白质组学和单细胞分析、免疫传感器、天然受体与合成受体生物传感器、新的信号传导技术等。

2014年第24届世界生物传感学术大会在澳大利亚墨尔本召开,会议交流的主题有纳米生物传感器(纳米材料、纳米分析系统)、细胞生物传感器、免疫生物传感器、酶生物传感器、核酸生物传感器、微流控系统、芯片实验室、治疗与生物电子、印刷生物传感器与印刷电子、商业化生物传感器制造及市场分析等。个体化医疗生物传感、大数据科学与生物传感、智能手机生物传感成为新的发展动向。中科院生物物理研究所乐加昌专题报告"ATP酶分子马达生物传感器",以创新性获得大会最佳论文奖第一名。该论文通过ATP酶分子马达的转动显著放大分子信号,成功解决了单分子连接技术的难点,实现了生物样品的高灵敏检测。

纳米技术的引入赋予了生物传感许多新的特性,如高灵敏、多参数、微环境应用等。纳米效应包括表面效应、小尺寸效应和宏观量子隧道效应。当传感器或传感器组件达到纳米尺度时,这些效应便不同程度显现:在纳米尺寸,传感界面表面原子所占的百分数显著增加,传感器的灵敏度也获得提高。小尺寸效应会导致光学性质、热学性质、磁学性质、力学性质等发生变化。例如,半导体纳米悬臂梁,能够称量一个病毒的重量,半导体量子点,在同一个激发波长条件下,发射光频率会随量子点尺寸的改变而变化,通过调节量子点尺寸可以获得不同的发射颜色,这使得多靶标光学测定变得简单。由于量子点比荧光染料和荧光蛋白的抗光漂白的能力要强得多,适合于长时程观察,目前已在生命科学研究和疾病检验方面获得广泛应用。

蛋白质和 DNA 等生物大分子是天然的纳米材料。通过自组装,在细胞内形成结构精巧、功能独特的生物传感网络和分子机器系统,保证新陈代谢的有序进行。认识它们的复杂结构和运作机理,对于深入理解生命现象有重要帮助。基于获得的知识,构建纳米生物传感器,或与纳米材料相结合构建杂合纳米生物传感器,特别适合于活细胞中生物学过程和重大疾病发生发展过程的研究。

穿戴式生物传感器及无创测定的兴起:穿戴式传感器系统能够实时地测量个体生命参数,如体温、脉搏、血压、呼吸频率等生理指标,通过手机将数据发送到医疗健康数据中心,有利于患者居家监护、个体化医疗和远程医疗。生物传感器的测定对象都在体内,如何实现无创(non-invasive)测定成为主要挑战。

在细胞上实现超分辨成像,活细胞条件下的分子事件探测分辨率突破光学显微镜衍射极限,而电子显微镜对活细胞探测存在困难,在如何在活细胞内实现超高时空分辨的分子事件探测方面,仍然是挑战,本实验室在这个方向也在用新方法做尝试。

人体生化、免疫等参数和疾病标志物的测定一般要采集血液,为减少患者的痛苦需探索无创测定技术,主要有两个技术路径:电化学酶电极方法和光学方法。可以通过测定其他体液样品来间接反映血液成分。例如,采用电流法或负压法使皮下组织葡萄糖渗出,再用酶电极测定。光学法是利用被检测对象的光谱学特征进行测定,包括弹性光散射法、拉曼光谱方法、原位 SPR 法等。葡萄糖分子在近红外区间有吸收峰,但与水分子、脂肪和血红蛋白等吸收相互重叠,干扰严重,加上皮肤组织的光吸收和光散射大大减弱了本来就比较弱的葡萄糖光吸收信号。此外,皮肤和组织的厚度及结构也因人而异。

以色列两家公司分别通过大数据建模和机器学习,创建了两种“学习法”测定血糖技术。CNOGA 公司产品 TensorTip CoG 设备具有 4 个发光二极管光源,可发送波长 600～1150nm 的光。当光通过手指,人体组织对光的吸收会使透过光改变颜色,用摄像传感器检测光谱的变化,同时采血测定血糖浓度,以建立血糖与光谱变化的相关性。通过反复学习和处理器的算法,对多达上亿个色彩组合进行分析建模,最终能无创地计算出血糖浓度。另一款产品 Gluco Track 采用多模量方法,在耳垂部位测量超声波、电磁和热量的变化,来计算血糖浓度。由于血液生化标志物浓度一般都很低,加上皮肤厚度、组织结构等生物要素因人而异,学习和建模必须考虑个体差异,存在一定困难。

科学家已经获得多种化合物分子的拉曼光谱表征数据和指纹图谱。由于水分子的拉曼散射极弱,拉曼光谱适合于水溶液中有机分子的无标记测定。用拉曼光谱技术可在体外测定血糖、尿糖、白蛋白等的含量,并在研究测定体内血液组分成。采用表面增强拉曼光谱(SERS)方法可以有选择性地放大靶标生物分子特定发色基团的振动,提高检测灵敏度。

生物传感器在活体测定方面具有重要意义。神经递质(如多巴胺)是神经细胞分泌和传递给靶细胞的信息,调节人类行为和大脑功能。多巴胺神经传递在动机、学习、认知和运动调节中起主要作用,其水平异常被认为与成瘾行为、神经系统疾病、精神分裂症和精神病关联。体内测定多巴胺有微透析采样＋电化学法分析、正电子发射断层扫描法(PET)、荧光光纤光度法,相关的生物传感器已有酶电极、DNA 修饰电极、适配子(Aptamers)修饰电极、分子印迹物(MIPs)修饰电极等。采用纳米材料可以进一步实现微创分析,高时空分辨和抗电极活性物质干扰是主要研究方向。光遗传学(Optogenetic)技术可用于发展活体测定的生物传感。在神经调制的 G 蛋白偶联受体(GPCR)信号过程中,有多种类型的分子光感受器可参与作用,如视蛋白(Opsins)、光活性蛋白、光开关分子和荧光蛋白等。分子光感受器受外部激发后产生构象变化,触发 GPCR 信号通路。通过光激发和去光激发,实现细胞信号的调制,从而监视体内神经活动。这类光感受器可以归为分子生物传感器类。

分子生物传感器是由 DNA 或蛋白质等生物大分子通过基因重组或 DNA 合成技术构成的传感器,适合细胞内分子事件的探测。分子传感器主要有分子信标(MB)、荧光能量转移系统(FRET)、生物发光能量转移系统(BRET)、双分子荧光互补系统(BiFC)。通过自身的构象变化、光反应及光学活性变化来指示靶标生物分子在活细胞中的定位、运动和分布、分子之间相互作用、分子构象变化、酶活性检测、细胞及亚细胞结构对环境变化和外生化合物作用的响应等。分子生物传感器与超分辨显微系统相结合,能够实现单分子事件的成像检测。

合成生物学、人工智能、纳米技术、大数据等新兴学科领域的发展与融合,将可能产生新思想、新原理和新方法,促进生物传感技术难题的解决,并提升生物传感性能、赋予其新的功能和特性。

生物传感器的组成及工作原理:

生物传感器主要是由生物识别和信号分析两部分组成。具有分子识别能力的生物敏感识别元件构成了生物识别部分,敏感元件包括细胞、生物素、酶、抗体及核酸。信号分析部分又叫换能器。工作原理是根据物质电化学、光学、质量、热量、磁性等,物理化学性质将被分析物与生物识别元件之间反应的信号转变成易检测、量化的另一种信号,如电信号,再经过信号读取设备的转换过程,最终得到可以对分析物进行定性或定量检测的数据,如图 3-5 所示。

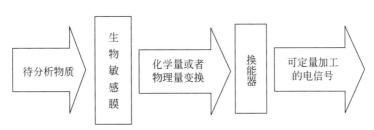

图 3-5 生物传感器原理

生物传感器识别和检测待测物的工作原理:待测物分子与识别元素接触;识别元素把待测物分子从样品中分离出来;转换器将识别反应相应的信号转换成可分析的化学或物理信号;使用分析设备对输出的信号进行相应的转换,将输出信号转化为可识别的信号。生物传感器中的识别元素是生物定性识别的决定因素;识别元素与待测分子的亲合力,以及换能器和检测仪表的精密度,在很大程度上决定了传感器的灵敏度和响应速度。

生物敏感膜(biosensitive membrane)可以作为分子识别元件(molecular recognition element),是生物传感器的关键元件,直接决定传感器的功能与质量。依生物敏感膜所选材料不同,其组成可以是酶、核酸、免疫物质、全细胞、组织、细胞器、高分子聚合物模拟酶或它们的不同组合,如表 3-2 所示。这个膜是采用固定化技术制作的人工膜而不是天然的生物膜(如细胞膜)。分子识别元件采用的是填充柱形式,但其微观催化环境仍可以认为是膜形式的,或至少是液膜形式,膜的含义是广义的。

表 3-2　不同种类的分子识别原件

分子识别元件 （生物敏感膜）	生物活性材料	分子识别元件 （生物敏感膜）	生物活性材料
酶 全细胞 组织 细胞器	各种酶类、细菌、真菌、动物、植物的细胞、植物的组织切片、线粒体、叶绿体	免疫物质 具有生物亲和能力的物质、核酸、模拟酶	抗体、抗原、酶标抗原等、配体、受体、聚核苷酸 高分子聚合物

　　换能器的作用是将各种生物的、化学的和物理的信息转变成电信号。生物学反应过程产生的信息是多元化的，微电子学和传感技术为检测这些信息提供了手段。可供生物传感器的基础换能器件如表 3-3 所示。

表 3-3　生物反应信息和换能器的选择

生物学反应信息	换能器选择	生物学反应信息	换能器选择
离子变化	离子选择性电极	光学变化	光纤、光敏管、荧光计
电阻变化、电导变化	阻抗计、电导仪	颜色变化（属于光学范畴）	光纤、光敏管
电压变化	场效应晶体管	质量变化	压电晶体等
气体分压变化	气敏电极	力变化	微悬臂梁
热熔变化	热敏电阻、热电偶	振动频率变化	表面等离子体共振

　　生物传感器特点有多样性、无试剂分析、操作简便、易于联机、可以重复使用、连续使用。
　　生物传感器的分类：根据分子识别元件的不同可将生物传感器分为酶传感器（enzyme sensor）、免疫传感器（immuno sensor）、组织传感器（tissue sensor）、细胞传感器（organelle sensor）、核酸传感器（DNA/RNA sensor）、微生物传感器（microbial sensor）、分子印迹生物传感器（molecular imprinted biosensor）。分子印迹分子识别元件属于生物衍生物。根据所用换能器不同，生物传感器分为电化学生物传感器（electrochemical biosensor）或生物电极（bioelectrode）、光生物传感器（optical biosensor）、热生物传感器（calorimetric biosensor 或 thermal biosensor）、半导体生物传感器（semiconduct biosensor）、电导/阻抗生物传感器（conductive/impedance biosensor）、声波生物传感器（acoustic wave biosensor）、微悬臂梁生物传感器（cantilever biosensor），如图 3-6 所示。按照生物敏感物质相互作用类型分为亲和型和代谢型两种。在环境监测中常用的传感器主要有酶传感器、微生物传感器、免疫传感器、DNA 传感器。
　　生物传感器技术的应用：
　　(1) 生物传感器技术在环境监测中的应用。生物传感器具有高灵敏度、便携和成本低等优点，对工业排放、农业化肥农药等环境毒物、大气和废气、生化需氧量（BOD）、氨氮浓度等可以快速、便携、高灵敏度等可以检测。
　　(2) 生物传感器在生命科学研究上的应用。生物传感器可以用在生命科学研究工作中，在医学领域基础研究，有人用纳米光纤生物传感器探测到了细胞传递信号的生物化学成分。在临床医学上，生物传感器可以广泛地应用于对体液中的微量蛋白、小分子有机物（如葡萄糖、抗生素、氨基酸、胆固醇）等多种生化指标检测。血糖传感器和尿酸传感器使糖尿病

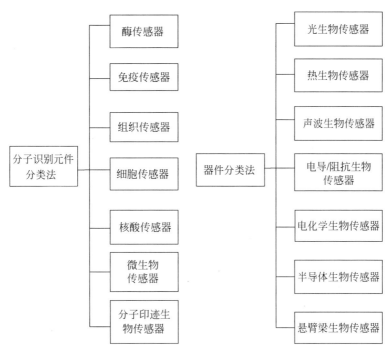

图 3-6 生物传感器分类

和痛风患者能在家中对病情进行自我监测。生物传感器还可以用在基因诊断。

（3）生物传感器在食品工程中的应用。生物传感器为食品质量和安全提供实时快速、简单便携和低成本的分析方法。生物传感器可以实现食品中农药残留的检测、食物基本成分的分析，微生物传感器用作发酵工业的测定、食品中生物毒素与有害微生物的检测。

3.1.3 能源技术

在物联网中的，物联网的核心设备一般取电方便，由市电加备用电源即可解决。物联网各种感知终端模块也需要能源才能正常工作，在无源 RFID 中，终端工作的能量来自阅读器发射的电磁波，无源 RFID 卡把接收到的电磁波作为自己工作的电能。除了无源方式工作的终端，所有传感器都需要能源才能工作，能源可以从自然环境中获取，如利用太阳能、风能、热能等，这种方式不太稳定，也可以通过供电为终端模块提供电源，由于终端设备模块取电不方便，尽量采用长寿命、低功耗、超长待机，特别是能在恶劣环境下（如超低温）工作的电池。电池分为原电池（一次电池）和蓄电池（二次电池）。按电池形状进行分类，电池分为扣式电池、方形电池和圆柱形电池。

常见的电池有以下几种。

1. 锂原电池

以锂金属为负极体系的原电池，称为锂原电池。锂原电池在能量密度、自放电率、产品维护、适用温度范围、使用寿命等关键指标上性能均要优于锂离子电池，适合物联网中应用，如井盖、水表、燃气表等场景，锂原电池可以使用数年以上，可以满足需求。工作温度范围：$-40℃\sim+70℃$。

2. 锂离子电池

锂离子电池是可充电电池，依靠锂离子在正极和负极之间移动来工作。锂离子电池广泛应用于手机、笔记本电脑、电动自行车、电动汽车、小型无人机等。优点是电压高，循环寿命长，可快速充放电。工作温度范围：−20℃～+60℃。

3. 锂聚合物电池

锂聚合物电池是一种采用聚合物作为电解质的锂离子电池。优点是安全性能好，尺寸小，质量轻，容量大，内阻小，放电特性好，但成本高。工作温度范围：−20℃～+60℃。

4. 锂亚电池＋电容电池

锂亚电池与电容电池并联模式，锂亚电池以微小的电流通过与电容电池的电压差对电容电池充电。对外供电时，电容电池承担绝大部分电流输出，在下一个脉冲到来之前，锂亚电池对电容电池进行补充，往复循环工作。由于锂亚电池在空载时电压是恒定不变的，电容电池在充满电后电压也是稳定的，放电能力不变。由于采用了电容电池，大大提升了锂亚电池的有效放电容量。工作温度范围：−10℃～+70℃。

5. 锂离子超级电容电池

锂离子超级电容电池是将锂离子二次电池的电极材料，如石墨、钴酸锂、磷酸铁锂和金属氧化物同高比表面活性炭混合形成复合超级电容器。加入锂离子二次电池的电极材料后复合超级电容器的储能就由高比表面活性炭的表面过程转变为有体相氧化还原反应的参与，这样大幅提升了超级电容器的能量密度，同时还保留了传统超级电容器的高功率和高循环性的特点。锂离子超级电容电池可广泛应用于小型电子设备、电动汽车的车载电源系统等领域。工作温度范围：−40℃～+85℃。锂离子超级电容电池可实现瞬间大电流放电，长寿命储能器件，全密封结构以及宽温度工作范围，适合在恶劣环境下长期使用。

瑞道的磷酸铁锂电池能做到极端温度−55℃～+90℃环境正常使用，电池被穿透破坏后、在水中等恶劣环境也能正常工作，电池的这些特性都能比较好地支持物联网终端设备在恶劣的环境下工作，如冬季北方野外环境、水下环境、地质灾害、泥石流、雪崩等环境下的物联网监测。

3.2 通信组网技术

感知技术将数据收集起来，传输层则负责将各类信息进行传递和处理。物联网传输层技术根据距离主要可以分为近距离无线通信技术和远距离无线通信技术。其中，近距离无线通信技术主要包括 RFID、NFC、ZigBee、Bluetooth、WiFi 等，典型应用如智能交通、智能物流等。广域网通信技术一般定义为 LPWAN（低功耗广域网），典型应用如 LoRa、NB-IoT、BTA-OIT（β 自组网）、2G/3G 蜂窝通信技术、LTE、5G 技术等。

3.2.1 Bluetooth

蓝牙技术（Bluetooth）是由东芝、IBM、Intel、爱立信和诺基亚于 1998 年 5 月共同提出的一种近距离无线数字通信的技术标准。Bluetooth 技术是低功率短距离无线连接技术，能穿透墙壁等障碍，通过统一的无线链路，在各种数字设备之间实现安全、灵活、低成本、小功率的话音和数据通信。其目标是实现最高数据传输速度 1Mb/s（有效传输速度为 721kb/s）、最大传输距离为 10m,采用 2.4GHz 的 ISM(Industrial Scientific and Medical,工业、科学、医学)免费频带不必申请即可使用,在此频段上设立 79 个带宽为 1MHz 的信道,每秒频率切换 1600 次、扩频技术来实现电波的收发。

Bluetooth 技术是一种短距离无线通信的技术规范,具有 Bluetooth 体积小、功率低优势,其被广泛应用到各种数字设备中,特别是那些对数据传输速率要求不高的移动设备和便携设备。Bluetooth 技术的特点如下:

(1) 全球范围适用。Bluetooth 工作在 2.4GHz 的 ISM 频段,全球大多数国家 ISM 频段的范围是 2.4~2.4835GHz,是免费频段,使用该频段无须向政府职能部门申请许可证。

(2) 可同时传输语音和数据。Bluetooth 采用电路交换和分组交换技术,支持一路数据信道、三路语音信道以及异步数据与同步语音同时传输的信道。每个语音信道数据速率为 64kb/s,语音信号编码采用脉冲编码调制 PCM 或连续可变斜率增量调制(CVSD)方法。当采用非对称信道传输数据时,速率最高为 721kb/s,反向为 57.6kb/s;当采用对称信道传输数据时,速率最高为 342.6kb/s。Bluetooth 有两种链路类型:同步定向连接(SCO)链路和异步无连接(ACL)链路。

(3) 可以建立临时对等连接。根据 Bluetooth 设备在网络中的角色,分为主设备和从设备。主设备是组网连接主动发起请求的 Bluetooth 设备,几个 Bluetooth 设备连接成一个皮网(piconet,微微网)时,其中只有一个主设备,其余的都为从设备。皮网是 Bluetooth 最基本的一种网络形式,最简单的皮网是一个主设备和一个从设备组成的点对点通信连接。

(4) 具有很好的抗干扰能力。在 ISM 频段工作的无线电设备有很多,如无线局域网(WLAN)、家用微波炉等产品,为了很好地抵抗来自这些设备的干扰,Bluetooth 采用了跳频方式来扩展频谱。将 2.402~2.48GHz 频段可以分成 79 个频点,相邻频点间隔为 1MHz,Bluetooth 设备在某个频点发送数据之后,再跳到另一个频点发送,而频点的排序是伪随机的,每秒频率可以改变 1600 次,每个频率持续约 $625\mu s$。

(5) 体积小,便于集成。个人移动设备的小体积决定了嵌入其内部的 Bluetooth 模块体积更小。

(6) 低功耗。Bluetooth 设备在通信连接(Connection)状态下有四种工作模式,分别是呼吸模式(Sniff)、激活模式(Active)、保持模式(Hold)、休眠模式(Park)。激活模式是正常的工作状态,另外三种是为了节能所规定的低功耗模式。

(7) 开放的接口标准。SIG 为了让 Bluetooth 技术的使用推广开来,将 Bluetooth 的技术标准全部公开,全世界范围内任何单位、个人都可以进行 Bluetooth 产品的开发,只要能通过 SIG 的 Bluetooth 产品兼容性测试,就可以推广市场。

(8) 成本低。随着市场需求的不断扩大,各个供应商纷纷推出自己的 Bluetooth 芯片和模块,致使 Bluetooth 产品的价格飞速下降。

Bluetooth 技术规定每一对设备之间必须一个为主设备,另一个为从设备,才能进行通信,通信时,必须由主设备进行查找,发起配对,建链成功后,双方即可收发数据。理论上,一个 Bluetooth 主端设备,可同时与 7 个 Bluetooth 从端设备进行通信。一个具备 Bluetooth 通信功能的设备,可以在两个角色间切换,平时工作在从模式,等待其他主设备来连接,需要时,转换为主模式,向其他设备发起呼叫。一个 Bluetooth 设备以主模式发起呼叫时,需要知道对方的 Bluetooth 地址,配对密码等信息,配对完成后,可直接发起呼叫。

Bluetooth 主端设备发起呼叫,首先是查找,找出周围处于可被查找的 Bluetooth 设备。主端设备找到从端 Bluetooth 设备后,需要从端设备的 PIN 码才能进行配对,也有设备不需要输入 PIN 码。配对完成后,从端 Bluetooth 设备会记录主端设备的信息,此时主端即可向从端设备发起呼叫,已配对过的设备在下次呼叫时,就不必再重新配对。已配对的设备,作为从端的 Bluetooth 耳机也可以发起建链请求。主从两端之间在链路建立成功后即可进行双向的语音或数据通信。在通信状态下,主端和从端设备都可发起断链并断开 Bluetooth 链路。

Bluetooth 数据传输应用中,一对一串口数据通信是最常见的应用之一,在出厂前 Bluetooth 设备就已提前设好两个 Bluetooth 设备之间的配对信息,主端预存了从端设备的 PIN 码、地址等,两端设备加电即自动建链,透明串口传输,无须外围电路干预。一对一应用中从端设备可以设为两种类型,一种是不能被别的 Bluetooth 设备查找的静默状态;二是可被指定主端查找以及可以被别的 Bluetooth 设备查找建链的状态。

Bluetooth 系统按照功能分为四个单元:链路控制单元、无线射频单元、Bluetooth 协议单元和链路管理单元。数据和语音的发送和接收主要由无线射频单元负责,Bluetooth 天线具有体积小、质量轻、距离短、功耗低的特点。链路控制单元(LinkController)进行射频信号与数字或语音信号的相互转化,实现基带协议和其他的底层连接规程。链路管理单元(LinkManager)负责管理 Bluetooth 设备之间的通信,实现链路的建立、验证、链路配置等操作。Bluetooth 协议是为个人区域内的无线通信制定的协议,包括两部分:核心(Core)部分和协议子集(Profile)部分。协议栈采用的分层结构,分别完成的是数据流的过滤、传输、跳频和数据帧传输、连接的建立和释放、链路的控制以及数据的拆装等功能。

3.2.2 ZigBee

物联网技术主要包括无线传感技术和进程通信技术。进程通信技术包括 RFID、Bluetooth、WiFi、ZigBee 等。ZigBee 是无线传感网络的热门技术之一。可以用在建筑物监测、货物跟踪、环境保护等方面。传感器网络要求节点成本低、易于维护、功耗低、能够自动组网、可靠性高。ZigBee 在组网和低功耗方面具有很大优势。

ZigBee 技术是一种短距离、低功耗的无线通信技术,它源于蜜蜂的八字舞,蜜蜂(bee)是通过飞翔和"嗡嗡"(zig)抖动翅膀的"舞蹈"来与同伴传递花粉所在的方位信息,ZigBee 协议的方式特点与其类似,便取名为 ZigBee。

ZigBee 技术采用 AES 加密(高级加密系统),严密程度相当于银行卡加密技术的 12 倍,因此其安全性较高,同时,ZigBee 采用蜂巢结构组网,每个设备能通过多个方向与网关通信,从而保障了网络的稳定性,ZigBee 设备还具有无线信号中继功能,可以接力传输通信信息把无线距离传到 1000m 以外。另外,ZigBee 网络容量理论节点为 65 300 个,能够满足家庭网络覆盖需求,即便是智能小区、智能楼宇等只需要 1 个主机就能实现全面覆盖,ZigBee 也具备双向通信的能力,不仅能发送命令到设备,同时设备也会把执行状态和相关数据反馈回来。ZigBee 采用极低功耗设计,可以全电池供电,理论上一节电池能使用 2 年以上。

ZigBee 采用 DSSS 技术,具有以下特点:

(1) 功耗低。ZigBee Alliance 网站公布,和普通电池相比,ZigBee 产品可使用数月至数年之久。这就决定了那些需要一年甚至更长时间才需更换电池的设备对它的需求。

(2) 接入设备多。ZigBee 的解决方案支持每个网络协调器带有 255 个激活节点,多个网络协调器可以连接大型网络。2.4GHz频段可容纳16个通道,每个网络协调器带有255个激活节点(Bluetooth只有8个),ZigBee技术允许在一个网络中包含4000多个节点。

(3)成本低。ZigBee只需要80C51之类的处理器以及少量的软件即可实现,无须主机平台。从天线到应用实现只需1块芯片即可。Bluetooth需依靠较强大的主处理器(如ARM7),芯片构架也比较复杂。

(4)传输速率低。ZigBee的低功率导致了低传输速率,其原始数据吞吐速率在2.4GHz(10channels)频段为250kb/s,在915MHz(6channels)频段为40kb/s,在868MHz(1channel)频段为20kb/s。传输距离为10~20m。

(5)短时延。ZigBee的响应速度较快,一般从睡眠转入工作状态只需15ms,节点连接进入网络只需30ms,进一步节省了电能。

(6)高容量。ZigBee可采用星状和网状网络结构,由一个主节点管理若干子节点,一个主节点最多可管理254个子节点;同时主节点还可由上一层网络节点管理,最多可组成65 000个节点的大网。

(7)高安全。ZigBee提供了三级安全模式,包括无安全设定、使用接入控制清单(ACL)防止非法获取数据以及采用高级加密标准(AES128)的对称密码,以灵活确定其安全属性。

(8)免执照频段。使用工业科学医疗(ISM)频段,即915MHz(美国)、868MHz(欧洲)、2.4GHz(全球)。由于三个频带除物理层不同外,其各自信道带宽也是不同的,分别为0.6MHz、2MHz和5MHz。分别有1个、10个和16个信道。这三个频带的扩频和调制方式也是有区别的。扩频都使用的是直接序列扩频(DSSS),但从比特到码片的变换差别较大。调制方式都用了调相技术,而868MHz和915MHz频段采用的是BPSK,2.4GHz频段采用的是OQPSK。

3.2.3　NFC

NFC(Near Field Communication)近场通信技术,又称近距离无线通信,是一种短距离的电子设备之间非接触式点对点数据传输(小于10cm)交换数据高频无线通信技术。NFC是在非接触式射频识别(RFID)和互联网技术的基础上演变而来,向下兼容RFID,最早由Sony和Philips各自开发成功,主要用于手机等手持设备中提供M2M(Machine to Machine)的通信。NFC让消费者简单直观地交换信息、访问内容与服务,自2003年NFC问世以来,就凭借其出色的安全以及使用方便的特性得到众多企业的青睐与支持。

NFC作为一种逻辑连接器可以在设备上迅速实现无线通信,将具备NFC功能的两个设备靠近,NFC便能够进行无线配置并初始化其他无线协议,如Bluetooth、IEEE 802.11,从而可以进行近距离通信或数据的传输。NFC可用于数据交换,传输距离较短、传输创建速度较快、传输速度快、功耗低。NFC与Bluetooth的功能非常相像,都是短程通信技术,经常被集成到移动电话上。NFC不需要复杂的设置程序,具有简化版Bluetooth的功能。NFC的数据传输速度有106kb/s、212kb/s、424kb/s三种,远小于Bluetooth V2.1(2.1Mb/s)。

3.2.4　IEEE 802.11ah

以IEEE 802.11为前缀的是无线局域网络标准,后跟用于区分各自属性的一个或者两个字母。美国电气和电子工程师协会(IEEE)应无缝互连的应用需求提出了802.11ah标准,实现低功耗、长距离无线区域网络连接,需要采用1GHz以下频段。有效地改善了WiFi信号易受建筑物阻挡而影响传输距离和覆盖范围的弊病。

IEEE最初制定的一个无线局域网标准就是802.11,这也是第一个被国际上认可的在无线局域网领域内的协议。主要用于解决校园网和办公室局域网中,用户和用户终端的无线接入,业务主要限于数据存取,速率最高只能达到2Mb/s。由于802.11在速率和传输距离上不能满足人们的需要。因此,IEEE小组又相继推出了在技术上主要差别在于MAC子层和物理层802.11a、802.11b等许多新标准。

从1997年第一代802.11标准发布以来,WiFi得到了巨大的发展和普及。在今天,WiFi成为用户上网的首选方式,在WiFi系统发展过程中,每一代802.11的标准都在大幅度地提升速率。如802.11ac速度能达到1Gb/s,802.11ac标准运行在5GHz频段,与2.4GHz的802.11n或802.11g相比有更快的速度。802.11ah标准,理想情况下传输距离可以达到1km的,实现更大的覆盖范围。802.11ah采用900MHz频段,运行速度大大降低,仅能达到150kb/s和18Mb/s之间的速度,这适合于短时间数据传输的低功率设备,是物联网无线通信可选技术。

1. IEEE 802.11 信道划分

IEEE 802.11以载波频率为2.4GHz频段和5GHz频段来划分,在此之上划分成多个子信道。

1) 2.4GHz频段

IEEE 802.11工作组和国家标准GB 15629.1102共同规定,2.4GHz工作频段为2.4~2.4835GHz,子信道个数为12个且宽带为22MHz。每个国家各有不同,信道为1~11号可供美国使用;欧盟国家为1~13号;中国为1~13号,如图3-7所示。

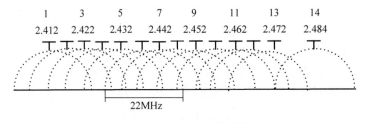

图 3-7 2.4GHz 频段划分

由图3-7可知,在2.4GHz频段中,大部分频点之间相互重叠,只有三个频点是可同时使用的。

2) 5GHz频段

IEEE 802.11工作小组在5GHz频段上选择了555MHz的带宽,共分为三个频段,频率范围分别是5.150~5.350GHz、5.470~5.725GHz、5.725~5.850GHz。2002年中国工业与信息化部规定5.725~5.850GHz为中国大陆5.8GHz频段,信道带宽20MHz,可用频率125MHz,总计5个信道,如图3-8所示。

2012年工业与信息化部放开5.150~5.350GHz的频段资源,用于无线接入系统。新开放的信道为8个20MHz的带宽。由于5GHz频段的13个信道是不叠加的,所以这13个信道可以在同一个区域内覆盖,后8个信道仅可在室内应用中使用,如图3-9所示。

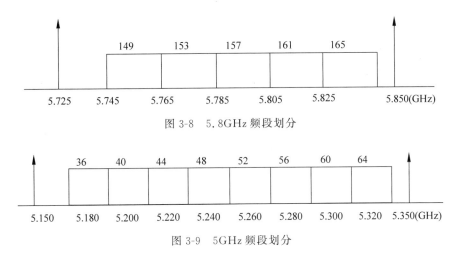

图 3-8 5.8GHz 频段划分

图 3-9 5GHz 频段划分

2. IEEE 802.11ah 频率划分

IEEE 802.11ah 是 1GHz 以下频段的无线局域网标准,支持 1MHz、2MHz、4MHz、8MHz、16MHz 带宽。中国的信道划分从 755MHz 到 787MHz 这一频段,包括 32 个 1MHz、4 个 2MHz、2 个 4MHz、1 个 8MHz 带宽。779～787MHz 频段支持多种带宽,高速率应用占有最高优先级,支持最高 10mW 的发射功率。755～779MHz 频段被分为 24 个 1MHz 带宽的频段,低速率应用占有更高的优先级,支持最高 5mW 的发射功率。

3. 子载波

IEEE 802.11ah 子载波分为 2MHz 以上带宽和 1MHz 带宽系统。对于 2MHz 系统,子载波位置分布是从 IEEE 802.11ac 标准 10 倍降频而来,如 IEEE 802.11ah 中 2MHz、4MHz、8MHz、16MHz 带宽的子载波分布与 IEEE 802.11ac 中 20MHz、40MHz、80MHz、160MHz 带宽下的子载波分布保持一致。而 1MHz 是 IEEE 802.11ah 特有的,采用的是 32 点 IFFT,其中包括 1 个直流分量,5 个保护子载波留空,2 个导频子载波分别位于 ±7 位置,24 个数据子载波,如图 3-10 所示。

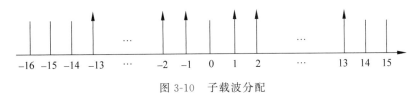

图 3-10 子载波分配

4. 物理帧结构

IEEE 802.11ah 定义的物理层汇聚过程(Physical Layer Convergence Procedure, PLCP)协议数据单元(Protocol Data Unit,PDU)PPDU 的结构分为两种:一种是 2MHz 及其以上带宽的发送帧格式,类似 IEEE 802.11ac;另一种是 IEEE 802.11ah 为了提高覆盖范围而提出的 1MHz 带宽发送帧。

2MHz 带宽的帧格式继承了 IEEE 802.11n 和 IEEE 802.11ac 的物理层帧格式。短训练域(Short Training Field,STF)符号数与 IEEE 802.11n 相同,在每个符号中,STF 占据 12 个非零子载波。长训练域(Long Training Field,LTF)对应了 IEEE 802.11ac 中相同 FFT 长度的甚高速长训练域(VHT-LTF)。信号域 SIG 占据 2 个符号,每个符号采用

Q-BPSK 调制。此模式下 2MHz、4MHz、8MHz、16MHz 带宽下的 STF、LTF、SIG 字段分别对应 IEEE 802.11ac 的 20MHz、40MHz、80MHz、160MHz 带宽下的相应字段。如图 3-11 所示。

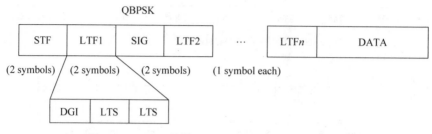

图 3-11   PPDU 结构(2MHz 以及大于 2MHz 模式)

1MHz 带宽下 PPDU 的结构包括 4 个符号的 STF、4 个符号的 LTF、6 个符号的 SIG、$n-1$ 个 LTF、数据域。SIG 强制使用 MCS10 进行调制编码,LTF1 表示第一个长训练域,用于符号定时、信道估计、细频偏估计,LTF2~LTFn 用于多天线的信道估计。每个符号拥有 32 个子载波,FFT 点数为 32。与双倍保护间隔(Double Guard Interval,DGI)加上两个连续 LTS 相比,图 3-12 所示的 LTF1 的格式在图 3-11 所示的 LTF 的基础上增加了 2 个 LTS。

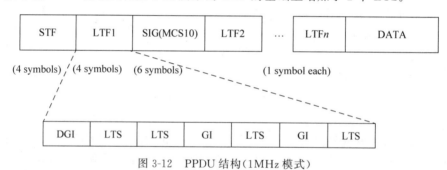

图 3-12   PPDU 结构(1MHz 模式)

802.11 各个版本的性能参数如表 3-4 所示。

表 3-4   各个版本的 802.11 性能参数

协　　议	发布日期	频带/GHz	最大传输速度
802.11	1997	2.4~2.5	2Mb/s
802.11a	1999	5.15~5.35/5.47~5.725/5.725~5.875	54Mb/s
802.11b	1999	2.4~2.5	11Mb/s
802.11g	2003	2.4~2.5	54Mb/s
802.11n	2009	2.4 或者 5	600Mb/s(40MHz×4MIMO)
802.11ac	2011.2	5	433Mb/s、867Mb/s、1.73Gb/s、3.47Gb/s、6.93Gb/s(8MIMO,160MHz)
802.11ad	2012.12(草案)	60	最高到 7000Mb/s
802.11ah	2016.3(定稿)	Sub-1GHz	7.8Mb/s

5. 802.11ah 的应用场景

802.11ah 共定义了三种应用场景,其中第一种场景预计在物联网中将得到大规模应用。

应用场景 1：智能抄表（如图 3-13 所示）。这种场景下，IEEE 802.11ah AP 主要作为末端网络使用，将传感器收集的数据传输到上层网络或应用平台。

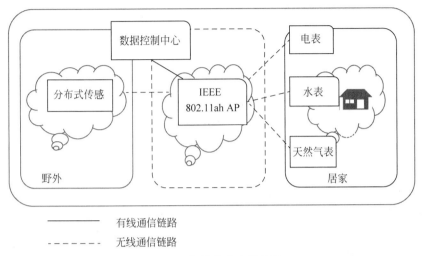

图 3-13 智能抄表应用场景

应用场景 2：智能抄表回传链路（如图 3-14 所示）。这种场景下，802.11ah 主要作为回传链路使用，下面接 802.15.4g 等底层网络，将从底层网络得到的数据传输到应用平台。

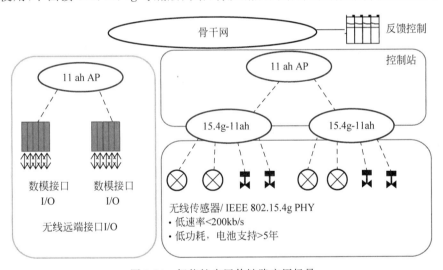

图 3-14 智能抄表回传链路应用场景

应用场景 3：WiFi 覆盖扩展（含蜂窝网分流）（如图 3-15 所示）。这种场景下，802.11ah 主要扩展 WiFi 热点的覆盖，并能为蜂窝网提供业务分流。

3.2.5 LoRa

业界预测到 2020 年物联网无线节点达到 500 亿个，由于耗电和成本等方面的问题，无线节点中只有不到 10% 的使用 GSM 技术。尽管电信运营商具有建设和管理这样一个大规

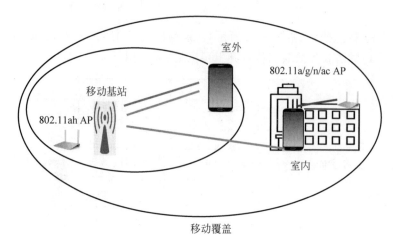

图 3-15　WiFi 覆盖扩展(含蜂窝网分流)应用场景

模网络的最突出的优势,但是需要一个远距离、大容量的系统以巩固在依靠电池供电的无线终端细分市场——无线传感网、智能城市、智能电网、智慧农业、智能家居、安防设备和工业控制等方面的地位。对于物联网来说,只有使用一种广泛的技术,才可能使得电池供电的无线节点数量达到预计的规模。LoRa 作为低功耗广域网(LPWAN)的一种长距离通信技术,近些年受到越来越多的关注。

　　LoRa 是 LPWAN 通信技术中的一种,是美国 Semtech 公司采用和推广的一种基于扩频技术的超远距离无线传输方案。这一方案改变了以往关于传输距离与功耗的折中考虑方式,为用户提供一种简单的能实现远距离、长电池寿命、节点容量大的系统,进而扩展传感网络。目前,LoRa 主要在全球免费频段运行,包括 433MHz、868MHz、915MHz 等。

　　LoRa 技术具有远距离、窄带低功耗(电池寿命长)、多节点、低成本的特性,适合各种政府网、专网、专业网、个人网等各种应用灵活部署。

　　LoRa 网络主要由终端(可内置 LoRa 模块)、网关(基站)、网络服务器以及应用服务器四部分组成,如图 3-16 所示。应用数据可双向传输。

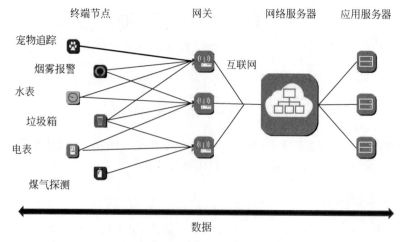

图 3-16　LoRa 网络体系架构

传输速率、工作频段和网络拓扑结构是影响传感网络特性的三个主要参数。传输速率的选择将影响电池寿命；工作频段的选择要折中考虑频段和系统的设计目标；而在 FSK 系统中，网络拓扑结构的选择将影响传输距离和系统需要的节点数目。LoRa 融合了数字扩频、数字信号处理和前向纠错编码技术，性能较好。

前向纠错编码技术是给待传输数据序列中增加了一些冗余信息，这样，数据传输进程中注入的错误码元在接收端就会被及时纠正。这一技术减少了以往创建"自修复"数据包来重发的需求，且在解决由多径衰落引发的突发性误码中表现良好。一旦数据包分组建立起来且注入前向纠错编码以保障可靠性，这些数据包将被送到数字扩频调制器中。这一调制器将分组数据包中每一比特馈入一个"扩展器"中，将每一比特时间划分为众多码片。LoRa 抗噪声能力强。

LoRa 调制解调器经配置后，可划分的范围为 64～4096 码片/比特，最高可使用 4096 码片/比特中的最高扩频因子。相对而言，ZigBee 仅能划分的范围为 10～12 码片/比特。通过使用高扩频因子，LoRa 技术可将小容量数据通过大范围的无线电频谱传输出去。扩频因子越高，越多数据可从噪声中提取出来。在一个运转良好的 GFSK 接收端，8dB 的最小信噪比(SNR)若要可靠地解调出信号，采用配置 AngelBlocks 的方式，LoRa 解调一个信号所需信噪比为 −20dB，GFSK 方式与这一结果差距为 28dB，这相当于范围和距离扩大了很多。在户外环境下，6dB 的差距就可以实现 2 倍于原来的传输距离。

物联网采用 LoRa 技术，才能够以低发射功率获得更广的传输范围和距离，而这种低功耗广域技术方向正是未来降低物联网建设成本，实现万物互联所必需的。

3.2.6 5G

5G 即第五代移动通信标准。在移动通信领域，新的技术每十年就会出现一代，传输速率也不断提升。第一代是模拟技术。第二代实现了数字化语音通信，如 GSM、CDMA。第三代 3G 技术以多媒体通信为特征，标准有 WCDMA、CDMA2000、TD-SCDMA 等。第四代 4G 技术，标志着无线宽带时代的到来，其通信速率也得到了大大提升。5G 是新一代信息通信方向，5G 实现了从移动互联网向物联网的拓展。由于 5G 的到来，未来增强现实、虚拟现实、在线游戏和云桌面等设备上的传输速率将会得到极速提升。从性能角度来说，5G 目标是接近零时延、海量的设备连接，为用户提供的体验也将会更高。

5G 网络将开启新的频带资源，使用毫米波(26.5～300GHz)以提升速率。之前的毫米波仅在卫星和雷达系统上应用；5G 网络基站是大量小型基站，功耗比现在大型基站低，从布局上来看，基站的天线规模大增，形成阵列，从而提升了移动网络容量，发送更多的信息；5G 采用网络功能虚拟化(NFV)和软件定义网络(SDN)，第一次真正将智慧云和云端处理的有价值的信息传输到智能设备端。届时，手机和计算机的应用水平将借力云端获得更强大的处理能力，而不再局限于设备本身的配置。

2017 年 5 月在杭州举办的国际移动通信标准组织 3GPP 专业会议上，3GPP 正式确认 5G 核心网采用中国移动牵头并联合 26 家公司提出的 SBA 架构(Service-based architecture，基于服务的网络架构)作为统一的基础架构。这意味着 5G 借力云端获得了更强大的处理能力，5G 网络真正走向了开放化、服务化、软件化方向，将有利于实现 5G 与垂直行业融合。基于服务的网络架构借鉴 IT 领域的"微服务"设计理念，将网络功能定义为多个相对独立可被灵活调用的服务模块。以此为基础,运营商可以按照业务需求进行灵活定制组网。

顶层设计、无线网设计、核心网设计等是 5G 整体系统的设计,其中顶层设计和核心网设计是系统架构的主要进行的标准项目,对 5G 系统架构、功能、接口关系、流程、漫游、与现有网络共存关系等进行标准化。

芯片商、通信设备商以及电信运营商为了抢占 5G 话语权,都开始布局 5G 技术。3GPP 对 5G 定位是高性能、低延迟与高容量,主要体现在毫米波、小基站、Massive MIMO、全双工和波束成形这五大技术上。

1. 毫米波

频谱资源随着无线网络设备的数量的增加,其稀缺的问题日渐突出,目前采用的措施是在狭窄的频谱上共享有限的带宽,对用户的体验不佳。提高无线传输速率方法有增加频谱利用率和增加频谱带宽两种方法。5G 使用毫米波(26.5~300GHz)增加频谱带宽,提升了速率,其中 28GHz 频段其可用频谱带宽为 1GHz,60GHz 频段每个信道的可用信号带宽则为 2GHz。5G 开启了新的频带资源。之前,毫米波仅用在卫星和雷达系统上,毫米波最大的缺点就是穿透力差,为了让毫米波频段下的 5G 通信在高楼林立的环境下传输采用小基站解决这一问题。

2. 小基站

毫米波具有穿透力差、在空气中的衰减大、频率高、波长短、绕射能力差等特点,由于波长短,其天线尺寸小,这是部署小基站的基础。未来 5G 移动通信将采用大量的小型基站来覆盖各个角落。小基站的体积小,功耗低,部署密度高。

3. MIMO 技术

5G 基站拥有大量采用 Massive MIMO 技术的天线。4G 基站有十几根天线,5G 基站可以支持上百根天线,这些天线通过 Massive MIMO 技术形成大规模天线阵列,基站可以同时发送和接收更多用户的信号,从而将移动网络的容量提升数十倍。MIMO(Multiple-Input Multiple-Output)即多输入多输出,这种技术已经在一些 4G 基站上得到了应用。传统系统使用时域或频域为不同用户之间实现资源共享,Massive MIMO 导入了空间域(spatial domain)的途径,开启了无线通信的新方向,在基地台采用大量的天线并进行同步处理,同时在频谱效益与能源效率方面取得几十倍的增益。

4. 波束成形

基于 Massive MIMO 的天线阵列集成了大量天线,通过给这些天线发送不同相位的信号,这些天线发射的电磁波在空间互相干涉叠加,形成一个空间上较窄的波束,这样有限的能量都集中在特定方向上进行传输,不仅传输距离更远,而且还避免信号的相互干扰,这种将无线信号(电磁波)按特定方向传播的技术叫作波束成形(beamforming)或波束赋形。波束成形技术不仅可以提升频谱利用率,而且通过多个天线可以发送更多的信息;还可以通过信号处理算法来计算出信号的传输的最佳路径,确定移动终端的位置。

5. 全双工技术

全双工技术是指设备使用相同的时间、相同的频率资源同时发射和接收信号,即通信上、下行可以在相同时间使用相同的频率,在同一信道上同时接收和发送信号,对频谱效率是很大的提升。

从1G到2G，移动通信技术实现了从模拟到数字的转变，在语音业务基础上，增加了支持低速数据业务。从2G到3G，数据传输能力得到显著提升，峰值速率最高可达数十Mb/s，完全可以支持视频电话等移动多媒体业务。4G比3G又提升了一个数量级的传输能力，峰值速率可达100Mb/s～1Gb/s。5G采用全新的网络架构，提供峰值10Gb/s以上的带宽，用户体验速率可稳定在1～2Gb/s。5G还具备低延迟和超高密度连接两个优势。低延时，意味着不仅上行、下行传输速率会更快，等待数据传输开始的响应时间也会大幅缩短。超高密度连接，解决人员密集、流量需求大区域的用户需求，让用户在这种环境下也能享受到高速网络。5G支持虚拟现实等业务体验，连接数密度可达100万个/km^2，有效支持海量物联网设备接入；流量密度可达10(Mb/s)/m^2，支持未来千倍以上移动业务流量增长。

移动通信不但要满足日常的语音与短信业务，而且要提供强大的数据接入服务。5G技术的发展可以给客户带来高速度、高兼容性。5G支持的典型高速率、低时延业务有以下两种：

（1）虚拟现实(VR)增强现实(AR)。消费者在体验VR业务时会感到眩晕，眩晕在一定程度上是因为时延导致的，5G时延极短，所以会减轻由时延带来的眩晕感，可以解决VR业务眩晕感。

（2）无人驾驶。5G的低延时对无人驾驶非常重要。5G具有更低的时延决定了驾驶系统能在更短的时间内对突发情况做出快速反应。例如，车速达到120km/h时，前后车的动作只有15ms的时差，需要在这15ms内做出足够快的响应(传感器监测环境传输数据，控制器接收数据进行计算，执行器开始执行)，5G的时延是1ms，几乎接近实时反应。

3.2.7　NB-IoT

NB-IoT(Narrow Band Internet of Things)是IoT领域基于蜂窝的窄带物联网的技术，支持低功耗设备在广域网的蜂窝数据连接，是一种低功耗广域网(LPWAN)。NB-IoT只需要180kHz的频段，可直接部署于GSM网络、UMTS网络或LTE网络中。特点是覆盖广、速率低、成本低、连接数量多、功耗低等。由于NB-IoT使用的授权License频段，因此可以采取带内、保护带或独立载波这三种部署方式。

1. NB-IoT技术特点

1) 多链接

在同一基站的情况下，NB-IoT能提供50～100倍的2G/3G/4G的接入数。一个扇区能够支持10万个连接，支持延时不敏感业务、设备成本低、设备功耗低等优势。如目前运营商给家庭中每个路由器仅开放8～16个接入口，一个家庭中通常有多笔记本、手机、联网电器等，未来实现全屋智能、安装有上百种传感器的智能设备都联网就需要新的技术方案，NB-IoT多连接可以轻松解决未来智慧家庭中大量设备联网需求。

2) 广覆盖

NB-IoT比LTE提升20dB增益的室内覆盖能力，相当于提升了100倍覆盖区域能力。如可以满足农村的广覆盖、地下车库、厂区、井盖等深度覆盖需求。如井盖监测，GPRS的方式需要伸出一根天线，来往车辆极易损坏，采用NB-IoT可以轻松解决这个问题。

3) 低功耗

物联网得以广泛应用的一项重要指标是低功耗，尤其是一些如安置于高山荒野偏远地区等场合中的各类传感监测设备,经常更换电池或充电是不现实的,不更换电池的情况下工作几年是最基本的需求。NB-IoT 聚焦小数据量、小速率的应用,因此 NB-IoT 设备功耗小,设备续航时间可达到几年。

4) 低成本

NB-IoT 利用运营商已有的网络无须重新建网,射频和天线基本上都是复用,如运营商现有频带中空出一部分 2G 频段,就可以直接进行 LTE 和 NB-IoT 的同时部署。

NB-IoT 模组目前看仍然有点昂贵,另外物联网的很多场景无须更换 NB-IoT,仅需近场通信或者通过有线方式便可完成。

NB-IoT 上行采用 SC-FDMA,下行采用 OFDMA,支持半双工,具有单独的同步信号。其设备消耗的能量与数据量或速率有关,单位时间内发出数据包的大小决定了功耗的大小。NB-IoT 可以让设备时时在线,通过减少不必要的信令达到省电目的。

2. NB-IoT 的网络结构

1) 核心网

蜂窝物联网(CIoT)在 EPS(Evolved Packet System)演进分组系统定义了两种优化方案:CIoT EPS 用户面功能优化(User Plane CIoT EPS optimisation);CIoT EPS 控制面功能优化(Control Plane CIoT EPS optimisation),旨在将物联网数据发送给应用,如图 3-17 所示。

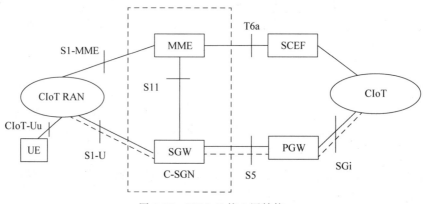

图 3-17 NB-IoT 核心网结构

图 3-17 中,CIoT EPS 控制面功能优化方案用实线表示,CIoT EPS 用户面功能优化方案用虚线表示。对于 CIoT EPS 控制面功能优化,上行数据从 eNB(CIoT RAN)传送至 MME,可以通过 SGW 传送到 PGW 再传送到应用服务器,或者通过 SCEF(Service Capability Exposure Function)连接到应用服务器(CIoT Services),后者仅支持非 IP 数据传送。下行数据传送路径也有对应的两条。此方案数据包直接用信令去发送,不需建立数据链接,因此适合非频发的小数据包传送。SCEF 是用于在控制面上传送非 IP 数据包,专为 NB-IoT 设计引入的,同时也为鉴权等网络服务提供了一个抽象的接口。对于 CIoT EPS 用户面功能优化,物联网数据传送方式和传统数据流量一样,在无线承载链路上发送数据,由 SGW 传送到 PGW 再到应用服务器。这种方案在建立连接时会产生额外的开销,但数据包序列传送更快,也支持 IP 数据和非 IP 数据传送。

2) 接入网

如图 3-18 所示,NB-IoT 的接入网构架与 LTE 一样。

eNB 通过 S1 接口连接到 MME/S-GW,接口上传送的是 NB-IoT 数据和消息。NB-IoT 没有定义切换,但在两个 eNB 之间依然有 X2 接口,X2 接口使能 UE 在进入空闲状态后,快速启动 resume 流程,接入到其他 eNB。

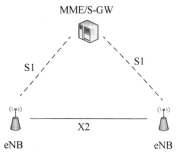

图 3-18 NB-IoT 接入网构架

3. 工作频段

全球大多数运营商部署 NB-IoT 使用的是 900MHz 频段,也有些运营商用的是在 800MHz 频段内。如表 3-5 所示,中国联通的 NB-IoT 部署在 900MHz、1800MHz 频段。中国移动为建设 NB-IoT 物联网,将会获得 FDD 牌照,并允许重耕现有的 900MHz、1800MHz 这两个频段。中国电信的 NB-IoT 部署在 800MHz 频段,频宽只有 15MHz。

表 3-5 NB-IoT 部署频段

运 营 商	上行频率/MHz	下行频率/MHz	频宽/MHz
中国联通	900~915	945~960	6
	1745~1765	1840~1860	20
中国移动	890~900	934~944	10
	1725~1735	1820~1830	10
中国电信	825~840	870~885	15
中广移动	700	—	—

4. 部署方式

NB-IoT 占用 180kHz 带宽,与在 LTE 帧结构中一个资源块的带宽相同。如图 3-19 所示,有三种部署方式。

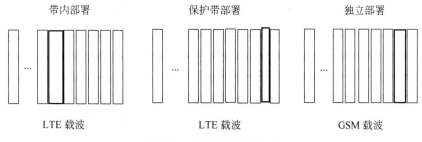

图 3-19 NB-IoT 部署方式

1) 独立部署(Standalone operation)

适用于重耕 GSM 频段,GSM 的信道带宽为 200kHz,正好为 NB-IoT 开辟出两边还有 10kHz 的保护间隔 180kHz 带宽的空间。

2) 保护带部署(Guardband operation)

利用 LTE 边缘保护频带中未使用的 180kHz 带宽的资源块。

3) 带内部署(In-band operation)

利用 LTE 载波中间的任何资源块。

NB-IoT 适合运营商部署,为物联网时代带来大数量连接、低功耗、广覆盖的网络解决方案。在 2016 年中国联通在 7 个城市(北京、上海、福州、长沙、广州、深圳、银川)启动基于 900MHz、1800MHz 的 NB-IoT 外场规模组网试验,以及 6 个以上业务应用示范。2018 年开始全面推进国家范围内的 NB-IoT 商用部署。中国移动于 2017 年开启 NB-IoT 商用化进程。中国电信于 2017 年部署 NB-IoT 网络。

在物联网网络传输层的安全防护机制方面也有一系列的解决方案和措施。

首先针对非法截收以及非法访问的攻击,可以采取数据加密的方式解决。在物联网中一般采用信息变换规则将明文信息转换成密文信息的方式进行数据加密,即使攻击者非法获得数据信息,不了解信息变换规则,这些数据也会变得毫无意义,达不到攻击目的。

针对假冒用户身份的攻击可以通过鉴别的方法解决,通过某种方式使使用者证实自己确是用户自身,来避免冒充和非法访问的安全隐患。鉴别的方法有很多,常的是消息鉴别,消息鉴别主要是验证消息的来源是否真实,可以有效防止非法冒充;另外,消息鉴别也检验数据的完整性,有效地抵制消息被修改、插入、删除等攻击行为。数字签名也是一种鉴别方法,采用数据交换协议,达到解决伪造、冒充、篡改等问题的目的。

防火墙是最常见的应用型安全技术,它通过监测网络之间的信息交互和访问行为来判定网络是否受到攻击,一旦发现疑似攻击行为,防火墙就会禁止其访问行为,并向用户发送警告。防火墙通过监测进出网络的数据,对网络进行了有效、安全的管理。

非法访问是一种非常常见的攻击类型,访问控制机制是一种确保各种数据不被非法访问的安全防护措施,常用的访问机制是基于角色的访问控制机制,这种访问机制一旦被使用,可访问的资源十分有限。基于属性的访问控制机制是由主体、资源、环境等属性共同协商生成的访问决策,访问者发送的访问请求需要访问决策来决定是否同意访问,是基于属性的访问机制。这种访问机制对较少的属性来说,加密解密效率极高,但密文长度随着属性的增多而加长,其加密解密的效率也降低。

3.3　应用服务技术

3.3.1　云计算

云计算是一种基于互联网的计算方式,利用这种方式,远程用户计算机等设备终端可以共享基于互联网的软硬件资源和信息。继大型计算机到客户端-服务器的大转变之后,云计算是又一次巨变,同时也是互联网信息时代基础设施与应用服务模式的重要形态,也是新一代信息技术集约化使用的趋势。

狭义的云是指通过互联网以按需的方式获得所需要的资源,是 IT 基础设施的扩展使用模式。提供资源的网络称为云,从互联网用户角度看云中的资源是可以无限扩展的,并且可以随时获取,按需使用,按使用缴费。

广义的云是指厂商通过建立网络服务器集群,向各种不同类型客户提供在线软件服务、计算分析硬件租赁、数据存储等不同类型的服务。

目前,人们对信息资源的使用正由计算机主机向云计算过渡。有了云计算,云端可以提供计算功能,所有的操作都可以利用网络完成,用户终端不再需要自己有强大的计算功能。

云计算具有以下重要特征:资源、平台和应用服务,使用户摆脱对具体设备特别是计算、存储的依赖,专注于创造和体验业务价值;资源聚集与集中管理,实现规模效应与可控质量保障;按需扩展与弹性租赁,降低了信息化成本。

1. 云计算的三种服务层次

按技术特点和应用形式来分,云计算技术可以分为三个层次,如图 3-20 所示。

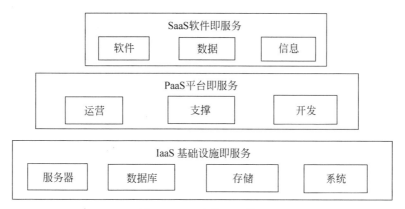

图 3-20　云计算服务模型

1) 基础设施即服务(IaaS)

基础设施即服务(Infrastructure as a Service)是指以服务的形式来提供计算资源、存储、网络等基础 IT 架构。通常用户根据自身的需求来购买所需的 IT 资源,并通过 Web Service、Web 界面等方式对 IT 资源进行配置、监控以及管理。IaaS 除了提供 IT 资源外,还在云架构内部实现了负载平衡、错误监控与恢复、灾难备份等保障性功能。

IaaS 通常分为三种用法:公有云、私有云和混合云。Amazon EC2 弹性云在基础设施云中使用的是公共服务器池(公有云);比较私有化的服务会使用企业内部数据中心的一组私有服务器池(私有云);若开发软件是在企业数据中心的环境中,则公有云、私有云、混合云这几种类型的云都能使用。

IaaS 允许用户动态申请或释放节点,按使用量来计费。用户可认为能够申请的资源是足够多,因为运行 IaaS 的服务器规模超过几十万台。亚马逊公司是最大的 IaaS 供应商,EC2 允许订购者运行云应用程序。IBM、VMware 和 HP 也是 IaaS 的供应商。

2) 平台即服务(PaaS)

将开发环境作为一种服务来提供,是一种分布式的平台服务,厂商将开发环境、服务器平台、硬件资源等作为服务提供给用户,用户在这种平台基础上定制开发自己的应用程序并可以通过这里的服务器和网络传递给其他客户。

如 PaaS 产品 Google App Engine 是由 Python 应用服务群、BigTable 数据库及 GFS 组成的平台,一体化主机服务及可自动升级的在线应用为客户提供服务。在 Google 的基础架构上运行用户编写的应用程序就可以为互联网用户提供服务,Google 提供应用运行及维护所需的平台资源。

3) 软件及服务(SaaS)

软件即服务,通过互联网提供软件资源的云服务,用户向提供商租用基于 Web 的软件,来管理企业经营活动,从而无须购买软件。SaaS 解决方案具有前期成本低、便于维护、可快速展开使用等明显的优势。云计算里的 SaaS 就是通过标准的网络浏览器提供应用软件,在这里通用的办公室桌面办公软件及其相关的数据并非在个人计算机里面,而是储存在云端的主机里,使用网络浏览器通过网络来获得这些软件和数据。

Salesforce.com、Google Docs、Google Apps 等提供 SaaS 服务。

2. 云计算的技术层次

云计算的服务层次主要考虑给客户带来什么。云计算的技术层次主要从系统属性和设计思想角度来说明云,是对软硬件资源在云计算技术中所充当角色的说明,从云计算技术角度来分,云计算由四部分构成:虚拟化资源、服务管理中间件、物理资源和服务接口,如图 3-21 所示。

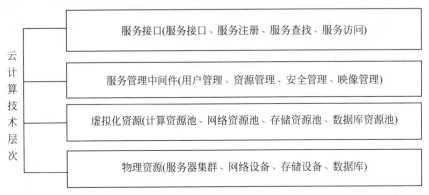

图 3-21　云计算层次

(1) 服务接口:统一规范了云计算时代使用计算机的各种标准、各种规则等,是用户端与云端相互交互操作的接口,可以完成用户或服务的注册。

(2) 服务管理中间件:中间件位于服务和服务器集群之间,是提供管理和服务的管理系统。对标识、认证、授权、目录、安全性等服务进行标准化和操作,为应用系统提供统一的标准化程序接口和协议,隐藏底层硬件、操作系统和网络的异构性,统一管理网络资源。其用户管理包括用户许可、用户身份验证、用户定制管理等;资源管理包括负载均衡、资源监控、故障检测等;安全管理包括身份验证、访问授权、安全审计、综合防护等;映像管理包括映像创建、部署、管理等。

(3) 虚拟化资源:指一些可以实现某种操作且具有一定功能,但其本身是虚拟而不是真实的资源,如计算池、存储池和网络池、数据资料库等,通过软件来实现的相关虚拟化功能包括虚拟环境、虚拟系统以及虚拟平台等。

(4) 物理资源:主要指可以支持计算机正常运行的一些硬件设备及技术,这些设备可以是客户机、服务器及各种磁盘存储阵列等设备,可以通过现有的网络技术和并行技术、分布式技术等将分散的计算机组成一个集群,成为具有超强功能的用于计算和存储的集群。传统的计算机需要足够大的硬盘、CPU、大容量的内存等,而在云计算时代,本地计算机可以不再需要这些强大的功能,只要一些必要的硬件设备及基本的输入/输出设备即可。

3. 云计算的优点及存在的问题

云计算的优点:

(1) 降低成本。由于用户统计复用云端资源,云端资源不会闲置,从而大幅提升云端资源利用率,综合效果有:降低了 IT 基础设施的建设维护成本,应用建构、运营基于云端的 IT 资源;通过订购在线的 SaaS 软件服务降低软件购买成本;通过虚拟化技术可以提高现

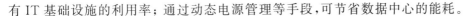

有 IT 基础设施的利用率;通过动态电源管理等手段,可省数据中心的能耗。

(2) 配置灵活。由于其技术设计的特点,云可以提供灵活资源。用户能够动态地和柔性地分配资源给应用,而不需要额外的硬件和软件,当需求扩大时,用户能够缩减过渡时间,快速扩张;当需求在缩小时,能够避免设备的闲置。用户可以在需要时快速使用云服务,云将更多的服务器分配给需要的工作;在不需要时云可以萎缩或者消失。正是由于这种特点,使得云非常适合间歇性、季节性或者暂时性的工作。主要的应用包括软件开发和测试项目。

(3) 速度更快。在速度方面,云计算有潜力让程序员使用免费或者价格低廉的开发制作软件服务,并让其快速问世。这种功能能让企业更加敏捷、反应速度更快,同时能够修改企业级的标准应用和流程。对于那些需要大量 IT 设备的应用,云可以显著地降低采购、交付和安装服务的时间。

(4) 潜在的高可靠性、高安全性。信息由专业的团队来管理,数据由先进的数据中心来保存。同时,严格的权限管理策略可以帮助用户放心地与所制定的目标进行数据共享。通过集中式的管理和先进的可靠性保障技术,云计算的可靠性和安全性系数是非常高的。

云计算存在的问题:

(1) 企业将应用从传统开发、部署、维护模式转换到基于云计算平台的模式时,存在成本的转移,转移成本的大小由应用的复杂度、强度、关联度以及团队工作模式的契合度等决定。

(2) 人们将数据存储到第三方空间,首先关心的是隐私和数据安全问题,在第三方空间里,人们不知道他们的数据到底存储在哪里,都有谁可以共享他们的数据。甚至一些云计算供应商为了节省成本将他们的服务器下设到不同的国家,这样又会出现新的问题,这样就不可避免地会出现数据保护不周的问题。

4. 物联网与云计算

物联网规模发展到一定程度之后,必然要与云计算相互结合起来,物联网与云计算的结合可以分为如下几个层面:

(1) 利用 IT 虚拟化技术,为物联网提供后端支撑平台,以提高物理世界的运行、管理、资源的使用效率等。采用服务器虚拟化、网络虚拟化和存储虚拟化,使服务器与网络之间、网络与存储之间也能够达到资源共享的虚拟化,实现计算能力的有效利用,为各类物联网的应用提供支撑。

(2) 基于各类计算资源,建设绿色云计算服务中心,采用软件即服务(SaaS)、平台即服务(PaaS)、基础设施即服务(IaaS)等模式为物联网服务。

(3) 物联网、互联网的各种业务与应用逐步融合在云计算中并集成,实现物联网与互联网中的设备、信息、应用和人的广义交互与整合。

云计算将用户和计算、数据中心进行解耦,软件就是服务的商业模式,如 Google、Facebook 等。美国技术和市场调研公司 Forrester Research 发布的商业和技术展望中提出,云计算将比你想象的更快更飞速地到来,并且将被很少的公司控制。

3.3.2 大数据

1. 大数据的概念

大数据(big data/mega data)是指超大的,几乎不能用现有的数据库管理技术和工具处理的数据集。国际数据公司(International Data Corporation,IDC)在 2012 年 Intel 大数据论坛提出了大数据定义。大数据有如下特征。

（1）Volume：数据量巨大。从 TB 级别跃升到 PB 级别。（1PB＝1024TB）

（2）Variety：数据种类繁多，来源广泛且格式日渐丰富，涵盖了结构化、半结构化和非结构化数据。

（3）Value：数据价值密度低。举个例子来说，在视频监控中，此过程连续不间断，但是有用的数据可能仅仅只有一两秒。

（4）Velocity：处理速度快。不论数据量有多大，都能做到数据的实时处理。与传统的数据挖掘技术相比，在这一点有着本质的不同。

2. 物联网中的大数据特点

与互联网不同，物联网是在互联网的基础上而发展形成的新兴技术，因此对大数据技术也有更高的要求，主要体现在以下几方面。

1）数据量更加丰富

在物联网这个大的背景下，大数据技术应当不断扩大并丰富它的数据类型和数据量。数据海量性是物联网最主要的特点，基于互联网的数据技术所能达到的水平已经远远不能承载物联网带来的大规模增长的数量。为了从根本上满足物联网的基本需求，就必须提升大数据相关技术。

2）数据传输速度更快

一方面，物联网的海量数据要求骨干网传输带宽更大；另一方面，由于物联网与真实物理世界直接关联，很多情况下需要实时访问、控制设备、高数据传输速率才能有效地支持相应的实时性。

3）数据更加多元化

物联网中的数据更加多元化：物联网涉及的应用范围广泛，涉及生活中的方方面面，从智慧物流、智慧城市、智慧交通、商品溯源，到智慧医疗、智能家居、安防监控等都是物联网应用领域；不同领域、不同行业有不同格式的数据。

4）数据更加真实

物联网是真实物理世界与虚拟信息世界的结合，物联网对数据的处理以及基于此进行的决策将直接影响到物理世界，物联网中数据的真实性显得尤为重要。

3. 大数据与物联网

1）从物联网看大数据

物联网由感知层、网络层和应用层这三层构成。感知层包括 RFID 等无线通信技术、各类传感器、GPS、智能终端、传感网络等，用于识别物体和采集信息。网络层包括各种通信网络（互联网、电信网等）、信息及处理中心等，网络层主要负责对感知层获取的信息进行传递和处理。应用层主要是基于物联网提供的信息为用户提供相关的应用数据、解决方案。从物联网来看大数据：

（1）联网的实物大为扩展。由于联网的实物比互联网大为增加，各种实物需要各种各样的传感器，同时这些传感器不停地感知周围的环境数据，使得数据量大大增加。而这些海量数据需要存储、大数据分析以提取重要的信息。

（2）网络层。物联网传输网络通过有线、无线通信链路，将传感器终端检测到的数据上传至管理平台，并接收管理平台的数据到各节点。由于数据规模量大、种类多，实时性要求不同,就需要有相应的大数据传输技术为应用层提供足够高的可靠承载能力。

2) 物联网中的大数据处理技术

通过数据可视化、数据挖掘、数据分析以及数据管理等手段来推动物联网产业在数据智能处理及信息决策上的商业应用,利用大数据分析可以有效增加公司管理、运营效益。大数据处理技术在物联网中的的应用有:

(1) 海量数据存储。对物联网产生的大数据进行存储,通常采用分布式集群来实现。传统的数据存储关系数据库就可以满足应用需求,但对物联网产生的海量异构数据,关系数据库则很难做到高效的处理。Google 等提出利用廉价服务群实现并行处理的非关系分布式存储数据库解决方案。

(2) 数据分析。数据分析就是用适当的统计分析方法对收集来的海量数据进行分析,提取有用的信息并且形成结论。数据分析可帮助人们做出判断从而使人们采取适当的行动。

3.3.3 人工智能

人工智能(Artificial Intelligence,AI)是计算机科学的一个分支,它是研究、开发用于模拟、延伸和扩展人的智能的理论、方法、技术及应用系统。它旨在了解智能的实质,并生产出一种能够像人类智能那样以相似的方式做出反应的智能化机器,该领域包括机器人、语言识别、图像识别、自然语言处理和专家系统等。人工智能是对人思维过程的模拟,对规律的应用也只限于人类的认知范围,但是,人工智能不是人的智能,却能够像人那样思考甚至在速度、广度方面超过人的智能。

1. 人工智能技术

人工智能技术可以包括机器学习、计算机视觉、自然语言处理、智能机器人、虚拟个人助理、实时语音翻译、情境感知计算、手势控制、视觉内容自动识别、推荐引擎等。

1) 深度学习

深度学习(Deep Learning)[也称为深度结构学习(Deep Structured Learning)、层次学习(Hierarchical Learning)或者深度机器学习(Deep Machine Learning)]是一类算法集合,是机器学习的一个分支。它尝试为数据的高层次摘要进行建模。AlphaGo 就是深度学习的一个典型案例,AlphaGo 通过不断的学习、更新算法,在 2016 年人机大战中打败围棋大师李世石。人们惊觉地发现:人工智能的力量已经不容忽视。

深度学习算法使机器人拥有自主学习能力,如 AlphaGo Zero,在不需任何人类指导下,通过全新的强化学习方式使自己成为自己的老师,在围棋领域达到超人类的精通程度。如今,深度学习被广泛地应用于语音、图像、自然语言处理等领域,开始纵深发展,并由此带动了一系列新的产业。

2) 计算机视觉

计算机从图像中识别出物体、场景和活动的能力称为计算机视觉。计算机视觉包括医疗成像分析、人脸识别等场景。其中,医疗成像分析被用来提高疾病的预测、诊断和治疗能力;人脸识别用来自动识别照片里的人物,如网上支付、人员验证判断服务等。

计算机视觉的基本技术原理:运用图像处理操作以及和其他的技术组合成的序列,将图像分析任务分解为便于管理的小块任务,这就是计算机视觉的基本技术原理。这样可以从图像中检测到物体的边缘及纹理,确定识别到的特征是否能够代表系统已知的一类物体。

3) 语音识别

语音识别技术就是将语音转化为文字,并对其进行识别辨认和处理的这样一种技术。语音识别目前主要应用于医疗听写、语音书写、计算机系统声控、移动应用、电话客服等方面。

语音识别技术原理:

(1) 对声音进行处理,使用移动窗函数对声音进行分帧。

(2) 声音分帧后,变为很多波形,波形经过声学体征提取,变为状态。

(3) 经过特征提取,声音会变成矩阵。再通过音素组合成单词。

4) 虚拟个人助理

虚拟个人助理如 Siri 技术原理:

(1) 用户对着 Siri 说话后,语音会经过编码、转换形成一个包含用户语音的相关信息的压缩数字文件。

(2) 语音信号由用户手机被转入移动运营商的基站中,再通过通信网发送至用户的拥有云计算服务器互联网服务供应商(ISP)。

(3) 通过服务器中的内置模块识别用户刚才说过的内容。

5) 自然语言处理

同计算机视觉技术一样,自然语言处理(NPL)也是采用了多种技术的融合。语言处理技术基本流程:

(1) 汉字编码词法分析。

(2) 句法分析。

(3) 语义分析。

(4) 文本生成。

(5) 语音识别。

6) 智能机器人

智能机器人在生活中逐步普及,如扫地机器人、陪伴机器人等,用的核心技术是人工智能技术。

智能机器人技术原理:人工智能技术把机器视觉、自动规划等认知技术、各种传感器整合到机器人身上,使得机器人拥有判断、决策的能力,能在各种不同的环境中处理不同的任务。智能穿戴设备、智能家电、智能出行或者无人机设备都是类似的原理。

7) 引擎推荐

如大家在上网时发现网站会根据之前浏览过的页面、搜索过的关键字推送一些相关的网站内容,就是一种引擎推荐。

Google 做免费搜索引擎的目的就是搜集大量的自然搜索数据,丰富其大数据数据库,为人工智能数据库做准备,所以他们宣称他们不是做搜索引擎的。

引擎推荐技术原理:推荐引擎是基于用户的行为、属性(用户浏览网站产生的数据),通过算法分析和处理,主动发现用户当前或潜在需求,并主动推送信息给用户。

目前人工智能技术在医疗、教育、金融、衣食住行等涉及人类生活的各个领域都有发展。

2. 人工智能的影响

（1）人工智能对自然科学的影响。AI可以帮助我们使用计算机工具解决问题，使得科研效率大为提升。

（2）人工智能对经济的影响。专家系统深入各行各业，带来巨大的收益。AI对计算机方面和网络方面的发展也具有促进作用。但同时，也使得大批人们失业，带来了劳务就业问题。因为AI在科技和工程中的应用，可以代替人类进行各种技术工作的体力和脑力劳动，从而从某种程度上造成社会结构发生剧烈变化。AI虽然带来大批失业，但也会产生新的AI配套职业机会，也会让人从机械重复工作中解放出来，做更重要层次更高的工作，带来新的产业机会。让人从机械重复工作中解放出来，意味着AI做不到的工作必须由人做的工作人工待遇会大幅提升，整个社会会向更高层次发展。

（3）人工智能对社会的影响。AI为我们的生活带来了便利，对各行各业的发展都会起到很大的促进作用。

伴随着人工智能和智能机器人不断发展，我们用未来的眼光开展科研的同时，其涉及的伦理底线问题也是需要考虑的。

3. 人工智能应用

目前，AI已经渗透到了各行各业，经过多种技术的组合，不同领域的商业实践得到改变，掀起智能革命。

腾讯研究院发布的《中美AI创投报告》显示了中国AI渗透行业，其中位居前两位的分别是医疗行业和汽车行业，第三梯队中包含了教育、制造、交通、电商等实体经济标志性领域。但在各行各业引入人工智能是一个渐进的过程，根据目前人工智能的技术能力和应用热度，以下从六方面展望人工智能是如何应用的。

1）健康医疗

历史上的每一次的重大技术进步，都会引领医疗保健取得很大的飞跃。如信息革命之后，发明出了CT扫描仪、微创手术仪器等各种医疗仪器设备。

人工智能在医疗健康领域得到了广泛的应用。人工智能对提高健康医疗服务的效率和疾病诊断等方面有得天独厚的优势，使得医疗效率大为提升。医疗诊断的人工智能如基于计算机视觉通过医学影像诊断疾病、通过患者医学影像与疾病数据库里的内容进行对比和深度学习，可以高效地诊断疾病。由于基于计算机技术，可以掌握所有数据库的病例，其能力远超一个资深医师。

2）智慧城市

在人工智能的助力下，智慧城市逐步进入3.0版本。城市的能源、交通、供水等各个领域每天都会产生大量数据，而城市运行与发展中海量数据的有效性，可以通过人工智能来提取其中的有效信息，使数据在使用和处理上的有效性更加增强，对智慧城市而言，是一个新的思路和方法。

如今大量汽车巨头与互联网科技巨头之间已经展开了在自动驾驶汽车方面的应用初试，很多车辆已经实现半自动驾驶。在不久的将来，无人驾驶将会大量普及。

计算机视觉正在快速地在智能安防领域得到应用。

3）智能制造

制造从自动化走向智能化。传统的机器人仅仅是数控的机械装置，无法适应环境的变化。与人类的交互成本也非常高。而当前的机器人,其发展方向是智能化方向。对于制造业中小批量、多品种满足人的个性化需求等场景来说,高效率、高精度、能够主动适应的机器人可以提供解决方案,使大规模定制化成为可能。人工智能同时推进智能工厂、智能供应链等相互支撑的智能制造体系的构建。

设计过程、制造过程和制造装备的智能化经过人工智能的实现,给制造业赋予了新的内涵,效率也得到了极大的提升,对生产和组织模式也带来了颠覆性的变化。

4) 智能零售

人工智能对零售行业将会重新定义。在人口红利消失、老龄化加剧的社会大背景下,人工智能让无人零售得到很好的提升,提升了运营效率,降低了运营成本。

人脸识别技术可以为用户带来全新的支付体验。《麻省理工商业评论》发布的"2017 全球十大突破技术"榜单中,中国的"刷脸支付"技术位列其中。基于动态 WiFi 追踪、遍布店内的传感器、视觉设备及处理系统、客流分析系统等技术,特定人群预警、定向营销及服务建议、用户行为及消费分析报告可以被实时输出。人工智能可以帮助零售商简化库存和仓储管理。未来,人工智能将在时间碎片化、信息获取社交化的大背景下,以消费者为核心,建立灵活便捷的零售场景,极大地提升用户体验。

5) 智能服务业

如 Bot(build operate transfer)是建立在信息平台上的与我们互动的人工智能虚拟助理。在未来以用户为中心的物联网时代,Bot 会变得越来越智能,成为下一代多元服务的入口和移动搜索。Bot 可以在生活服务领域,以对话的方式提供各式各样的服务,如新闻资讯、网络购物、天气预报、交通查询、翻译等。在专业服务领域,Bot 可以借助专业知识图谱,配合业务场景特性,对用户的行为和需求理解的更准确,从而提供专业的客服咨询。虚拟助理是为了让人类从重复性、可替代的工作中解放出来,去完成如思考、创新、管理等更高阶的工作。

6) 智能教育

如基于人工智能的自动评分、个性化教育、语音识别测评等逐步在教育领域开始应用。人工智能可以为学生量身定制学习支持,形成自适应教育。

4. 人工智能发展趋势

(1) 机器人将在商业场景中成为主流。商业机器人将在以后的特定商业场景中,发挥越来越大的潜力。

(2) AI 云服务将成为未来发展趋势。一些 IT 巨头将软硬件开源,争相提供 AI 云服务给第三方,这样在第三方使用自己的平台时,数据会留在平台上,而这些数据会是人工智能时代的一座大金矿。

(3) 辅助驾驶成为 AI 的一个大规模应用。人工智能领域应用之一无人驾驶由特斯拉首先试用,目前很多汽车都能实现在有司机的情况下半自动驾驶。

(4) 人工智能语音交互成主流电视应用。传统的遥控器越来越无法满足人们使用电视的需求,语音为主的智能搜索和智能互动正在崛起。

(5) 智能芯片会成为更广泛应用。AI 应用的主导硬件处理器一直是 GPU(图形处理器),GPU 正在无人驾驶、图像语音识别等人工智能领域迅速扩大市场占比。

习题

1. 简述射频识别技术的原理、采用频率、技术特点、系统构成。

2. 简述传感器分类。

3. 简述 NFC 和 WiFi 技术的异同点。

4. 描述 NFC、ZigBee、Bluetooth、IEEE 802.11ah(WiFi)、NB-IoT、LoRa、5G 等无线通信技术的频率、技术特点。

5. 简述物联网与大数据、云计算的关系。

6. 简述物联网与人工智能的关系。

7. 窄带物联网能否解决室内定位问题？

## 第 4 章

物联网标准化体系

物联网标准化对象可为相对独立、具有特定功能的实体,如网络、系统、设备、接口、协议、业务。从物联网技术体系的框架进行划分,可分为感知层标准、网络层标准、应用层标准和共性支撑标准。本章主要叙述通信组网中及无线传输技术中的 RFID、Bluetooth、NFC、ZigBee 等主要技术标准。

4.1 RFID 标准

全球有很多 RFID 标准体系,如 ISO/IEC、EPC Global 和 UID 等,也制定了 RFID 标准体系来推动 RFID 产业的全面发展。

4.1.1 RFID 标准化组织

目前全球有五大射频识别标准组织:EPC Global、UID、ISO/IEC、AIM Global 和 IP-X,如图 4-1 所示,其中 EPC Global、ISO/IEC 和 UID 是实力最大的三大射频识别标准组织。这些不同的标准组织各自推出了自己的标准,这些标准在频段和电子标签数据编码格式上有所不同。

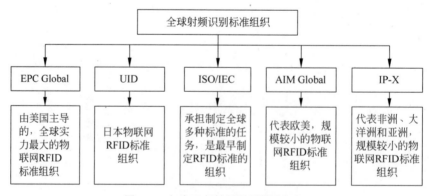

图 4-1　全球五大射频识别标准组织

1. EPC Global

1999 年,美国麻省理工学院提出了电子产品编码 EPC 的概念,并成立了 Auto-ID 中心。2003 年,国际物品编码协会 EAN 和美国统一编码委员会 UCC 联合收购了 EPC,共同成立了全球电子产品编码中心 EPC Global。EPC Global 以创建物联网为使命,与众多成员共同制订了一个开发的技术标准。

EPC Global 发布的技术规范,有电子产品代码 EPC、电子标签规范和互操作性、读写器、电子标签通信协议、中间件软件系统接口、PML 数据库服务器接口、对象名称服务和 PML 产品数据规范等。

EPC Global 的组织机构如图 4-2 所示,EAN 和 UCC 组成 EPC Global 的董事会。EPC Global 通过各国的编码组织开展工作,管理 EPC 系统用户的注册、续展工作,同时通过技术中心提供技术支持。

EPC Global 的主要工作如下:

(1) 加强研发工作,通过与 6 个 Auto-ID 实验室合作来进行。

(2) 推广 EPC 标准,包括推广硬件和软件标准。

(3) 管理 EPC Global 网络,包括编码系统、对象名称解析服务、开展一致性服务。

(4) EPC 系统的推广工作,包括市场推广、应用系统的建立和提供实施支持。

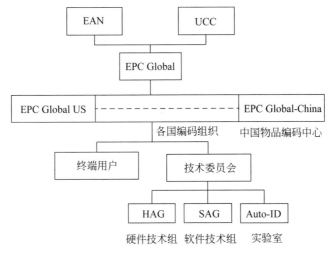

图 4-2　EPC Global 的组织机构

2. UID

泛在识别中心(Ubiquitous ID Center,UID)是日本的射频识别标准组织。主导日本射频识别标准与应用的组织是 T-Engine 论坛,该论坛已经拥有几百家成员,这些成员绝大多数是日本的厂商。2002 年 12 月,在 T-Engine 论坛下成立泛在识别中心 UID,UID 负责研究推广射频识别技术。

3. ISO/IEC

国际标准化组织(International Organization for Standardization,ISO)是一个全球性的非政府组织,是国际标准化领域一个十分重要的组织。中国是 ISO 的正式成员,中国参加 ISO 的国家机构是中国国家标准化管理委员会(Standardization Administration of China,SAC)。

国际电工委员会简称(International Electrotechnical Commission,IEC),是非政府性国际组织和联合国社会经济理事会的甲级咨询机构,成立于 1906 年,是世界上成立最早的国际标准化机构,中国参加 IEC 的国家机构是国家技术监督局。

ISO 和 IEC 担负着制定全球国际标准的任务,ISO 和 IEC 都是非政府机构,它们制定的标准都是自愿性的,选择的标准都是最优秀的标准,目的是给工业和服务业带来收益。ISO 和 IEC 约有 1000 个专业技术委员会和分委员会,各会员国以国家为单位参加这些技术委员会和分委员会的活动。ISO 和 IEC 每年制定和修订 1000 个国际标准,标准的内容涉及广泛,涉及信息技术、交通运输和环境等领域。

ISO/IEC 组织有多个技术委员会从事 RFID 标准研究,大部分 RFID 标准都是由 ISO/IEC 制订的,在射频识别的每个频段 ISO/IEC 都发布了标准。EPC Global 专注于 860～960MHz 频段,UID 专注于 2.45GHz,在这些频段 ISO/IEC 的标准大量涵盖了 EPC 和 UID 两种编码体系。

4. AIM Global

全球自动识别和移动技术行业协会 AIM(Automatic Identification Manufacturers) Global 是一个射频识别的标准化组织,这个组织相对较小。AIM 组织由 AIDC(Automatic Identification and Data Collection)组织发展而来,目的是推出 RFID 技术标准。

AIDC 自动识别和数据采集组织最初制定通行全球的条码标准,1999 年 AIDC 组织另成立了 AIM 组织,AIM 组织在全球几十个国家与地区有分支机构,全球的会员数已超过 1000 个。

AIM Global 是可移动环境中自动识别、数据搜集及网络建设方面的专业协会,是世界性的机构,致力于促进自动识别和移动技术在世界范围内的普及和应用。AIM Global 包括技术符号委员会、北美及全球标准咨询集团、RFID 专家组(RFID Experts Group,REG),并开发射频识别技术标准,AIM Global 是条码、射频识别 RFID 及磁条技术认证的机构,AIM Global 的成员主要是射频识别技术、系统和服务的提供商。

5. IP-X

IP-X 是一个较小的射频识别标准化组织,IP-X 标准主要在非洲、大洋洲和亚洲推广,目前南非、澳大利亚和瑞士等国家采用 IP-X 标准。

4.1.2　RFID 标准体系

RFID 标准体系主要由 4 部分组成,如图 4-3 所示,分别为技术标准、数据内容标准、一致性标准和应用标准(如产品包装标准)。编码标准和通信协议构成了 RFID 标准的核心。

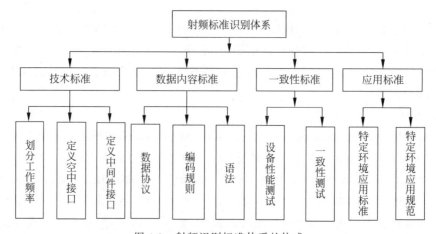

图 4-3　射频识别标准体系的构成

1. RFID 技术标准

RFID 技术标准主要定义了不同频段的空中接口及相关参数,包括基本术语、物理参数、通信协议和相关设备等。

RFID 技术标准划分了不同的工作频率,工作频率主要有低频、高频、超高频和微波。

RFID 技术标准规定了不同频率电子标签的数据传输方法和读写器工作规范。

RFID 技术标准也定义了中间件的应用接口。中间件是电子标签与应用程序之间的中介,从应用程序端使用中间件所提供的一组应用接口 API 就能连接到读写器,读取电子标签的数据。

2. RFID 数据内容标准

RFID 数据内容标准涉及数据协议、数据编码规则及语法,主要包括编码格式、语法标准、数据对象、数据结构和数据安全等。RFID 数据内容标准能够支持多种编码格式。

3. RFID 一致性标准

RFID 一致性标准即 RFID 性能标准,主要涉及设备性能标准和一致性测试标准,主要包括设计工艺、测试规范和试验流程等。

4. RFID 应用标准

RFID 应用标准用于设计特定应用环境 RFID 的构架规则,包括 RFID 在工业制造、物流配送、仓储管理、交通运输、信息管理和动物识别等领域的应用标准和应用规范。

4.1.3 EPC Global 标准体系

EPC 系统是一种基于 EAN/UCC 编码的系统,作为产品与服务流通过程信息的代码化表示,EAN/UCC 编码具有一整套涵盖贸易流通过程中各种有形或无形产品所需的全球唯一标识代码,包括贸易项目、物流单元、服务关系、商品位置和相关资产等标识代码。EAN/UCC 标识代码随着产品或服务的产生在流通源头建立,并伴随着该产品或服务的流动贯穿全过程。

1. EPC 系统的特点

EPC 系统的主要特点包括:

(1)开放的结构体系。

(2)独立的平台与高度的互动性。

(3)灵活的可持续发展的体系。

2. EPC Global 标准简介

1)体系框架活动

EPC Global 体系框架包含三种主要的活动,每种活动都是由 EPC Global 体系框架内相应的标准支撑的,如图 4-4 所示。

(1)EPC 物理对象交换标准:在 EPC Global 网络中,物理对象是商品,用户是该商品供应链中的成员。EPC Global 标准体系框架定义了 EPC 物理对象交换标准,当用户将一种物理对象交给另一个用户时,后者能够根据该物理对象的 EPC 编码,方便地获得相应的物品信息。

(2)EPC 基础设施标准:为实现 EPC 数据共享,每个新生成的物理对象都要进行 EPC 编码,通过监视物理对象携带的 EPC 编码对其进行跟踪,并将收集到的信息记录到 EPC 网

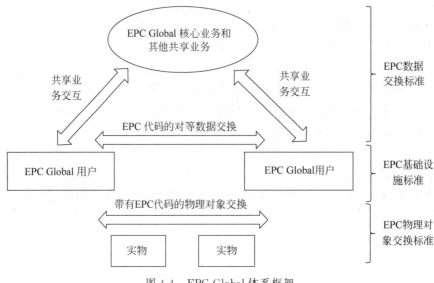

图 4-4 EPC Global 体系框架

络中的基础设施内。EPC Global 标准体系框架定义了用来收集和记录 EPC 数据的主要设施部件接口标准,并允许用户使用互操作部件来构建其内部系统。

(3) EPC 数据交换标准:用户通过相互交换数据,可提高物品在供应链中的可见性。EPC Global 标准体系框架定义了 EPC 的数据标准,为用户提供了一种点对点共享 EPC 数据的方法,从而可让用户访问 EPC Global 业务和其他共事业务。

对整个组织和 EPC Global 体系框架,活动可以进行分类。EPC Global 体系框架设计用来为 EPC Global 用户提供多种选择,通过应用这些标准满足其特定的商业运作。

2) EPC Global 体系框架标准

EPC Global 体系框架的标准如表 4-1 所示,这些标准与 EPC 物理对象交换、EPC 基础设施和 EPC 数据交换三种活动密切相关。表 4-1 主要是对于目前 EPC Global 体系框架中所有的部件进行规范。

(1) 900MHz Class 0 射频识别标签规范:本规范定义了 900MHz Class0 所采用的通信协议和通信接口,它指明了该频段的射频通信要求和标签要求,并给出了该频段通信所需的基本算法。

表 4-1 EPC Global 体系框架标准

活 动 种 类	相 关 标 准
EPC 物理对象交换	UHF Class 0 Gen1 射频协议
	UHF Class 0 Gen1 射频协议
	HF Class 1 Gen 1 标签协议
	Class 1 Gen2 超高频空中接口协议标准
	Class 1 Gen2 超高频 RFID 一致性要求规范
	EPC 标签数据标准
	900MHz Class 0 射频识别标签规范
	13.56MHz ISM 频段 Class 1 射频识别标签接口规范
	860～930MHz Class 1 射频识别标签射频与逻辑通信接口规范

续表

活 动 种 类	相 关 标 准
EPC 基础设施	EPC Global 体系框架
	应用水平事件规范
	读写器协议
	读写器管理范围
	标签数据解析协议
EPC 数据交换	EPCIS 数据规范
	EPCIS 查询接口规范
	对象名解析业务规范
	EPCIS 数据获取接口规范
	EPCIS 发现协议
	用户认证协议

（2）13.56MHz ISM 频段 Class 1 射频识别标签接口规范：本规范定义了 13.56MHz Class1 所采用的通信协议和通信接口，它指明了该频段的射频通信要求和标签要求，并给出了该频段通信所需的基本算法。

（3）860～930MHz Class 1 射频识别标签射频与逻辑通信接口规范：本规范定义了 860～930MHz Class 1 所采用的通信协议和通信接口，它指明了该频段的射频通信要求和标签要求，并给出了该频段通信所需的基本算法。

（4）Class 1 Gen2 超高频 RFID 一致性要求规范：本规范给出了 EPC Global 860～960MHz 的 Class1 Gen2 超高频 RFID 协议，包括读写器和电子标签之间在物理交互上的协同要求，以及读写器和电子标签之间在操作流程与命令上的协同要求。

（5）EPC Global 体系框架：本文件定义和描述了 EPC Global 体系框架。EPC Global 体系框架是由硬件、软件、数据接口以及 EPC Global 核心业务组成，它代表了通过 EPC 代码提升供应链效率的所有业务。

（6）EPC 标签数据标准：这项由 EPC Global 管理委员会通过的标准，给出了 EPC 标签的系列编码方案。

（7）Class 1 Gen2 超高频空中接口协议标准：该标准是 EPC 系统应用最多的标准，其定义了在 860～930MHz 频段内被动式反向散射、读写器先激励工作方式 RFID 系统的物理和逻辑要求。Class 1 Gen2 空中协议标准具有以下几个特点。

① 开放的标准。符合全球各国超高频段的规范，不同销售商的设备具有良好的兼容性。

② 可靠性强。标签具有识别率，在较远距离测试具有将近 100％ 的识别率。

③ 芯片将缩小到现有版本的 1/2～1/3，Gen2 标签在芯片中有 96B 的存储空间，具有特定的口令、更大的存储能力以及更好的安全性能，可以有效地防止芯片被非法读取，能够迅速地适应变化无常的标签群。

④ 可在密集的读写器环境中工作。

⑤ 标签的隔离速度高。隔离率在北美可达每秒 1500 个标签，在欧洲可达每秒 600 个标签。

⑥ 安全性和保密性强。协议允许使用两个 32 位的密码,一个用来控制标签的读写权,另一个用来控制标签的禁用/销毁权,并且读写器与标签的单向通信也采用加密。

⑦ 实时性好。容许标签延时后进入识读区仍能被读取,这是 Gen1 所不能达到的。

⑧ 抗干扰性强。更广泛的频谱与射频分布提高了 UHF 的频率调制性能,可以减少与其他无线电设备的干扰。

⑨ 标签内存采用可延伸性的存储空间。

⑩ 识读速率提高。Gen2 标签的识读速率是现有标签的 10 倍,这使得通过使用 RFID 标签可实现高速自动化作业。

(8) 应用水平事件规范:该标准定义了某种接口的参数与功能,通过该接口,用户可以获取过滤后的和整理过的电子产品代码数据。

(9) 对象名解析业务规范:本规范指明了域名服务系统如何用来定位与确定电子产品码部分相关的权威数据和业务,其目标群体是对象名称解析业务系统的开发者和应用者。

3. EPC 编码体系

EPC 编码是 EPC 系统的重要组成部分,是对实体及实体的相关信息进行代码化,通过统一、规范化的编码建立全球通用的信息交换语言。EPC 编码是 EAN/UCC 在原有全球统一编码体系基础上提出的,是新一代全球统一标识的编码体系,是对现行编码体系的拓展和延伸。EPC 的目标是为物理世界的对象提供唯一的标识,达到通过计算机网络来标识和访问单个物体的目标,如同在互联网中使用 IP 地址来标识和通信。

1) EPC 编码规则

EPC 编码是与 EAN/UCC 编码兼容的编码标准,EPC 并不是取代现行的条码标准,而是由现行的条码标准逐步过渡到 EPC 标准,EPC 码段的分配由 EAN/UCC 来规范。

EPC 编码的主要特点如下。

(1) 唯一性:与当前广泛使用的 EAN/UCC 条码不同的是,EPC 提供对物理对象的唯一标识。为确保实现物理对象的唯一标识,EPC Global 采取了如下措施:

① 足够的编码容量。EPC 编码冗余度如表 4-2 所示,从世界人口总数到大米总粒数,EPC 有足够大的空间来标识所有这些对象。

表 4-2　RFID 编码长度对比

比 特 数	唯一编码数	对　象
23	8.4×10^6/年	汽车
29	5.3×10^8/年	计算机
33	8.6×10^9/年	人口
34	1.7×10^{10}/年	剃刀刀片
54	1.8×10^{16}/年	大米总粒数

② 组织保证。为保证 EPC 编码的唯一性,EPC Global 通过全球各国编码组织来分配本国的 EPC 代码,并建立相应的管理制度。

③ 使用周期。对一般的实体对象,使用周期和实体对象的生命周期一致。对特殊的产品,EPC 代码的使用周期是永久的。

(2) 永久性:产品代码一经分配,就不再更改,并且是终身的。当此产品不再生产时,其对应的产品代码只能搁置起来,不得重复使用或分配给其他的商品。

(3) 简单性:EPC 编码既简单同时又提供实体对象唯一标识。以往的编码方案,很少能被全球各国和各行业广泛采用,原因之一是编码复杂导致不适用。

(4) 可扩展性:EPC 编码固有备用的空间,具有可扩展性,从而确保了 EPC 系统的升级和可持续发展。

(5) 保密性和安全性:由于采用了安全和加密相结合的技术,EPC 编码具有高度的保密性和安全性。保密性和安全性是配置高效网络的首要问题,传输和存储的安全是 EPC 能被广泛采用的基础。

(6) 无含义:为保证代码有足够的容量以适应产品频繁更新换代的需要,最好采用无含义的顺序码。

2) EPC 编码结构

EPC 代码是由一个版本号加上另外三段数据(依次为域名管理者、对象分类码、序列号)组成的一组数字,如表 4-3 所示。其中,版本号用于标识 EPC 编码的版本次序,使得 EPC 随后的码段可以有不同的长度;域名管理是描述与此 EPC 相关的生产厂商的信息;对象分类记录产品精确类型的信息;序列号唯一标识货品,会明确 EPC 代码标识的是哪一个产品。

表 4-3　EPC 编码结构

编码方案	编码类型	版 本 号	域名管理者	对象分类码	序 列 号
EPC-64	Ⅰ 型	2	21	17	24
	Ⅱ 型	2	15	13	34
	Ⅲ 型	2	26	13	23
EPC-96	Ⅰ 型	8	28	24	36
EPC-256	Ⅰ 型	8	32	56	160
	Ⅱ 型	8	61	56	128
	Ⅲ 型	8	128	56	164

EPC 代码具有以下特点。

(1) 科学性。结构明确,易于使用、维护。

(2) 兼容性。兼容了其他贸易流通过程的标识代码。

(3) 全面性。可在贸易结算、单品跟踪等各个环节全面应用。

(4) 合理性。EPC 编码由各国 EPC 管理机构分段管理、共同维护、统一应用,具有合理性。

(5) 国际性。不以具体国家、企业为核心,编码标准由全球协商一致,具有国际性。

(6) 无歧视性。编码采用全数字形式,不受地方色彩、语言、经济水平和政治观点的限制,是无歧视性的编码。

3) EPC 编码类型

目前,EPC 代码有 64 位、96 位和 256 位三种。为了保证所有物品都有一个 EPC 代码并使其载体——标签成本尽可能降低,建议采用 96 位,选样数目可以为 2.68 亿个公司提供唯一标识,每个生产厂商可以有 1600 万个对象种类,并且每个对象种类可以有 680 亿个序列号,这对未来一段时间世界所有产品已经非常够用了。

鉴于当前不用那么多序列号,因而可采用 64 位 EPC,这样会进一步降低标签成本。随着 EPC-64 和 EPC-96 版本的不断发展,EPC 代码作为一种世界通用的标识方案已经不足以长期使用,因而出现了 256 位编码。迄今已经推出 EPC-96 Ⅰ型,EPC-64 Ⅰ型、Ⅱ型、Ⅲ型,EPC-256 Ⅰ型、Ⅱ型、Ⅲ型等编码方案。

(1) EPC-64 码。目前制定了三种 64 位 EPC 代码。

① EPC-64 Ⅰ型:编码提供 2 位的版本号编码、21 位的管理者编码、17 位的库存单元和 24 位序列号。对象种类分区可容纳 131 072 个库存单元,可满足全球绝大多数公司的需求,24 位序列号可以为 1678 万件产品提供空间。

② EPC-64 Ⅱ型:适合众多产品以及对价格反应敏感的消费品生产者。34 位序列号与 13 位对象分类区,可以为超过 140 万亿不同的单品编号,这远远超过了世界上最大消费品生产商的生产能力。

③ EPC-64 Ⅲ型:为了推动 EPC 的应用过程,除了通过扩展单品编码的数量外,也可以通过增加应用公司的数量来满足要求,通过把管理者分区增加到 26 位,可以使多达 67 108 864 个公司采用 64 位 EPC 编码,67 108 864 个号码已超出了世界公司的总数。采用 13 位对象分类分区,可以为 8192 种不同种类的物品提供空间。序列号分区采用 23 位编码,可以为超过 800 万商品提供空间。对于 6700 万个公司,每个公司允许 680 亿的不同产品采用此方案进行编码。

(2) EPC-96 码。

EPC-96 型设计目的是使 EPC 编码成为全球物品唯一的标识代码。域名管理负责维护对象分类代码和序列号。域名管理必须保证对 ONS 可靠地操作,并负责维护和公布相关的信息。

域名管理的区域占 28 个数据位,能够容纳大约 2.68 亿家制造商。

对象分类区域在 EPC-96 代码中占 24 位。这个区域能容纳当前所有的 UPC 库存单元的编码。EPC-96 序列号对所有的同类对象提供 36 位的唯一标识号,其容量越过 680 亿,超出了已有标识产品的总数量。

(3) EPC-256 码。

EPC-96 和 EPC-64 是作为物理实体标识符的短期使用而设计的,随后产生了容量更大的 EPC-256 代码。

EPC-256 是为满足未来使用 EPC 代码的应用需求而设计的。由于未来应用的具体要求目前无法准确获知,因而 EPC-256 版本具备可扩展性,多个版本的 EPC-256 编码提供了可扩展性。

4. EPC 标签分类

EPC 标签是产品电子信息代码载体,主要由天线和芯片组成。为了降低成本,EPC 标签通常是无源射频标签,根据其功能和级别的不同,EPC 标签可以分为 5 类。

1) Class0 EPC 标签

该标签能满足物流、供应链管理需要。例如,超市结账付款、超市货架扫描、集装箱货物识别、货物运输通道以及仓库管理等可以采用 Class0 EPC 标签。Class0 EPC 标签包括 EPC 代码、24 位自毁代码以及 CRC 代码,具有可以被读写器读取,可以被重叠读取,可以自

毁等功能。但存储器数据不可以由读写器直接写入。

2）Class1 EPC 标签

该标签具有自毁功能，能够使标签永久失效。此外，该标签具有可选的用户内存，在访问控制中具有可选的密码保护。

3）Class2 EPC 标签

该标签是一种无源的、向后散射式标签，它除了具有 Class1 EPC 标签的所有特性外，还具有扩展的标签识别符、扩展的用户内存和选择性识读功能。Class2 EPC 标签在访问控制中加入了身份认证机制，并可以定义其他附加功能。

4）Class3 EPC 标签

该标签是一种半有源、反向散射式标签，它除了具备 Class2 EPC 标签的所有功能外，还具有完整的电源系统和综合的传感电路，其中芯片上的电源使标签芯片具有部分逻辑功能。

5）Class4 EPC 标签

该标签是一种有源的、主动式标签，它除了具备 Class3 EPC 标签的所有特征外，还具有标签到标签的通信功能、主动式通信功能和特别组网功能。

5. EPC 系统

EPC 系统是一个先进的综合性、复杂的系统，最终目标是为每一单品建立全球的、开放的标识体系。它由全球电子产品代码（EPC）编码体系、射频识别系统及信息网络系统三部分组成，如表 4-4 所示。

表 4-4　EPC 系统组成

系 统 构 成	名　　　称
EPC 编码体系	EPC 编码标准
射频识别系统	EPC 标签
	读写器
信息网络系统	Savant（神经网络）
	对象命名解析系统
	物理标识语言

EPC 编码提供对物理世界对象的唯一标识，通过计算机网络来标识和访问单个物体，就如在互联网中使用 IP 地址来标识、组织和通信一样。通过 EPC 系统的发展，能够推动自动识别技术的快速发展；通过整个供应链对货品进行实时跟踪；通过优化供应链给用户提供支持，大大提高供应链的效率。

如图 4-5 所示，信息网络系统由本地网络和全球互联网组成，是实现信息管理和信息流通的功能模块。EPC 信息网络系统是在全球互联网的基础上，通过 Savant 管理软件以及对象命名解析系统（Object Numbering System，ONS）和物理标识语言（Physical Markup Language PML），实现全球"实物互联"。

1）EPC 编码标准

EPC 编码标准与现行的 GTIN（全球贸易项目标识代码）相结合，可以在 EPC 网络中兼容 EAN/UCC 系统。如表 4-5 所示，EPC 编码是由 4 个部分组成的一串数字，依次为版本号、域名管理者、对象分类码和序列号，可以为物理世界的每个对象提供唯一标识。其编码

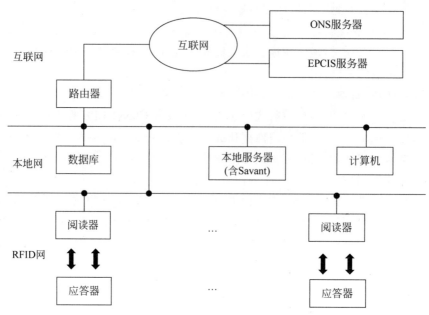

图 4-5　EPC 信息网络系统

的分配由 EPC Global 和各国的 EPC 管理机构分段管理,共同维护。

表 4-5　EPC 编码标准

编码类型	版　本　号	域名管理者	对象分类码	序　列　号
EPC-96	8	28	24	36
EPC-256 Ⅰ	8	32	56	160
EPC-256 Ⅱ	8	64	56	128
EPC-256 Ⅲ	8	128	56	164

2) 射频识别系统

EPC 射频识别系统是实现 EPC 代码自动采集的功能模块,主要是由射频标签和射频读写器组成。射频标签是 EPC 代码的物理载体,附着于可跟踪的物品上,可在全球流通,并可对其进行识别和读写。射频读写器与信息系统相连,它可以读取标签中的 EPC 代码,并将其输入网络信息系统。射频标签和射频读写器之间利用无线传输方式进行信息交换,可以进行非接触识别,可以识别快速移动的物体,可以同时识别多个物体,EPC 射频识别系统使数据采集最大限度地降低了人工干预,实现了完全自动化,是“物联网”形成的重要环节。

(1) EPC 标签:存储的信息是 96 位、64 位或者 256 位产品电子代码。

(2) 读写器:用来识别 EPC 标签的电子装置,通过通信网络与信息系统相连实现数据交换。读写器使用多种方式与 EPC 标签交换信息,读写器首先激活标签,然后与标签建立通信并和标签传送数据。EPC 读写器和网络连接通信,所有读写器之间的数据交换直接可以通过一个网络服务器进行。

读写器软件提供了网络连接能力,包括 Web 设置、动态更新、TCP/IP 读写器界面,读写器内部建有兼容的数据库引擎。

3）EPC 信息网络系统

信息网络系统由本地网络和全球互联网组成，是实现信息管理、信息流通的功能模块。EPC 系统的信息网络系统是在全球互联网的基础上，通过 EPC 中间件、对象名解析服务（ONS）和 EPC 信息服务（EPCIS）来实现全球"实物互联"。

（1）EPC 中间件：具有一系列特定属性的"程序模块"，被用户集成，EPC 中间件 Savant 是连接阅读器和应用程序的软件，是物联网中的核心技术，可认为是该网络的神经系统，如图 4-6 所示。其核心功能是屏蔽不同厂家的 RFID 阅读器等硬件设备、应用软件系统以及数据传输格式之间的异构性，从而可以实现不同的硬件（阅读器等）与不同应用软件系统间的无缝连接与实时动态集成。

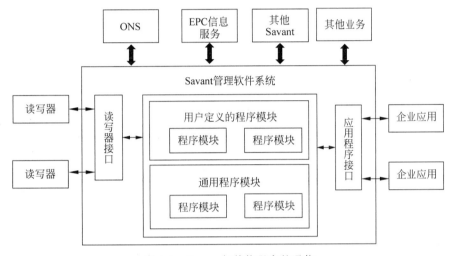

图 4-6　Savant 与其他程序的通信

（2）对象名解析服务：是一个自动的网络服务系统，类似于域名解析服务，ONS 为 Savant 系统指明了存储产品相关信息的服务器。ONS 服务是联系 Savant 管理软件和 EPC 信息服务的网络枢纽，并且 ONS 设计与架构都以互联网域名解析服务为基础。

（3）EPC 信息服务：作为网络数据库来实现的，EPC 被用作数据库的查询指针，EPCIS 提供信息查询的接口，可与已有的数据库、应用程序及信息系统相连接。EPCIS 有两种数据流方式：一是阅读器发送原始数据至 EPCIS 以供存储；二是应用程序发送查询至 EPCIS 以获取信息。

4）EPC 系统工作流程

在有 EPC 标签、EPC 读写器、EPC 中间件、互联网、ONS 服务器、EPC 信息服务器（EPCIS）以及众多数据库组成的实物互联网中，读写器读出的 EPC 只是一个信息参考，由这个信息参考从互联网找到 IP 地址，并获取该地址存放的相关物品信息，并采用分布式的 EPC 中间件处理由读写器读取的一连串 EPC 信息。由于标签上只有一个 EPC 代码，计算机需要知道该 EPC 匹配的其他信息，这就需要对象名称解析服务器来提供一种自动化的网络数据库服务，EPC 中间件将 EPC 代码传给 ONS，ONS 指示 EPC 中间件到一个保存着产品文件的服务器（EPCIS）查找，该文件可由 EPC 中间件复制，因而产品的文件信息就能传到供应链上。

EPC 系统的工作流程如图 4-7 所示。

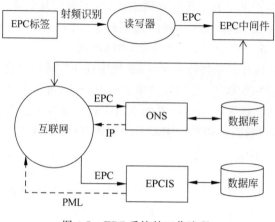

图 4-7　EPC 系统的工作流程

4.2　中国 RFID 技术标准

为了在 RFID 产业中掌握主动权，世界发达国家和跨国公司都在加速推动 RFID 技术的研发、制订 RFID 标准和应用进程，中国在发展 RFID 产业的同时也积极制订 RFID 标准。制定中国自己的 RFID 标准好处如下：

（1）保障信息安全。在 RFID 标准的制定过程中，首先要考虑国家的信息安全。RFID 标准中涉及国家信息安全的核心问题是编码规则、传输协议和中央数据库等，谁掌握了产品信息的中央数据库和产品编码的注册权，谁就取得了产品身份认证、产品数据结构、物流及市场信息的拥有权，拥有自主知识产权的 RFID 技术标准是信息安全的基础。

（2）突破技术壁垒。如果使用国外的 RFID 技术标准，会涉及大量的知识产权问题，所以有必要建立具有自主知识产权的 RFID 标准体系。

（3）实现标准自主。掌握 RFID 标准制定的主导权，就能充分考虑中国企业的应用需求，有条件地选择国外专利技术，控制产业发展的主导权，降低标准的综合使用成本。

4.2.1　中国 RFID 标准体系框架

制定 RFID 标准框架的指导思想是以完善的基础设施和技术装备为基础，来形成国家的标准体系。

1. RFID 标准体系

RFID 标准体系由各种实体单元组成，各种实体单元由接口连接起来，对接口制定接口标准，对实体定义产品标准。中国 RFID 系统标准体系可分为基础技术标准体系和应用技术标准体系，基础技术标准分为基础类标准、管理类标准、技术类标准和信息安全类标准 4 个部分。其中，基础类标准包括术语标准；管理类标准包含编码注册管理标准和无线电管理标准；技术类标准包含编码标准、RFID 标准（包括 RFID 标签、空中接口协议、读写器、读写器通信协议等）、中间件标准、公共服务体系标准（包括物品信息服务、编码解析、检索服务、跟踪服务、数据格式）以及相应的测试标准；信息安全类标准涉及标签与读写器之间及整个信息网络的每一个环节。RFID 信息安全类标准可分为安全基础标准、安全管理标准、安全技术标准和安全测评标准 4 个方面。中国 RFID 标准体系如图 4-8 所示。

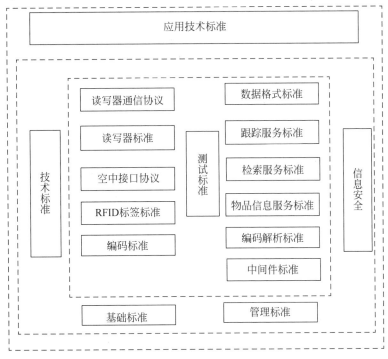

图 4-8　中国 RFID 标准体系

2. RFID 基础技术标准体系

中国 RFID 基础技术标准体系如图 4-9 所示,其中 RFID 标签、读写器和中间件标准仅仅包含所有产品的共性功能与共性要求,应用标准体系中将定义个性功能和个性要求。接口标准和公共服务类标准不随应用领域变化而变化,是应用技术必须采用的标准。

RFID 应用技术标准体系是一个指导性框架,制定具体 RFID 应用技术标准时,需要结合应用领域的特点,对其进行补充和具体的规定。在 RFID 应用技术标准体系模型中,有些内容需要制定国家标准,有些内容需要制定行业标准、地方标准或企业标准,标准制定机构需要根据具体的情况确定制定相应级别的应用标准。

3. RFID 应用技术标准体系

应用标准是在 RFID 标签编码、空中接口协议和读写器协议等基础技术标准之上,针对不同的应用领域和不同的应用对象制定的具体规范。它包括使用条件、标签尺寸、标签位置、标签编码、数据内容、数据格式和使用频段等特定应用要求规范,还包括数据的完整性、人工识别、数据存储、数据交换、系统配置、工程建设和应用测试等扩展规范。

4.2.2　中国 RFID 的关键技术

RFID 的框架体系分为数据采集和数据共享两个部分,主要包括编码标准、数据采集标准、中间件标准、公共服务体系和信息安全标准五方面内容。

1. 编码标准

制订编码标准要考虑与国际通用编码体系的兼容性,使其成为国际承认的编码方式之

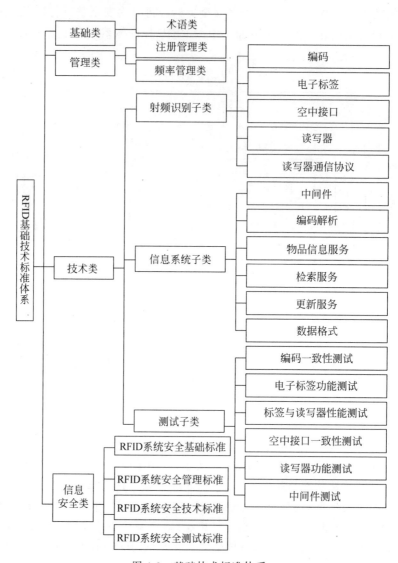

图 4-9 基础技术标准体系

一。这样可以减小商品流通信息化的成本,同时也降低国外编码机构收费。有关编码方面的标准主要有:

1）基于 RFID 的物品编码

该标准对物品 RFID 编码的数据结构、分配原则以及编码原则进行规定,为实际编码提供基本原则。

2）基于 RFID 的物品编码注册和维护

该标准对物品编码申请人的资格、注册程序以及注册后的相关权利和义务进行规定,实现对物品编码的国家层和行业层管理。通过对物品编码注册、维护和注销等加以规定,可以实现物品编码信息的循环流通。

2. 数据采集标准

RFID 数据采集技术相关标准有电子标签与读写器之间的空气接口、读写器与计算机之间的数据交换协议、电子标签与读写器的性能和一致性测试规范,以及电子标签的数据内容编码标准等。空中接口协议主要指的是 ISO/IEC 18 000 系列标准,包括调制方式、位数据编码方式、帧格式、防冲突算法和命令响应等多项内容。空中接口协议应趋向于一致以降低成本并满足标签与读写器之间互操作性的要求。电子标签的低成本决定了一个标签难以支持多种空中接口协议。

3. 中间件标准

EPC Global 及一些国际著名的 IT 企业,如微软、SAP、Sun 和 IBM 等,都在积极从事 RFID 中间件的研究与开发。制定中国自主的中间件标准要结合中国行业的应用特点和现状,设计和开发出具有自主知识产权的 RFID 中间件产品。

4. 公共服务体系标准

公共服务体系是在互联网网络体系的基础上,增加一层可以提供物品信息交流的基础设施,其功能包括编码解析、检索与跟踪服务、目录服务和信息发布服务等。

国外的 RFID 标准体系中,EPC Global 制订了"物联网"规范,已公布的规范有 EPCIS (EPC 信息服务)、ONS(对象名解析服务)和物品信息描述语言 PML(物体标识语言)。

公共服务系统是 RFID 技术广泛应用的核心支撑,在制定中国 RFID 公共服务体系标准时,既要考虑中国 RFID 的应用特点,也要考虑全球贸易。

5. 信息安全标准

从电子标签到读写器、读写器到中间件、中间件之间以及公共服务体系各因素之间,均涉及信息安全问题。

4.2.3　中国 RFID 应用技术标准

中国的 RFID 应用标准和通用产品标准有国家应用标准、行业应用标准、协会应用标准、地方应用标准和企业应用标准等。

1. 动物识别代码结构标准

2006 年 12 月,中华人民共和国国家质量监督检验检疫总局、中国国家标准管理委员会联合发布国家标准 GB/T 20563—2006《动物射频识别代码结构》,该标准 2006 年 12 月 1 日开始实施。根据 ISO11784:1996《射频识别——动物代码结构》的总体原则,并结合中国动物管理的实际编写而成。该标准首先保证了编码具有国际流通的功能,最核心的编码部分(动物代码)由 64 位二进制数组成,其中,前 16 位为控制代码,17~26 位为国家或地区代码,27~64 位为国家动物代码。

适用于家禽家畜、家养宠物、动物园动物、实验室动物和特种动物的识别,也适用于动物管理相关信息的处理和交换。

2. 道路运输电子收费系列标准

中国高速公路收费的 RFID 系列标准以无线电管委会为道路运输电子收费应用分配的 5.8GHz 载波频率为基础,制订了一系列用于不停车收费专用通信的国家标准,包括设备和系统的设计和生产制造标准。标准包括五层,主要有物理层、数据链路层、应用层、设备应用、物理层主要参数方法测试。

3. 铁路机车车辆自动识别标准

原铁道部发布了该系统的行业标准 TB/T 3070—2002《铁路机车车辆自动识别设备技

术条件》，该标准适用于铁路机车车辆自动识别设备的设计、制造、安装和检验。标准规定了铁路机车车辆自动识别设备基本要求与地面自动识别设备、标签、车载编程器的技术要求等内容。标准还规定了系统的主要部件如标签、地面自动识别设备(AEI)、标签编程设备、数据管理、监测和跟踪设备的基本功能。同时标准还对自动识别设备的安装进行了规范。

铁路车号自动识别系统(ATIS)的目标是在所有机车和货车上安装电子标签，在所有的区段站、编组站、大型货运站和分界站安置地面识别设备(AEI)，对运行的列车及车辆进行准确的识别，并向后台管理系统及其他监测系统提供相关信息，建立一个铁路列车车次、机车和货车号码、标识、属性等信息的计算机自动采集处理系统。

4. 射频读写器通用技术标准

射频读写器通用技术规范由中国自动识别协会主持制定，2006 年 12 月 15 日正式公布。

该技术规范分为《射频读写器通用技术规范——频率低于 135kHz》(AIMC0003—2006)、《射频读写器通用技术规范——频率为 13.56MHz》(AIMC0004—2006)、《射频读写器通用技术规范——频率为 2.45GHz》(AIMC0005—2006)、《射频读写器通用技术规范——频率为 UHF(860～960MHz)》(AIMC0006—2006)、《射频读写器通用技术规范——频率为 433MHz》(AIMC0007—2006)。

《射频读写器通用技术标准》协会标准根据 ISO/IEC 18000-2、ISO/IEC 18000-3、ISO/IEC 18000-4、ISO/IEC 18000-6 和 ISO/IEC18000-7 空中接口标准设定了频率范围，分别针对频率为 135kHz、频率为 13.56MHz、频率为 2.45GHz、频率为 860～960MHz、频率为 433MHz 的读写设备，规定了 RFID 的系统功能、读写器技术结构框架、主要技术参数和应用指标，同时该标准还对读写器的测试项目、测试条件与测试方法也给出了相应的规范。

4.3 Bluetooth 技术标准

Bluetooth 在发展过程中，版本经历了多次变化。最新 v4.0 标准的低功耗特性，使得 Bluetooth 的推广进程大大加快。

4.3.1 Bluetooth v4.0 标准的主要技术特点

以 Internet of things 为目标对 v4.0 进行的软件升级，在连接性的提升体现在如下方面(硬件层面上 v4.0 的设备无须做任何改动即可使用 v4.1)。

1. 批量数据的传输速度

Bluetooth4.1 在已经被广泛使用的 Bluetooth4.0 LE 基础上进行了升级，使得批量数据可以以更高的速率传输。这一改进主要针对可穿戴设备。如健康手环，通过 Bluetooth4.1 发送的数据流能够更快速地将跑步、游泳、骑车过程中收集到的信息传输到手机等设备上，用户就能更好地实时监控运动的状况。

在 Bluetooth4.0 时代，所有采用了 Bluetooth4.0 LE 的设备都被贴上了 Bluetooth Smart 和 Bluetooth Smart Ready 的标志。其中，Bluetooth Smart Ready 设备指的是 PC、平板、手机这样的连接中心设备，而 Bluetooth Smart 设备指的是 Bluetooth 耳机、键盘、鼠标等扩展设备。之前这些设备之间的角色是早就安排好了的，并不能进行角色互换，只能进行

1 对 1 连接。而在 Bluetooth4.1 技术中,就允许设备同时充当 Bluetooth Smart 和 Bluetooth Smart Ready 两个角色的功能,这就意味着能够让多款设备连接到一个 Bluetooth 设备上。举个例子,一个智能手表既可以作为中心枢纽,接收从健康手环上收集的运动信息的同时,又能作为一个显示设备,显示来自智能手机上的邮件、短信。借助 Bluetooth4.1 技术,智能手表、智能眼镜等设备就能成为真正的中心枢纽。

2. 长期睡眠下的自动唤醒功能

例如,手环与手机断开 1 小时后,再靠近,手环会自动和手机建立连接传输数据,不需要任何操作。

3. 通过 IPv6 建立网络连接

Bluetooth 设备只需要通过 Bluetooth4.1 连接到可以上网的设备(如手机),就可以与云端的数据进行同步。实现"云同步"不再需要 WiFi 连接。

表 4-6 所示为典型 Bluetooth 与低功耗 Bluetooth 的技术标准对比。

表 4-6 典型 Bluetooth 与低功耗 Bluetooth 的技术标准对比

技 术 规 范	典型 Bluetooth	低功耗 Bluetooth
无线电频率	2.4GHz	2.4GHz
距离	10m/100m	30m
空中数据速率	1～3Mb/s	1Mb/s
应用吞吐量	0.7～2.1Mb/s	0.2Mb/s
节点/单元	7～16 777 184	未定义
安全	64/128 位及用户自定义应用层	128 位 AES 及用户自定义应用层
强健性	自适应快速跳频,FEC,快速 ACK	自适应快速跳频
发送数据总时间	100ms	＜6ms
政府监管	全球	全球
认证机构	Bluetooth 技术联盟(Bluetooth SIG)	Bluetooth 技术联盟(Bluetooth SIG)
语音能力	有	无
网络拓扑	分散网	Star-bus
耗电量	1(参考)	0.01～0.5(视使用情况)
最大操作电流	＜30mA	＜15mA
服务探索	有	有
概念简介	有	有
主要用途	手机、耳机、游戏机、立体声音频流、汽车和 PC 等	手机、游戏机、PC、手表、健身、医疗保健、汽车、工业

4.3.2 Bluetooth 标准协议简介

Bluetooth 规范的核心部分是协议栈。这个协议栈允许多个设备进行相互定位、连接和交换数据,并能实现互操作和交互式的应用。协议栈如图 4-10 所示。

协议栈的各种单元(协议、层、应用等)在逻辑上被分成三组:传输协议组、中间件协议组和应用组。

1. 传输协议组

传输协议组包括的协议主要用于使 Bluetooth 设备能确认彼此的相互位置,并且能创

建、配置和管理物理以及逻辑的链路,以便使高层协议和应用
经这些链路利用传输协议来传输数据。这个协议组包括无线、
基带、链路管理器、逻辑链路控制和自适应协议以及主机控制
器接口协议。

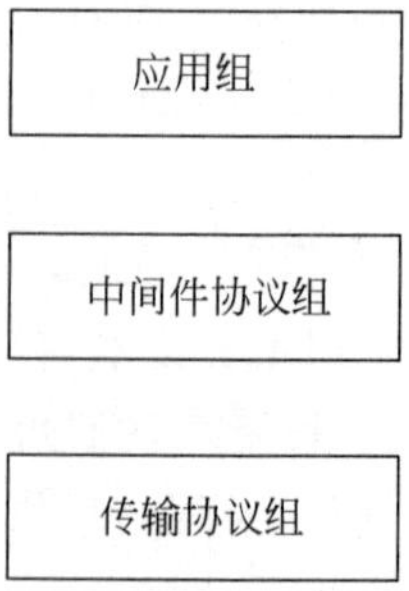

2. 中间件协议组

为了在 Bluetooth 链路上运行应用,中间件协议组由另外传
送协议构成。它包括第三方和业内的标准协议、SIG 特别为
Bluetooth 无线通信而制定的一些协议。第三方和业内的标准协
议包括与互联网有关的协议(如 PPP、IP 和 TCP 等)、无线应用协
议和红外数据协会(Infrared Data Association,IrDA)及类似组织
所采用的对象交换协议等。SIG 特别为 Bluetooth 无线通信而制定的一些协议包括三个专为
Bluetooth 通信制定的协议,以使种类繁多的另外一些应用能够在 Bluetooth 链路上运行。

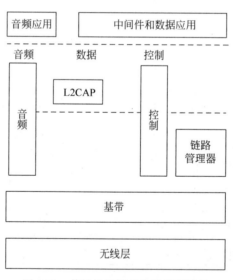

图 4-10　Bluetooth 协议栈
的重要组成部分

3. 应用组

应用组包括使用 Bluetooth 链路的实际应用。

4.3.3　传输协议组

图 4-11 给出了传输协议组的协议组织结构。这些协议是 SIG 为在设备间承载语音和
数据业务而开发的传输协议。

图 4-11　传输协议组的协议组织结构

传输协议不仅支持数据通信的异步传输,同时还支持能达到电信级质量的(64kb/s)语
音通信的同步传输。为了保持音频应用中所期望的高服务质量,音频业务被赋予了较高的
优先级,不经过任何中间件协议层,直接从音频应用通到基带层上,然后以小分组的形式直
接在 Bluetooth 的空中接口上传输。

1. L2CAP 层

来自数据应用的业务首先被传递到逻辑链路控制和适配协议(Logical Link Control
and Adaptation Protocol,L2CAP)层。L2CAP 层为应用和更高层的协议屏蔽了下层传输

协议的细节。这样,高层无线天线和基带层的频率跳变,也不需要知道在 Bluetooth 空中接口上传输的特殊分组格式。L2CAP 支持协议的多路复用,允许多种协议和应用共享空中接口。它还能将高层使用的大分组拆分成基带可以传输的小分组,并在接收设备中完成对这些分组的相应组装过程。此外,通过协商一个可以接受的服务等级,两个对等设备中的L2CAP 层能够方便地维护服务级别目标。根据需要的服务等级,一个 L2CAP 层的具体实现可以对新业务进行输入控制并与低层相互配合来维持这个服务质量。

2. 链路管理层

每个设备中的链路管理器通过链路管理器协议(Link Manager Protocol,LMP)与Bluetooth 空中接口协商能够得到的性能。这些性能包括为支持数据(L2CAP)业务所需的服务等级而分配的带宽,以及为支持音频业务而获得的周期性预留带宽。通信设备中的Bluetooth 链路管理器采用查询-响应方式对设备进行鉴权,监视设备的配对(Pairing)(创建两个设备之间的信任关系,通过产生并存储一个鉴权密钥,用于今后的设备鉴权),并且在需要的时候对空中接口的数据流进行加密。如果鉴权失败,链路管理器可能会切断设备之间的连接,从而禁止这两个设备相互通信。由于能够通过交换参数信息,如低活动性基带模式的持续时间等,协商得到活动性较低的基带操作模式,因此链路管理器还可以支持功率控制。为了进一步保持功率,链路管理器也可以请求调整发射功率的大小。

3. 基带和无线层

基带层决定和展示了 Bluetooth 的空中接口。同时,定义了设备之间相互查找的过程以及建立连接的方式。基带层为设备定义了主从连接方式。发起连接过程的这个设备是这个连接的"主控设备"。其他的设备是"从属设备"。基带还定义了如何形成通信设备所使用的跳频序列以及几个设备共享空中接口的有关规定,这些规定以时分双工(Time Division Duplex,TDD)为基础,采用了基于分组的查询方式。同时还定义了同步和异步业务共享空中接口的方式。基带层也规定了支持同步和异步业务的各种分组类型。同时定义了各式各样的分组处理过程,如检错、纠错、信号白化(signal whitening)、加密、分组的传输和重传。

主控设备和从属设备的概念不能扩展到比链路管理器应更高的层次上。在 L2CAP 层及其以上的各层中,通信是基于端到端的对等模型,不存在主控设备或从属设备的这种行为上的差异。

4. HCI 层

主控制器接口(HCI)功能规范就是 Bluetooth 与主机系统之间的接口规范,提供控制基带与链路控制器、链路管理器、状态寄存器等硬件功能的指令分组格式以及进行数据通信的数据分组格式。

主机控制器接口提供一种访问 Bluetooth 硬件能力的通用接口。HCI 固件通过访问基带命令、链路管理器命令、硬件状态寄存器、控制寄存器以及事件寄存器实现对 Bluetooth硬件的 HCI 命令。

当主机和主机控制器通信时,HCI 层以上的协议在主机上运行,HCI 层以下的协议由Bluetooth 主机控制器的硬件实现,它们都通过 HCI 传输层进行通信。主机和主机控制器中的 HCI 具有相同的接口标准。

4.3.4　中间件协议组

图 4-12 描述的是中间件协议组。中间件协议利用下层的传输协议,为应用层通信提供

标准接口。中间件层的每一层都定义了一个标准协议，这些协议应用能够利用一个更高级的抽象，而不必直接与下层的传输协议打交道。中间件协议包括以下几种。

（1）RFCOMM

串行端口抽象。

（2）服务发现协议（Service Discovery Protocol，SDP）

用于描述可用的服务和确定所需服务的位置。

（3）一套 IrDA 互操作协议

它们来自 IrDA 标准，能实现 IrDA 各种应用的互操作。

（4）电话控制协议（Telephony Control Protocol，TCP）

用来控制音频或数字业务的电话呼叫。

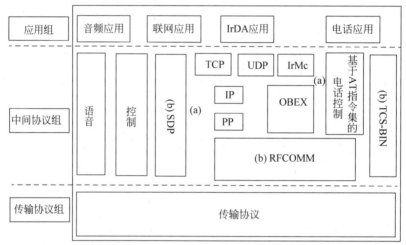

(a)：已采纳的协议

(b)：Bluetooth 特有协议

图 4-12　中间件协议组的协议栈

1）RFCOMM 层

串行端口是如今计算和通信设备中最常见的通信接口之一。大多数通过串口传输数据的串行通信需要一条电缆。Bluetooth 无线通信的目标是要替代电缆，因此在最初的一套电缆替代应用模式中，支持串行通信以及与之相关的应用是其最重要的特征。

为了方便在 Bluetooth 无线链路上实现串行通信，协议栈定义了 RFCOMM 的串行端口抽象。RFCOMM 为各种应用提供了一个虚拟的串行端口，这样就可以方便地将有线串行通信中的应用搬到无线串行通信的领域中来。因此应用可以像使用一个标准的有线串口一样，利用 RFCOMM 实现诸如同步、拨号上网和其他的各种功能，对于应用而言没有明显的变化。RFCOMM 协议的目的就是要使传统的基于串口的应用可以利用 Bluetooth 传输。

RFCOMM 是欧洲电信标准协会（European Telecommunication Standards Institute，ETSI）TS0710 标准定义的模型，这个标准定义了在一个单独的串行链路上进行多路复用串行通信的方式。Bluetooth 规范采用了 ETSI 07.10 标准的一个子集，同时还专门为

Bluetooth 通信作了一些修改。

2）SDP 层

SDP 是基于客户/服务器结构的协议，它为客户应用提供了一种发现服务器所提供的服务和服务属性的机制。如图 4-13 所示，服务器维护一份服务记录列表，服务记录列表描述与该服务器有关的服务的特征。每个服务列表包括一个服务的信息。客户端可以通过发送一个 SDP 请求从服务器记录中检索信息。

图 4-13　SDP 客户/服务器交互过程

Bluetooth 设备与 SDP 服务器一一对应，一个 Bluetooth 设备只有一个 SDP 服务器，如果 Bluetooth 设备只充当客户端，它就不需要 SDP 服务器。通常一个 Bluetooth 设备既可以是 SDP 服务器，也可以是 SDP 客户端。如果一个设备上有多个应用提供服务，使用一个 SDP 服务器就可以充当这些服务的提供者，负责处理请求这些服务的信息。多个客户应用也可以使用一个 SDP 客户端作为客户应用的代表请求服务。SDP 服务器向 SDP 客户提供的服务是随着服务器到客户端的距离动态变化的。当 SDP 服务器可用后，潜在的客户必须使用不同于 SDP 的机制来通知服务器所要使用 SDP 协议查询服务器的服务。当服务器由于某种原因离开服务区而不能提供服务时，也不会用 SDP 协议进行显式的通知。但是客户可以使用 SDP 轮询（Poll）服务器，根据是否能够收到响应来推断服务器是否可用。如果服务器长时间没有响应，则认为服务器已经失效。

3）IrDA 互操作协议

IrDA 定义了在无线环境中交换和同步数据协议。由于 IrDA 和 Bluetooth 无线通信的一些重要特性、使用模式和应用相同，所以 SIG 选用了 IrDA 的一些协议和数据模型。

OBEX 是 IrDA 制定用于红外数据链路上数据对象交换的会话层协议。BluetoothSIG 采纳了该协议，使得原来基于红外链路的 OBEX 应用方便地移植到 Bluetooth 上或在两者之间进行切换。OBEX 是一种高效的二进制协议，采用简单和自发的方式来交换对象。在假定传输层可靠的基础上，采用客户机—服务器模式。它只定义传输对象，而不指定特定的传输数据类型，可以是从文件到商业电子贺卡、从命令到数据库等任何类型，从而具有很好的平台独立性。

4）电话控制协议

Bluetooth 电话控制协议定义了用于 Bluetooth 设备间建立语音和数据呼叫的呼叫控制信令，并处理 BluetoothTCS 设备的移动性管理过程。电话控制协议包括以下功能。

（1）寻呼控制（CC）：指示 Bluetooth 设备间语音会话和数据呼叫的建立和释放。

（2）组管理（GM）：简化 Bluetooth 设备组的处理。

（3）无连接 TSC（CL）：交换与正在进行的呼叫无关的信令时使用的条款。

电话控制协议位于 Bluetooth 协议栈的 L2CAP 层之上，包括电话控制规范二进制（TCS BIN）协议和一套电话控制命令（AT Commands）。其中，TCS BIN 定义了在 Bluetooth 设备间建立话音和数据呼叫所需的呼叫控制信令；AT Commands 是一套可在多使用模式下用于控制移动电话和调制解调器的命令,它由 SIG 在 ITU.TQ.931 的基础上开发而成。TCS 层不仅支持电话功能(包括呼叫控制和分组管理),同样可以用来建立数据呼叫,呼叫的内容在 L2CAP 上以标准数据包形式运载。

4.3.5 应用组

SIG 定义了协议栈的中间件协议和传输协议,而应用协议本和应用编程接口(API)都没定义,要实现 Bluetooth 无线通信各种应用方案,还需要应用协议。

这样,SIG 定义了协议栈的各层支持一些传统软件在 Bluetooth 链路中使用,所以那些已有的应用几乎可以不作任何改动就直接用于 Bluetooth 链路。在一些平台上完成这项工作的方法是开发 Bluetooth 适配软件(Bluetooth adaption software)完成从这些平台上现有的串行通信和其他通信对应的 Bluetooth 通信协议栈的映射。

当现有的应用不能实现 Bluetooth 的应用模式,或者希望在协议栈中包括具有独特能力的应用特征,就可以开发专门运行在 Bluetooth 环境中的新应用。当针对某个平台开发适用于 Bluetooth 无线通信的应用时,可以为这些应用开发一些公共服务(common service)。这些公共服务包括安全服务、连接管理服务、SDP 服务等。这些公共的应用服务可以通过应用级的编程来实现,如安全管理者、Bluetooth 管理控制台、一个通用的 SDP 客户端和服务器等。图 4-14 给出了这些公共应用服务的描述。

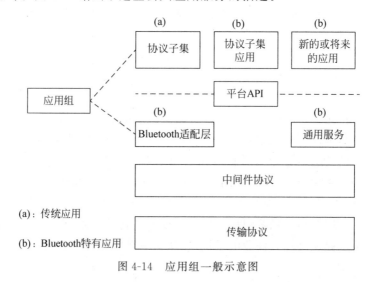

图 4-14　应用组一般示意图

4.4　NFC 技术标准

NFC 相关的技术标准是由 NFC 论坛(NFC Forum)负责,最早由 Nokia 和 NXP 发起,目前 NFC 论坛成员队伍涵盖了芯片开发商、手机制造商、电视制造商、软件厂商,以及国际金融组织等。NFC 论坛成员中包含赞助会员 Sponsor Members、主要会员 Principal Members、共同会员 Associate Members(如夏普、东芝、ZTE 中兴、松下、中国银联等)、非营利会员(Non-Profit Members)、开发成员 Implementer Members(三星、HTC、TCL、复旦微电子等)。

4.4.1 NFC 技术标准简介

NFC 技术标准主要包含四层,分别为 RF Layer 层、Mode Switch 层、NFC Protocol 层、APP 层:

1) RF Layer(射频层)

NFC 通信距离大概 10cm 左右,属于近距离通信,其底层的射频标准为 ISO 18092、ISO 1443 Type A、ISO1443 Type B 和 Felica。

2) Mode Switch(模式切换)

一个可以将射频层数据切换到 NFC Type A、NFC Type B 或 NFC Type F 三种机制的切换标准。

3) NFC IP1

即 ISO 18092,强调其标准中的数据交换中的部分。

4) LLCP(Logic Link Control Protocol,逻辑链路控制协议)

该协议用于管理 ISO 18092 的 NFC 设备之间逻辑连接的标准,主要用于 P2P 模式。

5) NFC Forum Protocol Bindings

P2P 模式下,高层数据传递采用的是集成传统的 IP(Internet Protocol,网络之间互连的协议)、OBEX(Object Exchange,对象交换)等来实现设备间数据的传递。

6) Tag Type(标签类型)

在读写模式下 NFC 设备能够读取的标签的类型。其中,该标签的类型必须支持 ISO 1443 A/B、MIFARE、ISO 18092 等标准。

7) NDEF(NFC Data Extrange Format,NFC 数据交换格式)

NDEF 是 NFC 的数据传递协议。

8) RTD(Record Type Definition,记录类型定义)

NFC NDEF 数据格式中定义的数据类型。

9) Card Emulation(卡模拟)

NFC 设备模拟成卡片的标准。

4.4.2 NFC 标准规范

NFC 底层射频协议标准包含 ISO 14443 A/B、NFCIP-1(ISO 18092)、FeliCa 和 MIFARE。

1) ISO 14443

ISO 14443 协议是非接触 IC 卡标准,该标准由 JTC 旗下 SCI7 的 WG8 开发。ISO/IEC 14443 的英文原版包含四部分,分别为物理特性、频谱功率和信号接口、初始化和防冲突算法、通信协议,如图 4-15 所示。它定义了两种卡的类型,即 Type A 和 Type B,两种卡均在 13.56MHz 无线频率下工作。这两种类型的卡之间的主要区别在于所关注的调制方式、编码方案(第二部分)和协议初始化程序(第三部分),Type A 和 Type B 都采用第四部分中定义的通信协议。

Type A 是由 Philips 等半导体公司最先首次开发和使用的。在亚洲等地区,Type A 技术和产品占据了很大的市场份额。代表 Type A 非接触智能卡芯片主要有 Mifare_Light

（MFl IC L10 系列）、MIFAREI（S50 系列、内置 ASIC）等。相应的 Type A 卡片读写设备核心 ASIC 芯片，以及由此组成的核心保密模块 MCM（Mifare Core Module）的主要代表有 RC150、RC170、RC500 等，以及 MCM200、MCM500 等。所以，总体来说，Type A 技术设计简单扼要，应用项目的开发周期可以很短，同时又能起到足够的保密作用，适用于非常多的应用场合。

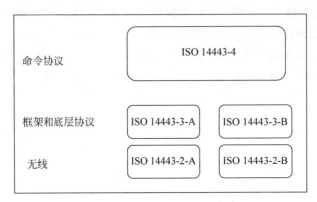

图 4-15　ISO 14443 协议栈

Type B 是一个开放式的非接触式智能卡标准，所有的读写操作都可以由具体的应用系统开发者定义。由于 Type B 具有开放式特点，因此每个厂家在具体设计、生产其本身的智能卡产品时，都会把其本身的一些保密特性融入其产品中，如加密的算法、认证的方式等。

2）NFCIP-1

NFCIP-1 如图 4-16 所示，NFC 接口和传输协议标准由 NXP、诺基亚和索尼等主推，这项开放技术规格被认可为 ECMA-340 标准，并纳入到 ISO18092 协议中。NFCIP-1 标准详细规定 NFC 设备的调制方案、编码、传输速度与射频接口的帧格式，以及主动与被动 NFC 模式初始化过程中，数据冲突控制所需的初始化方案和条件。此外，这些标准还定义了传输协议，其中包括协议启动和数据交换方法等。NFCIP-1 的协议栈基于 ISO 14443，主要的区别是在协议栈顶部分，用一种新的命令协议代替了 ISO 14443 中的栈顶部分。

图 4-16　NFCIP-1 协议栈

NFCIP-1 包含主动模式和被动模式两种通信模式，不仅可以用于 P2P 通信，也可以用于 NFC Tags 中。

3) MIFARE

伴随着超过 50 亿张智能卡和 IC 卡,以及超过 5000 万台读卡器的销售,MIFARE 已成为全球大多数非接触式智能卡的技术选择,并且是自动收费领域最成功的平台。其中,MIFARE 卡是目前世界上使用量最大、技术最成熟、性能最稳定、内存容量最大的一种感应式智能 IC 卡。

MIFARE 是 Philips Electronics(恩智浦半导体 NXP Semiconductors 的前身)所拥有的 13.56MHz 非接触性辨识技术。Philips 不制造卡片或卡片阅读机,而是出售相关技术方案与芯片。模式是由卡片和卡片阅读机的制造商利用其技术方案来创造某方面应用的产品给普通用户。

MIFARE 本身只具备记忆功能,再搭配处理器卡就能达到读写功能。MIFARE 协议栈与 ISO 14443 的关系如图 4-17 所示。

图 4-17 MIFARE 协议栈

4) FeliCa

FeliCa 是索尼公司开发的专利 NFC 标签技术,广泛用于支付和亚洲的运输工具应用。FeliCa 标签属于日本的工业标准(基于日本工业标准 JIS)X 6319-4。标签基于被动模式的 ISO 18092,带有额外的认证和加密功能,与 ISO 14443 的关系如图 4-18 所示。

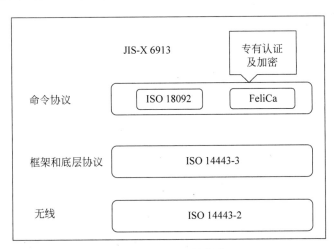

图 4-18 FeliCa 协议栈

4.4.3　NFC 标签

NFC 的标签主要有两种，一种是 NFC 论坛定义的标签类型，另外一种是非 NFC 论坛定义的标签类型。

NFC 论坛定义的标签用于 NFC 通信中的小数据交互，可以存储如 URL、手机号码或其他文本信息。NFC 论坛定义了四种不同的标签类型，即 Type 1、Type 2、Type 3、Type 4，如表 4-7 所示。

表 4-7　四种标签对比

对 比 指 标	Type 1	Type 2	Type 3	Type 4
协议基础	ISO/IEC 14443 Type A	ISO/IEC 14443 Type A	FeliCa	ISO/IEC 14443 Type A、Type B
芯片名称	Topaz	MIFARE	FeliCa	DESFire、SmartMX-JCOP
存储容量	相当于 1kB	相当于 2kB	相当于 1MB	相当于 64kB
传输速率	106kb/s	106kb/s	212kb/s 或 424kb/s	106、212 或 424kb/s
费用成本	低	低	高	中/高
安全性	16bit 或 32bit 数字签名	不安全	16bit 或 32bit 数字签名	可变的

1）Type 1

Type 1 标签比较便宜适合于多种 NFC 应用，特性如下：

（1）可读可重写，可配置成只读。

（2）96 byte 内存，可扩展到 2kB。

（3）没有数据冲突保护。

2）Type 2

Type 2 标签与 Type 1 类似，也是由 NXP/Philips MIFARE Ultralight 标签衍生出来的，特性如下：

（1）可读可重写，可配置成只读。

（2）支持数据冲突保护。

3）Type 3

Type 3 标签价格比类型 Type 1 和 Type 2 的标签昂贵，特性如下：

（1）基于日本工业标准（JIS）X 6319-4。

（2）在生产时定义可读，可重写或只读的属性。

（3）可变内存，每个服务最多 1MB 空间。

（4）支持数据冲突保护。

4）Type 4

Type 4 标签与 Type 1 类似，是由 NXP DESFire 标签衍生而来的，特性如下：

（1）在生产时定义可读、可重写或只读的属性。

（2）可变内存，每个服务最大 32kB。

（3）支持数据冲突保护。

4.4.4 NDEF 协议

为了实现 NFC 标签、NFC 设备以及 NFC 设备之间的交互通信，NFC 论坛定义了 NFC 数据交换格式（NDEF）的通用数据格式。NDEF 使 NFC 的各种功能更加容易使用各种支持的标签类型进行数据传输，由于 NDEF 已经封装了 NFC 标签的种类细节信息，因此应用不用关心是在与何种标签通信。

NDEF 是轻量级的、紧凑的二进制格式，可带有 URL、vCard 和 NFC 定义的各种数据类型。NDEF 交换的信息由一系列记录（Record）组成。每条记录包含一个有效载荷，记录内容可以是 URL、MIME 媒质或者 NFC 自定义的数据类型。使用 NFC 定义的数据类型，载荷内容必须被定义在一个 NFC 记录类型定义（RTD）文档中。

NDEF 的组成如图 4-19 所示。其中，记录中的数据类型和大小由记录载荷的报头（Header）注明，这里的报头包含三部分，分别为 Length、Type 和 Identifier，如表 4-8 所示。

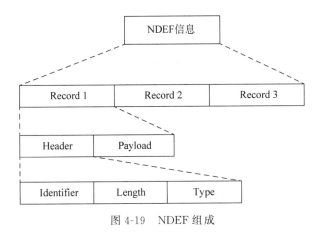

图 4-19　NDEF 组成

表 4-8　NDEF 头部组成

名　称	NDEF 协议对应	含　义
Length	PAYLOAD LENGTH	Payload 的长度，单位是字节（octet）
Type	Type Value：TNF TYPE	类型域，用来指定载荷的类型
Identifier	ID LENGTH ID	可选的指定载荷是否带有一个 NDEF 记录

如 NDEF 记录类型所述，NFC 定义的数据类型需要的载荷内容被定义在 RTD 文档中。NFC 论坛定义了以下 RTD：

（1）NFC 文本 RTD（T），可携带 Unicode 字符串。文本记录可包含在 NDEF 信息中作为另一条记录的描述文本。

（2）NFC URI RTD（U），可用于存储网站地址、邮件和电话号码，存储成经过优化的二进制形式。

（3）NFC 智能海报 RTD（Sp），用于将 URL、短信或电话号码编入 NFC 论坛标签，以及如何在设备间传递这些信息。

（4）NFC 通用控制 RTD。

（5）NFC 签名 RTD。

智能海报记录类型是将 URL、SMS 等信息综合到了一个 Tag 中，下面对 RTD_TEXT、RTD_URL 进行详细介绍。

（1）RTD TEXT 即文本记录类型，用来存储 Tag 中的文本信息。RTD TEXT 记录内容格式如表 4-9 所示。

表 4-9　RTD_TEXT 记录内容

偏移 Offset(bytes)	长度 Length(bytes)	内容 Content
0	1	
1	<n>	ISO/IANA 语言码，如 fi,en-US 等
n+1	<m>	实际的文本信息，编码为 UTF-8 或 TF-6

（2）RTD_URL 用来描述从 NFC 兼容的标签中取得一个 URL，或者在两个 NFC 设备之间传输 URL 数据，同时也提供另一种在另一个 NFC 元素里存储 URL 的方法。

RTD_URI 记录内容格式如表 4-10 所示。其中，Identifier code 为 URI 前缀标识符，其值如表 4-11 所示。

表 4-10　RTD_URL 记录内容

名称 Name	偏移 Offset	大小 Size	值 Value	描述 Description
Identifier code	0	1 byte	URL Identifier code	
URL field	1	N	UTF-8 String	rest URL 或整个 URL（如果 Idenfier code=0x00）

表 4-11　NFC RTD_URL 前缀缩略表

十进制数 Decimal	十六进制 Hex	协议 Protocol
0	0x00	不适用无预备及 URL 域包含未删节 URL
1	0x01	http://www.
2	0x02	https://www.
3	0x03	http://
4	0x04	https://
5	0x05	tel:
6	0x06	mailto:
7	0x07	ftp://anonymous:anonymous@
8	0x08	ftp://ftp.
9	0x09	ftps://
10	0x0A	sftp://
11	0x0B	smb://
12	0x0C	nfs://
13	0x0D	ftp://

续表

十进制数 Decimal	十六进制 Hex	协议 Protocol
14	0x0E	dav：//
15	0x0F	nws：
16	0x10	telnet：//
17	0x11	imap：
18	0x12	rtsp：//
19	0x13	urn：
20	0x14	pop：
21	0x15	sip：
22	0x16	sips：
23	0x17	tftp：
24	0x18	btspp：//
25	0x19	btl2cap：//
26	0x1A	btgoep：//
27	0x1B	tcpobex：//
28	0x1C	Irdaobex：//
29	0x1D	file：//
30	0x1E	urn：epc：id：
31	0x1F	urn：epc：tag：
32	0x20	urn：epc：pat：
33	0x21	urn：epc：raw：
34	0x22	urn：epc：
35	0x23	urn：nfc：
36…255	0x24…0xFF	RFU

4.4.5　LLCP 协议

LLCP(Logical Link Control Protocol,逻辑链路控制协议)规范为 NFC 论坛定义的两个 NFC 设备之间的上层信息单元传输提供了过程,这组过程对数据链路服务的用户展现了一个统一的链路抽象。

如图 4-20 所示,LLC 构成了 OSI 的数据链路层的上半部分,下半部分是介质访问控制层(MAC)。MAC 层由 LLCP 规范通过一组映射来支持,每个映射指定了 LLCP 对一个外部定义的 MAC 协议的绑定需求。

如图 4-20 所示,LLCP 可以分为以下几部分:

(1) MAC 映射(Media Access Control Mapping)将一个已存在的 RF 协议集成到 LLCP 结构中,如 ISO 18092 协议。

(2) 链路管理(Link Management)用于负责有连接和无连接的 LLC PDU(Protocol Data Unit,协议数据单元)的交换以及小的 PDU 的聚合和分解,同时还负责对连接状态的监督。

(3) 有连接传输(Connection-oriented Transport)负责所有有连接数据的交换,包括连接的建立和终止。

（4）无连接传输（Connectionless Transport）负责处理未知数据交换。

如图 4-21 所示，LLCP 协议类似 TCP/UDP 协议，其数据传输服务分为三种。

（1）链路服务 1 提供无连接服务。

（2）链路服务 2 提供有连接服务。

（3）链路服务 3 提供无连接服务和有连接服务。

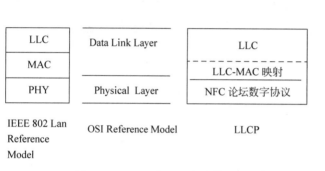

图 4-20　LLCP 和 OSI 参考模型

图 4-21　LLCP 组成

4.5 ZigBee 技术标准

ZigBee 是由可多达 65 000 个无线数传模块组成的一个无线数传网络平台，类比 GSM 网，每一个 ZigBee 网络数传模块类似移动网络的一个基站，在整个网络范围内，它们之间可以进行相互通信；每个网络节点间的距离可以从标准的 75m 扩展到几百米，甚至几千米；另外整个 ZigBee 网络还可以与现有的其他的各种网络连接。

ZigBee 网络主要是为自动化控制数据传输而建立，而移动通信网主要是为语音通信而建立；每个移动基站价值一般都在几十万到一百万元以上，而每个 ZigBee"基站"却不到 1000 元；每个 ZigBee 网络节点不仅本身可以作为监控对象，还可以自动中转别的网络节点传过来的数据；每一个 ZigBee 网络节点（FFD）还可在自己信号覆盖的范围内，和多个不承担网络信息中转任务的孤立的子节点（RFD）无线连接。

每个 ZigBee 网络节点（FFD 和 RFD）可以支持多达 31 个传感器和受控设备，每一个传感器和受控设备可以有 8 种不同的接口方式。可以采集和传输数字量和模拟量。

4.5.1 ZigBee 协议框架

ZigBee 是一组基于 IEEE 批准通过的 802.15.4 无线标准研制开发的组网、安全和应用软件方面的技术标准。与其他无线标准如 802.11 或 802.16 不同，ZigBee 以 250kb/s 的最大传输速率承载有限的数据流量。ZigBee v1.0 版本的网络标准于 2004 年年底推出，如图 4-22 所示。

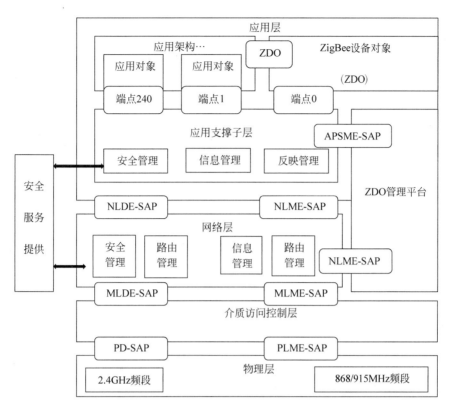

图 4-22 ZigBee 协议框架

在标准规范的制订方面,主要是 IEEE 802.15.4 小组与 ZigBee Alliance 两个组织,两者分别制订硬件与软件标准,两者的角色分工就如同 IEEE 802.11 小组与 WiFi 的关系。在 IEEE 802.15.4 方面,2000 年 12 月 IEEE 成立了 802.15.4 小组,负责制订 MAC 与 PHY(物理层)规范,在 2003 年 5 月通过 802.15.4 标准,2006 年,IEEE 802.15.4 小组发布了 IEEE 802.15.4b 标准,此标准主要是加强 802.15.4 标准,ZigBee 建立在 802.15.4 标准之上,确定了可以在不同制造商之间共享的应用纲要。802.15.4 仅仅定义了实体层和介质访问层,不足以保证不同的设备之间可以对话,于是便有了 ZigBee 联盟。

4.5.2 物理层

物理层(PHY)主要负责电磁波收发设备的管理、频道选择、能量和信号侦听及利用。同时,物理层也规定了可使用的频率范围,802.15.4 协议主要使用了三个频段:868.0～868.6MHz,主要为欧洲采用,单信道;902～928MHz,北美采用,10 个信道,支持扩展到 30;2.4～2.4835GHz,世界范围内通用,16 个信道。后来根据各个地区的不同需求和应用背景,也有一些新的频段加入。协议采取的这三个频段都是国际电信联盟电信标准化组 (ITU Telecommunication Standardization Sector,ITU-T)定义的用于科研和医疗的 ISM 开放频段,被各种无线通信系统广泛使用。在这三个不同频段,都采用相位调制技术,2.4GHz 采用较高阶的 QPSK 调制技术以达到 250kb/s 的速率,并降低工作时间,以减少功率消耗。在 915MHz 和 868MHz,采用 BPSK 的调制技术。相比较 2.4GHz 频段,900MHz 频率更低,绕射能力较好。

802.15.4 因为采用直接序列扩频技术,具备一定的抗干扰能力,同时在其他条件相同的情况下传输距离要大于跳频技术。在发射功率为 0dBm 的情况下,Bluetooth 能有 10m 的作用范围,而基于 IEEE 802.15.4 的 ZigBee 在室内通常能达到 30~50m 的作用距离。如果室外障碍物较少,甚至可以达到 100m 的作用距离。

4.5.3　介质接入控制子层

IEEE 802.15.4/ZigBee 的 MAC 层(数据链路层、介质接入控制层或媒体控制层)的主要功能是为两个 ZigBee 设备的 MAC 层实体之间提供可靠的数据链路,其主要功能包括以下部分:

(1) 通过 CSMA-CA 机制解决信道访问时的冲突。

(2) 发送信标或检测、跟踪信标。

(3) 处理和维护保护时隙(GTS)。

(4) 连接的建立和断开。

(5) 安全机制。

IEEE 802 系列标准把数据链路层分成逻辑链路层控制(Logical Link Control,LLC)和 MAC 两个子层。LLC 子层在 IEEE 802.6 标准中定义为 802 标准系列所共用;而 MAC 子层协议则依赖于各自的物理层。IEEE 802.15.4 的 MAC 子层支持多种 LLC 标准,通过业务相关汇聚子层协议承载 IEEE 802.2 协议中第一种类型的 LLC 标准,同时也允许其他 LLC 标准直接使用 IEEE 802.15.4 MAC 子层的服务。LLC 子层主要功能是进行数据包分段与重组以及确保数据包按顺序传输。

如图 4-23 所示,IEEE 802.15.4 MAC 子层实现包括设备间无线链路的建立、维护与断开,确认模式的帧传送与接收,信道接入与控制,帧校验与快速自动请求重发(ARQ),预留时隙管理以及广播信息管理等。MAC 子层处理所有物理层无线信道接入。主要功能如下:

(1) 网络协调器产生网络信标。

(2) 与信标同步。

(3) 支持个域网链路的建立和断开。

(4) 为设备的安全提供支持。

(5) 信道接入时采用免冲突载波检测多址接入(CSMA-CA)机制。

(6) 处理和维护保护时隙(GTS)机制。

(7) 在两个对等的 MAC 实体之间提供一个可靠的通信链路。

MAC 子层与 LLC 子层的接口中用于管理目的的原语仅有 26 条。相对于 Bluetooth 技术的 131 条和 32 个事件而言,IEEE 802.15.4 MAC 子层的复杂度很低,不需要高速处理器,因此降低了成本。

IEEE 802.15.4 MAC 层定义了两种信道接入方法,分别用于两种 ZigBee 网络拓扑结构中:基于中心控制的星形网络和基于对等操作的网状网络。在星型网络中,中心设备承担网络的形成与维护、时隙的划分、信道接入控制以及专用带宽分配等功能,其余设备则根据中心设备的广播信息来决定如何接入和使用信道,这是一种时隙化的载波监听和冲突避免 CSMA/CA 信道接入算法。在对等的网络中,没有中心设备控制,也没有广播信道和广

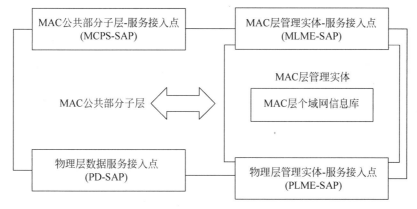

图 4-23 MAC 子层参考模型

播信息,而是使用标准的 CSMA/CA 信道接入算法接入网络。

总线型局域网在 MAC 层的标准是 CSMA/CD,即载波监听多点接入/冲突检测。由于无线产品的适配器不易检测信道是否存在冲突,因此 802.15 定义了一种新的协议,即载波监听多点接入/冲突避免。一方面,载波侦听,即可查看介质是否空闲;另一方面避免冲突,通过随机的时间等待,使信号冲突发生的概率最小,当介质被侦听到空闲时,优先发送。

4.5.4 网络层

ZigBee 堆栈是在 IEEE 802.15.4 标准的基础上建立的,而 IEEE 802.15.4 仅定义了协议的 MAC 和 PHY 层。ZigBee 设备应该包括 IEEE 802.15.4 的 PHY 和 MAC 层、ZigBee 堆栈层、网络层、应用层及安全服务管理。每个 ZigBee 设备都与一个模板有关。模板定义了设备的应用环境、设备类型以及用于设备间通信的串(簇)。设备是以模板定义的,并以应用对象的形式实现。每个应用对象通过一个端点连接到 ZigBee 堆栈的余下部分。从应用角度上看,通信的本质是端点到端点的连接,它们之间的通信叫作串,串就是端点间信息共享所需的全部属性的容器。

所有端点都使用应用支持子层提供的服务,APS 通过网络层(NWK)和安全服务提供层与端点连接,并为数据传送、安全和绑定提供服务。APS 使用 NWK 提供服务。NWK 负责设备到设备的通信,并负责网络中设备初始化所包含的活动、消息路由和网络发现。

网络层(NWK)提供的功能是保证 IEEE 802.15.4/ZigBee 的 MAC 子层的正确操作,并为应用层提供一个合适的服务接口。如图 4-24 所示,这些服务实体是数据服务和管理服务。NWK 层数据实体(NLDE)通过其相关的 SAP、NLDE-SAP,提供了数据传输服务,而 NLME-SAP 提供了管理服务。NLME 使用 NLDE 来获得它的一些管理任务,且它还维护一个管理对象的网络信息库(NIB)。

网络层数据实体通过网络层数据实体服务接入点提供数据传输服务。网络层管理实体通过网络层管理实体服务接入点提供网络管理服务。网络层管理实体利用网络层数据实体完成一些网络的管理工作,并且完成对网络信息库的维护和管理。网络层通过 MCPS-SAP 和 MLME-SAP 接口,为 MAC 层提供接口,通过 NLDE-SAP 与 NLME-SAP 接口为应用层提供接口服务。

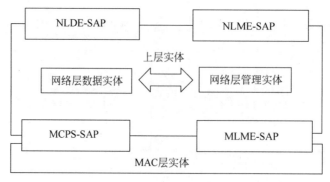

图 4-24　网络层参考模型

网络管理实体提供网络管理服务,允许应用与堆栈相互作用。其所提供的服务如下:

(1)配置一个新的设备。为保证设备正常工作的需要,设备应具有足够的堆栈,以满足配置的需要。配置选项包括对一个 ZigBee 协调器或者连接一个现有网络设备的初始化的操作。

(2)初始化一个网络。使之具有建立一个新网络的能力。

(3)连接和断开网络。具有连接或者断开一个网络的能力,以及为建立一个 ZigBee 协调器或者路由器,具有要求设备同网络断开的能力。

(4)寻址。ZigBee 协调器和路由器具有为新加入网络设备分配地址能力。

(5)邻居设备发现。具有发现、记录和汇报有关一跳邻居设备信息的能力。

(6)路由发现。具有发现和记录有效的传送信息的网络路由的能力。

(7)接收控制。具有控制设备接收状态的能力,即控制接收机什么时间接收、接收时间的长短,以保证 MAC 层的同步或正常接收等。

网络层数据实体为数据提供服务,在两个或多个设备之间传送数据时,应用协议数据单元的格式进行传送,并且这些设备必须在同一个网络中,即在同一个内部个域网中。网络层数据实体可提供如下服务:

(1)生成网络层协议数据单元(NPDU),网络层数据实体通过增加一个适当的协议头,从应用支持层协议数据单元中生成网络层的协议数据单元。

(2)指定拓扑传输路由,网络层数据实体能够发送一个网络层的协议数据单元到一个合适的设备,该设备可能是最终目的通信设备,也可能是在通信链路中的一个中间通信设备。

(3)确保通信的真实性和机密性安全。

4.5.5　应用层

ZigBee 应用层框架包括应用支持子层(APS)、ZigBee 设备对象和制造商所定义的应用对象。应用支持子层的功能包括维持绑定表、在绑定的设备之间传送信息。

ZigBee 设备对象的功能包括:定义设备在网络中的角色,发起和响应请求,在网络设备之间建立安全机制,ZigBee 设备对象还负责发现网络的设备,并且决定向它们提供何种应用服务。

ZigBee 应用除了提供一些必要函数以及为网络层提供合适的服务接口外,一个重要的功能是应用者可在这层定义自己的应用对象。

通常符合下列条件之一的应用,就可以考虑采用 ZigBee 技术:

(1) 设备间距较小。

(2) 设备成本很低,传输的数据量很小。

(3) 设备体积很小,不容许放置较大的充电电池或者电源模块。

(4) 只能使用一次性电池,没有充足的电力支持。

(5) 无法做到频繁更换电池或反复充电。

(6) 需要覆盖的范围较大,网络内需要容纳的设备较多,网络主要用于监测或控制。

习题

1. 简述 EPC Global 标准体系的组成与特点。

2. 简述中国 RFID 标准体系构成。

3. RFID 有哪些实际的应用?

4. Bluetooth 协议栈由哪几部分组成? 并简述每部分的作用。

5. 简述 NFC 标签的种类和作用,以及不同类型的区别。

6. 简述 ZigBee 中 MAC 层的作用。

7. ZigBee 技术可应用于哪些场景?

第5章　物联网＋新技术应用

CHAPTER 5

物联网的兴起是信息技术高速发展的必然,是互联网发展到一定阶段的产物。物联网的核心点是**把物联到网络上**,形成一个庞大、智能的网络,所有的物品都能够远程感知以及远程控制。物联网发展的下一步是继续加强与可穿戴设备、AR/VR、人体增强、人工智能、机器人、无人机、3D打印、区块链等的结合,实现物联网＋。物联网通过各种传感设备感知世界,通过可穿戴设备与人互联,通过 AR/VR 呈现数字内容,通过人工智能辅助分析,协助人类判断,并下达人类指令,通过人体增强、机器人、无人机实施,通过 3D 打印远端实现,通过区块链实现颠覆性架构,兼顾公平性、安全性。信息传输由物联网实现,实施操作由远端 3D打印、机器人、无人机等实现。远端机器人无人机可以由 4D 打印(3D 空间实物＋一维时间完成一个动作来执行命令)实现。可穿戴设备有两个层面,一个是感知人体参数,另外一个是获取人的指令。我们可以看到物联网＋就是替代手机的未来形态,这种未来形态不仅完成人与人之间、人与物之间、物与物之间的信息传递,还完成远程动作、物理世界的创造、改造、实现。

5.1　物联网＋可穿戴设备

孩子出去玩怕丢? 工作忙没时间体检? 未来智能穿戴设备帮助解决。

5.1.1　可穿戴设备简介

可穿戴设备是能穿在身上的设备,可以穿在人、动物以及一切物品上,能感知、传递和处理信息的设备,融合了多媒体、无线通信、微传感、柔性屏幕、GPS 定位系统、虚拟现实、生物识别、人工智能等最前沿的技术,通过与大数据平台、智能云平台、移动互联网的结合,对信息进行随时随地的搜集、处理、反馈和共享。

可穿戴设备涉及生活中的方方面面,娱乐、儿童监护、老人监护、健康监护、智能家居等各个领域,是基于移动互联网高性能、低功耗特点的智能终端设备,借助各种传感器,与人体及物体产生信息交互,搜集数据。

根据主要功能智能穿戴设备产品划分为医疗健康类、体感控制类、信息资讯类和综合功能类等。医疗健康类的设备有体测腕带及智能手环,主要消费人群为大众消费者;体感控制和综合功能类的设备有智能眼镜等,消费人群以年轻人为主;信息咨询类的设备有智能手表,主要消费人群为大众消费者。

根据产品的形态又可以分为头戴式、身着式、手戴式、脚穿式等产品。

随着社会上智能穿戴产品越来越丰富,越来越多样。单一领域的智能穿戴产品将来会与其他智能硬件产品结合,各个公司及企业会根据用户的实际需求来生产更加丰富多彩的产品,从而带来更符合用户需求的智能体验。

智能穿戴设备涉及的技术范围较广,有传感技术、显示技术、芯片技术、无线通信技术、数据计算处理技术、电源续航技术、数据交互技术等。

1. 传感技术

传感技术用来完成生理监控(如心率、血压、血氧、血糖、脉搏、睡眠质量等)、环境感知(如温度、湿度、电压、光强、空气质量、位置和压力等)、语音检测识别、手势辨别、眼球追踪等。应用较多的传感器类型有气敏传感器、光敏传感器、声敏传感器、化学传感器等。

2. 显示技术

在智能穿戴设备中的常见显示技术包括薄膜电晶体液晶显示器、主动式矩阵有机发光二极体、有机发光二极体、发光二极体与电子纸等。下面介绍三种主要的穿戴式显示技术。

(1)微型显示:如硅基液晶,微机电系统/数位光源处理、激光扫描等。

(2)柔性显示:可弯曲的柔性屏幕。

(3)透明面板:透明显示已应用于公共看板与橱窗等,提升穿透率与解析度即可应用于个人穿戴。

3. 芯片技术

智能穿戴设备芯片可以分为三类。

(1)以现有手机处理器为核心的芯片:优点是有效利用自己已有平台加速开发,制作的芯片功能很强大。

(2)基于单片机(MCU)的产品。

(3)专门针对智能穿戴设备的芯片,如 Intel Intel Edison 双核芯片,一部分支持安卓系统,另一部分则支持实时操作系统。

4. 操作系统

智能穿戴设备采用的操作系统主要有三类。

(1)嵌入式实时操作系统(RTOS):具有功耗低、任务单一的特点。

(2)基于 Android 平台进行修改的操作系统。

(3)专有操作系统。

5. 无线通信技术

智能穿戴用户与用户、智能穿戴设备与其他电子设备之间的数据通信以及信息共享比较适合采用低功耗的短距离无线通信技术。采用的无线通信技术主要有 WLAN、Bluetooth 等,其数据的同步采用私有协议。很多手机内置 Bluetooth 功能,可穿戴设备可通过 Bluetooth 与智能手机相连;可穿戴设备中的数据通过 Bluetooth 发送到智能手机,不会消耗太多电量。智能穿戴设备也可以通过 3G、4G、5G 等移动通信技术进行数据传输。

6. 数据计算处理技术

人机交互包括文字显示、数据分析、语音反馈、虚拟影像等都经过内容运算系统分析,增强现实(Augmented Reality,AR)、虚拟现实(Virtual Reality,VR)、AR 结合 VR 的混合现实(Mixed Reality)等各种现实内容计算和大环境感知分析,各种测量分析计算如血压、血氧、心率、脉搏都需要数据计算处理技术。云计算、大数据等相关数据处理技术,可以将智能穿戴设备采集的数据及时、准确地发送到数据库,通过数据库中数据进行有效统计和分析,为用户提供建议。

7. 数据交互技术

智能穿戴设备的价值主要体现在软件和数据服务功能上。智能穿戴设备与云平台的交互方式分为两种:一类是智能穿戴设备具备通信能力,直接与云平台交互;另一类是可穿戴设备不具备通信能力,通过手机与云平台交互。

8. 电源续航技术

各种智能可穿戴都需要解决电源续航时间问题。主要的解决方法有:一是减少芯片、屏幕及终端互联等功耗,从总体性能与功耗之间找到平衡点;二是继续增加电池容量或找到新的储电材料;三是通过无线充电、快速充电、太阳能和生物充电等技术缓解该问题。

5.1.2 可穿戴设备的主要产品

1. 智能头盔

骑行佩戴智能头盔,除了安全还能提供更多数字服务。

Morpher 是世界上第一款折叠式骑行头盔,如图 5-1 所示,折叠之后只有一半大小。它可以快速简单地折叠和展开,折叠后放入背包不占很多空间,骑行的人佩戴 Morpher 头盔会大大降低意外时受到伤害的概率。

Morpher 头盔的制作工艺复杂,涉及 6 种不同的材料和组件。

Coros 的 Linx 智能头盔如图 5-2 所示,可以通过 Bluetooth 与手机上的 APP 相连,从而可以进行语音控制音乐播放、拨打电话、导航等操作。这个头盔的骨传导传感器被安置于两侧的调节带上,可随时进行位置上的调整以便于耳朵更好地接收声音。在车把手上还装有一个无线遥控器,可以手动负责电话接听、调节头盔音量以及进行骑行轨迹追踪。

图 5-1 Morpher 头盔

图 5-2 Linx 智能头盔

还有人发明出了用于抗雾霾的智能头盔,采用"风幕"技术,实现对人脸周边空气的有效净化。

2. 智能眼镜

智能眼镜是拥有独立操作系统,通过人的眨眼、点头、摇头等动作实现导航、好友互动、拍摄照片、视频等功能。通过移动通信网络直接接入互联网,还可直接实现计算机操作。通过 AR 技术来控制家庭中的物体,凭借视觉识别、射频、红外线、Bluetooth、大数据分析、云计算来实现健康监测、安全提醒等功能。

智能眼镜的应用主要集中在如下领域。

1)医学领域应用

将智能眼镜与 AR 结合,可以构建出患者虚拟的 3D 身体模型,高清晰地显示出患者的内脏、皮肤、血管、组织等关键性结构,这样在一些危急的患者的外科手术中可以大大减少手术的失误。病例数据显示在智能眼镜的电子屏幕上,可以正确高效地同步患者病历信息,对症下药病。智能眼镜还可用在医学领域的远程监控手术过程,在遇到疑难杂症的时候能得到实时的帮助和分享。

2)航空领域应用

在航空领域用上智能眼镜后,利用人脸识别技术实现快速登机,佩戴的智能眼镜可以记录个人喜好和生活习惯,可以享受到更贴心的服务。英国维珍航空公司已经开始运用 Google 眼镜来为 VIP 乘客服务。飞行员也可以利用智能眼镜来有效控制在模拟器上训练时的反应,从而提高操作安全系数。

3)工业领域应用

随着汽车功能越来越多,零部件也越来越复杂,修理起来也越来越困难。宝马公司开发了一款专用智能眼镜,可以向维修工显示故障车辆的维修操作,甚至该拧哪个螺丝都会显示出来。只要维修工带着这款智能眼镜,就可以按步骤轻松完成修理,这款智能眼镜甚至不需要他们有任何的修理经验。

4)客服领域应用

配置智能眼镜,可以将现有的物品数据统一同步到智能眼镜的存储系统中,客人就餐时能够看到虚拟的菜单,还能够通过呼叫按键呼叫服务人员,即便没有服务人员在周围,他们也能够通过平板电脑与服务员建立远程视频服务。你只需要向你的眼镜发出命令,就能得到即时反馈。大大优化了客户体验。

下面是几款智能眼镜。

Google 眼镜如图 5-3 所示。它是由 Google 公司于 2012 年 4 月发布的一款"拓展现实"眼镜,它具有和智能手机一样的功能,可以通过声音控制拍照、视频通话和辨明方向,以及上网和处理文字信息等。Google 眼镜主要结构包括在眼镜前方悬置的一台摄像头和一个位于镜框右侧的宽条状的计算机处理器装置。镜片上配备了一个头戴式微型显示屏,它可以将数据投射到用户右眼上方的小屏幕上。显示效果如同 2.4m 外的 25in 高清屏幕。有一条可横置于鼻梁上方的平行鼻托和鼻垫感应器,鼻托可调整,以适应不同脸型。在鼻托里植入了电容,它能够辨识眼镜是否被佩戴。根据环境声音在屏幕上显示距离和方向,在两块目镜上分别显示地图和导航信息技术的产品。Google 眼镜内存 682MB,操作系统是 Android 4.0.4,版本号为 Ice Cream Sandwich,CPU 为德州仪器的 OMAP 4430 处理器。音响系统采用骨导传感器。网络连接支持 Bluetooth 和 WiFi。总存储容量为 16GB。

微软开发的 HoloLens 智能眼镜如图 5-4 所示。这款眼镜在 2015 年 1 月份发布,

HoloLens 属于 MR 的范畴,它能够实现全息影像和真实环境的融合。

图 5-3　Google 眼镜

图 5-4　HoloLens 智能眼镜

它采用头戴式圆环结构,从正面上看,HoloLens 前面是一块塑料材质的弧面有色保护镜,有助于减少强光对成像的干扰,同时保护护目镜后边的光导全息透镜。在参数配置方面,HoloLens 采用的是微软定制的全息处理单元(HPU)和 Intel 32 位处理器,本身拥有 2GB 的内存和 64GB 的闪存,同时还配置有扩展内存。HoloLens 还配有惯性测量单元、环境光传感器和感知摄像头、深度感知摄像头、4 个麦克风和 200 万像素高清摄像头。

Meta 公司专注增强现实眼镜,发布的 Meta 2 代 AR 眼镜如图 5-5 所示,与 HoloLens 性能基本一样。

联想发布的 new glass C100 智能眼镜如图 5-6 所示。这款智能眼镜功能与 Google 眼镜很相像,定位是医疗用途。

图 5-5　Meta 2 AR 眼镜

图 5-6　联想 new glass C100

佩戴这款眼睛的医务人员不仅可以以更灵活视角做手术直播、远程会诊、监测病人体征数据,还可以结合 AR 的医疗应用程序,构建出患者虚拟的 3D 身体模型,清晰观察皮肤、血管、骨骼等关键结构。new glass C100 采用了 OMAP4460 1.2GHz、1GHz RAM、16GHz ROM 的内核配置,配置了 1340mA 的锂电池、800W 像素摄像头、1.5W 的微型扬声器。

3. 智能口罩

随着雾霾问题的出现,越来越多的公司打造出新型的智能口罩。

来自英国伦敦的一家创业公司 Cambridge Mask Co(剑桥口罩)发明了一种新的 Smart Valve(智能呼吸阀)。如图 5-7 所示,剑桥口罩的智能呼吸阀不能排出口罩内湿气,反而利用其内安装的数个传感器对佩戴者的呼吸状况进行记录和追踪,并可以与手机进行连接、传输数据,最后通过 APP 显示出来。而这些数据可以帮助口罩佩戴者详细了解自己的呼吸情况,同时将潜在的呼吸问题暴露出来。此外,当你的口罩需要更换时还会发出提醒。

pure plus 云智能防霾口罩如图 5-8 所示。它是由贴面呼吸层、云智能系统层、高效滤棉层三部分组成的,滤棉层采用记忆海绵和蛋白质皮质材料以及 3D 贴面包裹设计,一体化的绑带设计及亲肤材质,佩戴时方便说话还能保持面部干净。除了基本的防霾功能,这款口罩中云智能系统层还内置了高精度传感器,可以随时地监测空气中的其他有害物质,并将数据传送给所连接的手机上,相当方便。

图 5-7 剑桥口罩(智能呼吸阀)

图 5-8 pure plus 云智能防霾口罩

4. 智能手表

智能手表是一种比智能手机更方便、快捷的个人计算设备。智能手表就是将手表系统智能化,可以连接网络而实现多种功能。

智能手表除了基本的时间功能之外,还兼具提醒、导航、校准、监测、交互等多种功能。显示方式包括指针、数字、图像等。智能手表有 Apple Watch、爱普生 Pulsense 系列智能手表 PS-500、索尼 SmartWatch、Google 智能手表、朗爵智能石英表、百度智能手表等。下面简要介绍几个常用功能,如移动支付、看护孩子、公共交通、身份识别等。

(1)移动支付。如图 5-9 所示,就是 Apple Watch 在实现移动支付,用户只要将自己的银行卡与手表中的移动支付应用绑定,就可以通过 Apple Pay 来进行支付。除了苹果自家的 Apple Pay 支付以外,还支持第三方移动应用支付,如支付宝、微信等。用第三方移动支付可以直接扫描手表上的付款二维码来付款,既方便又快捷。

图 5-9 Apple Watch

(2)看护孩子。智能手表早期的一个重要重要功能就是追踪定位,来帮助父母定位孩子的位置。为了安全,父母希望通过某种方式时时刻刻知道孩子的位置,他们不惜通过付费购买技术的方式来完成这种任务。

智能手表还增加一些其他功能,如增加传感器功能等,这样就能立即知道孩子是否摘掉了手表。

(3)公共交通。智能手表还可实现的一个实用功能就是促进不同种类的公共交通更加方便顺畅。如走到火车站检票窗口时,摇摇手腕上的智能手表就可以通过扫描,进入到火车站里面。

5. 智能手环

智能手环与传统腕带的不同之处在于其功能上,智能手环有计步器、闹钟、睡眠监测、健康管理、防丢定位等各种功能。只需佩戴一个手环,就能检测一些需要的数据。智能手环具有很强的续航能力,一般由显示屏显示数据,通过手机 APP 端来统计观察数据,实时又迅速。智能手环如图 5-10 所示。

图 5-10　智能手环

智能手环的发展方向目前基本分成三类:

(1) 运动类。这是最开始大部分智能手环的发展方向,在传统 3D 计步器的基础上增加了睡眠监测以及同步数据功能,用 APP 来记录这些数据,如国外品牌有 polar、Jawbone、misfit 等。

(2) 通信类。记步、睡眠等是附带功能,主打功能是来电提醒,解锁手机屏幕甚至可以直接通话等,如华为、小米和三星。

(3) 智能家居健康类。这个方向是目前很多厂商在规划布局的,例如如何用手环控制家里电灯,门锁感应到手环时自动打开,根据你的体温提醒你注意生病、上班签到等,代表性的健康智能手环(如图 5-10 所示),可以监测人体生理指征并上传云端实时报警,实现剪断从亚健康到发病的进程。

6. 智能服饰

智能服装是可穿戴设备的下一步发展趋势,根据 Global Market Insights 发布的报告,2024 年智能服装市场规模将超过 40 亿美元,由于各种体育俱乐部的支出增加,智能服装市场预计将大幅增长。

随着病人远距离监测需求的激增,以及医院工作人员的健康防护需求,军事和国防领域的应用,都为智能服装提供了巨大的增长空间。军事和国防应用如监测生命体征、在战斗中通过监测数据获取士兵健康状况等方面的应用。下面简要介绍一些智能服装应用的实例。

在 Google I/O 开发者大会上,Google 先进技术和项目(ATAP)部门展示了交互式服装项目 Project Jacquard。Google 与李维斯合作推出面向城市骑车一族的"联网"智能夹克,如图 5-11 所示。该产品将使穿戴者只需触碰和滑动夹克的袖口就能完成各种控制操作,如图 5-12 所示,如控制音乐、接听电话、获取导航信息等。

Jacquard 标签编制在夹克的袖口位置,也可以取出,通过 USB 充电。该标签连接夹克中的 LED 灯、触觉元件、电池等元件。在设计上很巧妙的一点是,该技术的连接点利用了夹克的纽扣眼,因而看起来不那么突兀。

Ralph Lauren 智能网球衫将心率、呼吸、心理压力传感器和导电的银线一起编织到布料中,然后连接到一个防水且续航能力达到 30 小时的"黑盒子",如图 5-13 所示。手机 APP 可以从黑盒子中读取数据,因为覆盖整个上半身,测量结果相比智能手表,健身腕带等更加精准。

图 5-11　"联网"智能夹克　　　　　　　　　　　图 5-12　智能夹克袖口

7. 智能袜子

致力于糖尿病患者健康监测的创业公司 Siren Care 研发了一款智能袜子,如图 5-14 所示。这种袜子通过温度传感器来检测患者是否出现炎症,进而实时检测糖尿病患者健康状况。Siren 的袜子紧贴皮肤,传感器被编织到袜子中,可以随时检测足部的异常情况,并将信息上传到智能手机上的 APP 上,方便患者随时了解自身足部情况。所有的数据都存储在袜子的内存中并可通过手机 APP 端来查看。当足部出现损伤时,袜子可以检测到高温差,手机端会发出警报,提醒自己足部出现了问题。

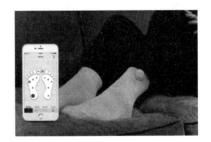

图 5-13　Ralph Lauren 智能网球衫　　　　　　图 5-14　Siren 智能袜子

8. 智能鞋

智能鞋中内置 GPS 芯片、微控制器、天线等设备将让鞋子为人们导航,从而可以解决孩子及老人的迷路问题。

从脚部健康出发,由现代医学也有数据表明脚的健康确实能影响到身体的其他部位,因此智能鞋发展的一个重要方向就是做智能按摩,把脚部健康与智能功能串起来。如 N61 智能按摩鞋,如图 5-15 所示,通过遥控器将足底六个正经进行连接、作用足底多个穴位,疏通经络,使人体气血保持畅通。这样,穿着智能按摩鞋,如同移动足疗店。

针对老年人的实际情况,双驰公司打造了一款老人智能鞋,如图 5-16 所示。在设计上,双驰老人智能鞋的鞋底采用超轻泡沫材料,以低密度素材大大减轻了鞋子的重量,让老人不觉得沉重,同时这款鞋子还具备抗高冲击性和缓冲性,保护老人脚部在着地时,减轻受到地面冲击力的伤害。

图 5-15　N61 智能按摩鞋

图 5-16　双驰老人智能鞋

在功能上,双驰老人智能鞋采用 AGPS/CDMA-one 双模定位技术,同时融合中国移动 LBS 基站定位和 WiFi 定位技术以实现 15m 内准确定位,室内室外任意环境下实时定位。如果老人超过设定天数未进行运动时,双驰老人智能鞋会立即发送预警消息到子女的手机客户端,进行风险预警,这样子女在外地也能及时关心老人身心健康。同时,这款老人智能鞋采用超声波密封技术,支持 IP67 级防水,老人可以下雨天行走,无须担心进水问题。

天创时尚推出的智能女鞋如图 5-17 所示,内置创感智能芯片,具有腿部运动量统计分析、功能性微体感游戏等性能。忙碌的都市女性可利用如休憩时刻等的各种碎片时间,通过智能鞋用双脚来操控微体感游戏,甚至在旁人都不会觉察的情况下进行脚部运动,获得乐趣同时收获健康。这款智能鞋需要通过 Bluetooth 和手机连接,在专属 APP 上完成绑定后进行各项操作。

图 5-17　天创时尚智能女鞋

5.1.3　可穿戴设备与物联网的结合

可穿戴设备为人类带来了全新的生活方式,舒适和具有多功能的多传感器可穿戴设备可以帮助人们全方位地改善生活。真正实现起来,需要将可穿戴设备制造商与对消费者有用的服务结合起来。从远程医学检查到帮助人们进行健康的饮食选择,再到家庭自动化等。这些服务将鼓励人们购买和使用可穿戴设备,推动这个市场走向成熟。

可穿戴设备市场产业链主要包括各种硬件设备、热门行业应用、社交平台、运营服务、大数据、云计算等环节。未来智能穿戴设备产业链上各方将会加强合作,数据共享,共同促进该行业的发展。

通过标准化可以促进产业细化分工以及加强不同领域企业间的互通合作,优化资源配置,提高效率。可穿戴设备多数据融合和共享标准化,便于用户统一管理和拓展生态链。

在物联网生态系统中,通过可穿戴设备可以实现人体参数、人类指令与云端、万物之间的自由链接,是实现人体参数、人类指令信息化以及人体与信息网络间的重要 I/O 接口。

可穿戴设备未来发展方向是作为超系统能部分替代智能手机,实现人体与网络间的I/O 接口,解放双手,实现无所不能的交互,通过语音、手势、姿势、眼球等交互。

5.2 物联网＋人工智能

早上出门上班,在实时交通 APP 中输入目的地会推荐最优行车路线,遇到堵车,车载音乐会响起能舒缓自己焦躁的心情的音乐,甚至采用自动驾驶把你送到办公室,你在路上还可以处理公务。要下班了,自动驾驶自动设置好最优路线,路上还可以处理自己的事情,同时家里的空调、热水器、电饭煲等在你回家之前一切做好准备等。这些都采用了人工智能技术。

5.2.1 人工智能简介

人工智能最早出现在 1956 年,经过多年的发展,现在它已经是研究、开发用于模拟、延伸和扩展人的智能的理论、方法、技术及应用系统的一门学科。人工智能是计算机科学的一个分支,通过剖析智能的实质,生产出能和人类智能相似的方式做出反应的技术,优势是快速处理海量数据,代替人的大量重复劳动,并提升智能层次,这个领域的研究包括语言识别、图像识别、自然语言处理和专家系统等。人工智能从诞生以来,理论和技术都不断成熟,应用领域也不断扩大。人工智能是对人的意识、思维的信息过程的模拟。人工智能不是人的智能,但却能像人那样思考。人工智能对人类未知的自然规律研究不具有优势,但可以协助人类处理海量数据,代替人类承担大量重复劳动。

5.2.2 人工智能相关技术

人工智能技术应用的细分领域有深度学习、计算机视觉、虚拟个人助理、自然语言处理、实时语音翻译、情境感知计算、手势控制、视觉内容自动识别、推荐引擎等。

1. 深度学习

深度学习作为人工智能领域的一个重要应用分支,如 AlphaGo 通过一次又一次的学习、更新算法,先是在 2015 年以 5∶0 完胜欧洲围棋冠军樊麾,又在 2016 年以 4∶1 打败世界围棋冠军李世石。AlphaGo 的胜利让人们惊觉人工智能的力量已经不容忽视。过去十多年,算法、数据和计算三大要素助推了人工智能迅速崛起,互联网中存储了多年的海量数据有了重大应用价值:训练机器。

深度学习的技术原理:

(1) 建立一个网络并随机初始化所有连接的权重。

(2) 将产生的大量数据输出到这个网络中。

（3）网络自动处理这些动作并且进行学习。

（4）如果能查到这个相应的动作，权重将会增强，如果找不到，权重将会降低。

（5）系统通过如上过程后权重得到重新调整。

（6）在经历成千上万次的学习之后，可以超过人类的表现。

2. 计算机视觉

计算机视觉是一门专门用来研究让计算机学习生物视觉技术的学科，是人工智能的一个分支，它让计算机从图像中识别出物体、场景和活动。计算机视觉又可以细分为不同的应用领域，包括医疗成像分析用来提高疾病的预测、预诊断和治疗；人脸识别被应用在一些机密场所、安防及监控身份识别、支付等领域。

计算机视觉的技术原理：计算机视觉技术运用图像处理等技术将图像分解为便于管理的小块任务，如从图像中检测到物体的边缘及纹理。分类技术可用作确定识别到的特征是否能够代表系统已知的一类物体来进行识别。

3. 语音识别

语音识别技术是将语音转化为文字，并对其进行识别认知和处理。语音识别的主要应用有医疗听写、语音书写、电脑系统声控、电话客服等。

语音识别技术原理：

（1）使用移动窗函数对声音进行处理、分帧。

（2）分帧后声音变成数字波形，将波形做声学体征提取，变为状态。

（3）特征提取之后，声音就变成了一个 N 列方阵。最后通过音素组合成单词。

4. 虚拟个人助理

虚拟个人助理产品有 Siri、Windows 10 的 Cortana 等。

虚拟个人助理技术原理（以 Siri 为例）：

（1）使用者对 Siri 说话后，语音即被编码，并转换成一个压缩数字文件，该文件包含了用户语音的所有信息。

（2）语音信号通过移动终端及移动网络发送至用户的互联网服务供应商（ISP），该 ISP 拥有云计算服务器。

（3）该服务器中的模块完成采用技术手段来识别用户的语音内容。虚拟助理软件的工作原理就是"本地语音识别＋云计算服务"。

5. 自然语言处理

自然语言处理（NLP）是计算机科学领域和人工智能领域的一个重要方向，融合了语言学、计算机科学、数学等多门学科集成语言。自然语言处理目的是要实现人机间语言的通信。

语言处理技术原理：

（1）文字编码词法分析。

（2）句法分析。

（3）语义分析。

（4）文本生成。

（5）语音识别。

6. 引擎推荐

大家上网经常遇到这种现象：网站根据你之前浏览过的页面、搜索过的关键字推送给你一些相关的网站内容以及广告内容，这个有时能帮助我们省很大一部分精力。这就是引擎推荐技术的一种表现。

Google 做免费搜索引擎的目的不是直接通过搜索引擎广告排名等赚钱，实际上是为了搜集大量的自然搜索数据，来丰富它的大数据库，为后面的人工智能数据库做准备。

引擎推荐技术原理：引擎推荐是基于用户的行为、属性（用户浏览网站产生的数据），通过算法分析和处理，主动发现用户当前或潜在需求，并主动推送信息给用户的信息网络。

随着人工智能技术的发展，越来越多的领域会用到人工智能技术。诸如医疗、教育、金融等人类生活的各个方面。

5.2.3　人工智能与物联网的结合

随着人工智能底层技术的迅速发展，现在智能机器已经实现"从认识物理世界"到"个性化场景落地"的跨越。

人工智能是可以帮助我们使用数学计算机工具来解决问题的一门学科，可以让自然科学科研人员从大量重复劳动中解放出来，从事更多创新工作。更特别的是，AI 能够帮助人们了解自身智能是如何形成的。

腾讯研究院发布的《中美 AI 创投报告》的中国 AI 行业热度图显示，医疗是目前 AI 应用最火热的行业，其次是汽车行业借助无人驾驶/辅助驾驶等相关技术的发展脱颖而出。第三梯队包含了教育、制造、交通、电商等实体经济。

人工智能与物联网结合将逐渐深入各行各业并引起革命性变革，AI 在科技和烦琐的工程中能够代替人类进行各种技术工作和部分脑力劳动，由此就造成了现在已形成的社会结构的剧烈变化。另外一方面会创造出来新领域的工作机会。因此人工智能会对社会架构做重新调整。

人工智能助力智慧城市进入 2.0 版本。大数据和云计算是建设智慧城市的两大助手。城市的交通、市政、能源、供水等领域每时每刻都产生大量数据，人工智能可以从城市运行与发展产生的大量数据中提取有效信息，为智慧城市的发展、管理、控制提供新的思路。

人工智能为制造业的转型升级提供了动力和方法。制造从自动化走向智能化。传统的机器人只是自动化的机械装置，不能智能适应环境。基于人工智能就容易实现智能机器人、智能工厂、智能供应链等智能制造体系。人工智能让制造业有更高的效率，并带来生产和组织模式的颠覆性变革。

物联网产生海量数据，而这些数据将会是人工智能时代的一座大金矿，通过人工智能的应用，物联网将会让我们的社会更加智能化。

5.3　物联网＋AR

5.3.1　AR 简介

虚拟现实（VR）是利用计算设备模拟产生一个 3D 的虚拟世界，提供用户关于视觉、听觉等感官的模拟，有沉浸感与临场感。呈现给用户的虚拟世界是眼睛看到的东西都是计算机生成的,都是假的。

增强现实(AR)技术是计算机在现实影像上叠加相应的图像处理技术,利用虚拟世界通过成像技术套入现实世界并与之进行互动的一项技术,达到"增强"现实的目的。

VR技术是在计算机中构建一个完全虚拟的世界,并且可以把我们的感官带入这个世界,是沉浸式的体验,主打娱乐、教育效果。AR是利用虚拟世界来加强现实,可以基于现场互动,主打与实际物理世界结合的应用。AR特点如下:

(1) 融合虚拟和现实。与VR技术不同的是,AR技术不把使用者与真实世界隔开,而是把计算机生成的虚拟物体和信息通过成像技术叠加到真实世界的场景中来,以实现对现实场景更直观深入的了解和解读。

(2) 实时交互。通过增强现实系统中的交互接口,人们以自然方式与增强现实环境进行交互。

(3) 3D注册。注册即将计算机产生的虚拟物体与真实环境进行对应,用户在真实3D环境中运动时,也将继续维持正确的对应关系。

5.3.2　AR的呈现形式

AR即在现实中叠加虚拟影像的技术,把虚拟物体通过成像技术放在真实物体之上。AR技术最常见表现方式有以下几种。

1) 3D模型

AR技术最基本的展现形式就是3D模型(静态和动态),如动漫人物、博物馆、古建筑、家具等。

2) 3D视频

3D电影以及各种商业情境中有些视频展示就是AR的一些常见应用。

3) 场景展现

娱乐、立体阅读、游戏等应用都需要场景展现,场景的建设需要内容的支持,这也是AR技术的重要应用。

4) AR游戏

未来开发新游戏如果结合AR技术,游戏不再需要复杂的场景建模,直接在真实的世界里玩游戏,同时在真实的世界里又可以叠加进去许多虚拟的事物,摆脱场地与空间的束缚,让游戏体验更真实、更有吸引力。

5) VR结合

AR与VR技术共同丰富着我们的现实世界,AR技术增强现实世界的内容,VR技术则是将虚拟的空间加入到我们所处的现实中。如果两者相结合,借助VR让AR所反馈出来的增强信息实时地出现,告诉你这是什么,这是谁,避免忘记名字的尴尬,还能让你知道识别对象的详细信息。未来像这样的结合主要体现在导航、社交、野外考察、医疗等方面。

5.3.3　AR与物联网的结合

1. AR技术在物联网领域中的应用

将AR技术融入到物联网中,可以使信息的呈现及交互方式更加的便利、直观,交互界面更加友好。

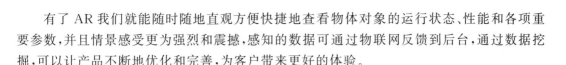

有了 AR 我们就能随时随地直观方便快捷地查看物体对象的运行状态、性能和各项重要参数,并且情景感受更为强烈和震撼,感知的数据可通过物联网反馈到后台,通过数据挖掘,可以让产品不断地优化和完善,为客户带来更好的体验。

1)波音公司将 AR 引入飞机制造和维修

波音公司在造飞机的时候,充分利用 AR 的可视化功能。飞机中有巨量复杂的电子线路及元件,如果不用 AR 技术,工程师需要对照功能手册进行一个个处理,这耗费了工程师大量精力和时间,效率低且严重耽误工期,波音公司自从使用 Google 眼镜后,效率提升了25%,出错率降低了 50%。

2)亮风台公司机械设备的监测和诊断

亮风台 HiAR Glasses AR 智能眼镜,通过无线连接为连接到数据网络提供无处不在的接口,可来传输现场工程师所看到的,从而帮助中央控制室"实时"地了解现场状况,并在最短时间为现场工程师提出最有效的解决方案。

对于现场工程师来说,操作简单,打开 AR 设备,指向问题场景。AR 设备就会自动扫描场景,识别现场设备并对其进行空间建模,再结合物联网应用程序自动收集连接到中央存储库的可用传感器列表,并在 AR 设备中的传感器确切位置上显示设备本身的信息。信息还可以追溯,工程师还可以搜索诊断故障所需的历史数据。

3)机械设备的监测和诊断

AR 设备可以帮助工程师在机械车间内看到设备的各项参数。如中海油公司的 AR 设备巡检方案,在巡检过程中,操作人员可根据 AR 眼镜的指示,规范化完成巡检工作。同时,AR 眼镜将数据可视化后,通过与其他联网设备互联,操作人员将第一时间了解设备运行情况,提高巡检效率。

4)物联网与 AR 结合,将会实现很多很多非现场远程操作功能

针对一些危险、人不在现场或不适合人类现场操作的环境,实现安全的远程操作,如核电站、海底、外星球,通过物联网可实现远程现场操作:通过物联网采集现场数据参数,并传到中央控制中心,中央控制中心结合现场影像和数据并进行 AR 3D 呈现,机器人、工程师可以完成远程交互、监测、操作控制;实现远程 AR,对炸弹拆除,通过物联网、机器人与 AR 结合,可以实现远程拆弹、远程爆破等。在人不在现场的情况下,通过物联网与 AR 技术结合的方式还可以实现远程签字等原来必须现场操作的工作。

5)智慧城市基础设施维护

城市里面大多数的基础设施位于室外并且难以进入该区域,AR 可以为公安机关对城市的监督提供便利,为政府部门对水电暖等市政设施的监控提供便利,从实时数据可视化中定位故障点,轻松地记录基础设施的状态。

6)AR 技术移动应用

AR 技术可以和智能手机兼容,用户随时打开手机照相功能就可以获得关于周围环境的增强内容。

7)AR 改变市场营销行业

移动 AR 设备非常成功,零售业很早就开始使用 AR 技术了,如虚拟试衣、虚拟试家具等,AR 营销让消费者扫描一下品牌 Logo 就可以了解更多公司和产品信息。AR 的新颖性让基于 AR 的营销可以快速推广。

8）AR 企业级市场应用广泛

企业用户将会是巨大的 AR 市场。从 AR 会议、维修、服务到市场营销推广 AR 将带来翻天覆地的影响和变化。在会议、展会展现信息的时候，参会者可以在产品、文件上叠加额外的数字信息。

2. AR 与物联网结合的优势

1）提高操作人员的安全性

AR 也可以用来为操作人员提供安全信息，例如一些 AR 设备的显示热像仪可以显示可视化的热像图，从而为作业者提供触碰危险区域的提示。其应用领域还可以是核辐射、电磁辐射等环境。

2）降低错误率

DAQRI 公司研发了一种让复杂任务变得轻松的 AR 头盔。带上这个 AR 头盔后，一组工人完成组装飞机翼尖的时间能够减少 30％，并且在第一次尝试中就将错误率降低了 94％，在第二次试验中，他们能将错误率降到 0。

5.4 物联网＋区块链

随着物联网、云计算及人工智能的发展，越来越多的数据被记录，我们已经进入了大数据（big data）的时代。在这个时代，数据是可以进行交易和共享的，这是市场发展的必然趋势。通过数据多维度的融合，才能发挥数据的最大价值，目前数据都是孤岛，大多数企业不愿意将自己的数据通过交易中心进行交易，这主要在于利益以及将来可能发生的关于利益分配的纠纷，这样就急需一套安全的、可信度高的又可以开放共享的数据管理方法。区块链（Blockchain）提供了新的思路，将会给社会数据架构带来颠覆性变化。

区块链为物联网交易增加了不可更改性和完整性。区块链和物联网在很多方面看起来就像是专门为彼此设计的。区块链是一种分布式加密数字分类技术，非常适合记录物联网机器之间发生的海量交易的详细信息，尤其是供应链中的数据或物主之间移动的数据，都需要存储在不可更改的记录中。物联网上的大部分交互发生在机器人之间，缺乏人的监督。区块链记录提供安全性，记录的副本在大量分布的物理位置和逻辑位置，没有一方拥有对其进行操作的集中控制能力。

5.4.1 区块链技术简介

区块链是随着比特币等数字加密货币的出现而兴起的一种全新的去中心化的基础架构，是分布式计算模式，目前区块链已经高度引起各级政府部门、金融机构、科技企业和市场的重视与关注。2016 年美、英等发达国家相继将区块链技术上升至国家战略层面，成立了区块链发展联盟。同年，中国国务院印发的《"十三五"国家信息化规划》也首次将区块链列入中国的国家信息化规划，并将其定为战略性前沿技术之一。

区块链最初的应用就是比特币，比特币采用的是区块链 1.0 的技术。比特币是一串使用密码学方法产生的数据块，每一个数据块中包含了过去 5～10 分钟内所有的比特币网络交易的信息，而这用于验证其信息的有效性（防伪）和生成下一区块。

区块链技术最初脱胎于 2008 年出现的比特币技术,是一种去中心化的、无须信任积累的信用建立范式。区块链技术的本质是用数据区块(Block)取代了目前互联网对中心服务器的依赖,这样数据变更或交易都记录在一个云系统之上,理论上实现了数据传输中数据的自我证明,长远来说超越了常规意义上需要依赖中心的信息验证模式,降低了全球"信用"的建立成本。

1. 区块链的特点

区块链具有去中心化、时序数据、集体维护、可编程及安全可信等特点。

1)去中心化

区块链中数据的验证、记账、储存、维护等基本过程均是基于分布式系统结构,采用的是数学计算方法来建立分布式节点间的信任关系,从而形成新型的无中心结构的又可信任的分布式系统。

2)时序数据

区块链是采用带有时间戳的链式区块结构,所谓链式区块即下一个区块的块头连接到上一个区块块身的尾部。

3)集体维护

集体维护是区块链系统采用一定的方式方法来保证分布式系统中的所有节点都能参与数据区块的验证,并通过共识算法将新区块添加到区块链中。

4)可编程

区块链技术的脚本代码系统非常灵活,支持用户创建高级的智能合约、货币或其他去中心化的应用。

5)安全可信

区块链的安全可信分为数据的安全可信和系统的安全可信。区块链技术是采用非对称密码学的原理对数据进行加密,同时借助分布式系统各节点的工作量证明等共识算法形成的强大算力来抵御外部攻击(如黑客),从而保证区块链数据的不可篡改和不可伪造性,因而具有高安全性。

2. 区块链的基础架构

区块链技术的基础架构模型如图 5-18 所示。区块链系统由数据层、网络层、共识层、激励层、合约层和应用层组成。

1)数据层

数据层是区块链架构底层的技术,是基础。主要实现两个功能:一个是相关数据的存储,另一个是账户和交易的实现与安全。数据存储主要是基于 Merkle 树,是通过区块的方式和链式的结构来实现的。

2)网络层

网络层封装了区块链的组网方式、消息传播协议和数据验证机制等主要要素。结合实际的应用需求,通过设计特定的组网方式、传播协议和数据验证的机制,使得区块链系统中每一个节点都能参与区块数据的校验和记账过程,仅当区块数据通过全网大部分节点的验证后,才可以记入区块链。

网络层主要用来实现网络节点的连接和通信,是在没有中心服务器且需要依靠用户群的情况下来交换信息的互联网体系。

图 5-18　区块链的基础架构模型

3）共识层

怎样在分布式系统中高效地达成共识是分布式系统领域的重要研究课题。区块链技术的核心优势之一就是能够在决策权分散的去中心化系统中使得各节点高效地针对区块数据的有效性达成共识。

共识层主要实现全网所有节点对交易和数据达成一致性,防范拜占庭攻击、女巫攻击等共识攻击,其算法称为共识机制,因为其应用场景不同,区块链 2.0 出现了多种富有特色的共识机制。

（1）Proof of Stake(PoS,权益证明)

原理:节点所能获取区块奖励的概率与该节点所持有的代币数量和时间成正比,在得到区块奖励后,该节点的代币持有时间清零,重新计时。但因为代币在初期分配时有很高的人为因素影响,这就导致了后期贫富差距过大。

（2）Delegate Proof of Stake(DPoS,股份授权证明)

原理:所有的节点投票选出若干个委托节点,区块完全由这若干个委托节点按照一定算法生成。

（3）Casper(投注共识)

原理:以太坊的下一代共识机制,每个参与共识的节点都要支付一定的押金,节点获取的奖励和押金成正比,如果有节点不守规矩则押金被扣掉。

（4）Practical Byzantine Fault Tolerance（PBFT，拜占庭容错算法）

原理：PBFT 共识机制是基于异步网络环境下的状态机副本复制协议,本质上它的共识是由数学算法来实现,因此区块的确认不像一般公有链一样在若干区块之后才安全,这样就可以实现出块即确认。

（5）Proof of Elapsed Time（PoET，消逝时间量证明）

原理：该共识机制由 Intel 提出,核心是用 intel 支持 SGX 技术的 CPU 硬件,在受控安全环境（TEE）下随机产生一些延时,同时 CPU 从硬件级别证明延时的可信性,类似于彩票算法,谁的延时低,谁就获取记账权。这样,增加记账权的唯一方法就是增加 CPU 的数量,这样就具备了当初中本聪设想的一个 CPU 一票的可能,同时增加的 CPU 会提升整个系统的资源,变相实现了记账权与提供资源之间的正比例关系。

不同的共识机制有不同的优缺点,适应于不同的应用场景,如表 5-1 所示。

4）激励层

区块链共识过程通过汇聚大规模的共识节点的计算资源来实现共享区块链账本的数据验证和记账工作。主要实现区块链代币的发行,如以太坊,定位以太币为平台运行的燃料,并可以通过挖矿获得,每挖到一个区块固定奖励 5 个以太币,同时运行智能合约和发送交易都需要向矿工支付一定的以太币。

表 5-1　共识算法的优缺点

共 识 算 法	PoS	DPoS	Casper	PBFT	PoET
性能	较高	高	较高	高	高
区中心化程度	完全	完全	完全	半中心化	半中心化
最大允许作恶节点数量	51%	51%	51%	33%	51%
是否需要代币	是	是	是	否	否
应用类型	公有链	公有链	公有链	联盟链	联盟链
能否防范女巫攻击	是	是	是	否	是
技术成熟程度	成熟	成熟	未应用	成熟	未应用
需要专用硬件	否	否	否	否	是

5）合约层

合约将可编程的特性赋予了账本,区块链 2.0 通过虚拟机的方式运行代码实现合约的功能,如以太坊的以太坊虚拟机（EVM）。同时,这一层通过在合约上添加前台界面,与用户进行交互,形成去中心化的应用（DAPP）。

3．区块链技术的原理

在互联网世界和物联网世界中建立一套全球通用的数据库,区块链技术要解决如下问题,才能更好地与物联网结合：

（1）建立一个严谨的数据库,使得该数据库在能够储存海量的信息的同时又能在没有中心化结构的体系下保证数据库的完整性。

（2）记录并储存下这个严谨的数据库,使得即便已经参与数据记录的某些节点崩溃,仍然能够保证整个数据库系统的正常运行与信息不丢失。

（3）使这个严谨且完整储存下来的数据库变得可以信任,使得可以在如今互联网无实名的背景下或者即将到来的万物互联的物联网世界中取得信任并成功规避骗局。

区块链构建了一套比较完整的、连贯的数据库技术来解决上面问题。另外,为确保区块链技术的可进化性与可扩展性,区块链系统的设计者引入了"脚本"的概念来实现数据库的可编程性。以下四大技术构成了区块链的核心技术。

1) 核心技术一:区块+链

为建立一个严谨的数据库,区块链把数据库结构中的数据分成不同的区块,每个区块通过特有的密码链接到上一区块的尾部,前后顺连来完成一套完整的数据,这也是"区块链"这三个字的来源。

区块,在区块链技术中,数据以电子刻录的形式被永久地储存下来,存放这些电子记录的文件称为"区块(block)"。

区块结构,区块会记录区块生成的时间段内所有的交易数据,区块主体就是交易信息的集合。每一种区块链的设计结构可以不同,但大结构上分为块头(header)和块身(body)两部分。块头用于链接并用来保证区块链数据库的完整性,块身则包含了经过验证的、块创建过程中发生的所有价值交换的记录。区块结构有两个特点:第一,每一个区块上记录的交易数据是在上一个区块形成之后,该区块被创建前发生的所有的价值交换,这个特性保证了数据库的完整性。第二,绝大多数情况下,新区块完成后就加入到区块链的最后,自此区块的数据就将记录且再也不能改变或删除。这个特点保证了数据库的严谨性,即不能被篡改。

每一个区块的块头都包含了前一个区块交易信息的所有值,所以这就使得从第一个区块到当前区块连接在一起形成了一条长链。"区块+链"的结构为我们提供了一个完整数据库。从第一个区块开始,到最新产生的区块为止,区块链上存储了系统的全部的历史数据,提供了数据库内每一笔数据的查找功能。区块链上的每一条交易数据,都可以通过"区块链"的结构追本溯源,一笔一笔进行验证。

2) 核心技术二:分布式结构——开源的、去中心化的协议

有了区块+链的数据之后,接下来就需要来考虑记录和储存的问题。在现有中心化的体系中,数据都是集中记录并储存在中央服务器上。但是区块链结构设计精妙的地方就在这里,它并不支持把所有数据记录并储存在中心化的一台或几台服务器上,而是让每一个参与数据交易的节点都记录并储存下所有的数据。

关于怎样使所有的节点都来参与记录的问题,区块链的办法是构建一套协议机制,让全网每一个节点在参与记录的同时也来验证其他节点记录的结果是否正确。只有当全网大部分节点甚至所有节点都同时认为这个记录没有错误时,全网才能认可记录的真实性,记录数据才允许被写入区块中。

关于储存"区块链"这套严谨数据库,区块链的办法是构建一个分布式结构的网络系统。

分布式记账,会计责任的分散化(Distributed accountability)。从硬件的角度讲,区块链是大量的信息记录储存器组成的网络,区块链的设计者希望通过自愿原则来建立一套每个人都可以参与记录的分布式记账体系来记录发生在网络中的所有价值交换活动,从而分散了会计的责任。

分布式传播,区块链中每一笔交易的传播都采用分布式的结构,每一次交换都传播到网络中的每个节点。根据 P2P 网络层协议,消息由单个节点被直接发送给全网其他所有的节点。

分布式存储,区块链技术让数据库中的全部数据均分散存储于所有的计算机的节点中,并进行实时更新。完全去中心化的结构设置使数据能实时记录,并在每一个参与数据存储的网络节点中更新,这极大提高了数据库的安全性。

3)核心技术三:所有权的信任基础——数学

有了严谨的数据库,配套可用协议,在运用于实际时,需要解决这个严谨且完整储存下来的数据库值得信赖的问题,使得可以在互联网无实名背景下以及万物互联的物联网世界中成功规避骗局。

为解决这一问题,区块链的设计者使用了"非对称加密数学"的方法。即在加密和解密的过程中分别使用非对称的两个密码,两个密码分别是:加密时的密码(公钥)在全网是公开可见的,所有人都可以用自己的公钥来加密一段信息;解密时的密码(私钥)只有信息的拥有者才知道,被加密的信息只有拥有相应私钥的人才能够解密。

从信任的角度来看,区块链是用数学的方法来解决信任的问题。在区块链技术中,所有的规则都以算法程序的形式来表述,人们完全不需要了解交易对方的品德,更不需要来求助第三方机构来进行交易,而只需要信任数学算法就可以了。区块链技术的背后,实质上是算法在为人们创造信用,达成共识。

4)核心技术四:可编程的智能合约——脚本

脚本为一种可编程的智能合约。如果区块链技术只是用来做某种特定的交易,那就没有必要进行脚本的嵌入了,系统根据需要满足的条件直接定义完成价值交换活动即可。在一个去中心化的环境下,所有的协议都需要提前取得共识,那脚本的引入就很重要了。有了脚本之后,区块链技术就会使系统有能力处理一些无法预见的交易模式,也保证了这一技术在未来的应用中不会过时,增加了技术的实用性。

一个脚本实质上是众多指令的列表,这些指令记录在每一次的价值交换活动中,价值交换活动的接收者要获得这些价值,或花费掉自己曾收到的留存价值需要满足以下两个条件:一个公钥,以及一个签名,才能使用自己之前收到的价值。脚本的神奇之处在于可编程性:它可以灵活改变花费掉留存价值的条件,如脚本系统可能会同时要求两个私钥或几个私钥或无须任何私钥等,它可以在发送价值时附加一些价值再转移。

5.4.2 区块链的应用场景

由区块链特有的设计技术可见,区块链技术不仅可以应用于数字加密货币领域,同时在经济、金融、物联网、物流、食品追溯、药品追溯等社会系统中也存在广泛的应用。根据区块链技术应用领域,区块链应用类型有数字货币、数据存储、数据鉴证、金融交易、资产管理、选举投票、物联网货品追溯等。

1. 数据存储

区块链的高冗余存储、去中心化、高安全性和隐私保护等特点使其非常适合存储涉及隐私的数据,以避免因中心化机构遭受攻击而造成的大规模数据丢失或泄露。

利用区块链来存储个人健康数据(如电子病历、基因数据等)是极具前景的应用领域,此外利用区块链来存储各类重要电子文件(视频、图片、备忘录等)也有一定应用空间。

2. 数据鉴证

区块链数据自带时间戳、由共识节点共同验证和记录、不可篡改和伪造等特点使得区块链可大范围地应用于数据公证和审计。

例如,区块链可永久地安全存储由政府机构核发的各类许可证、登记表、执照、证明、认证和记录等,并可在任意时间点、任何地方方便地证明某项数据的存在性和一定程度上的真实性。

3. 金融交易

区块链技术非常适合应用在金融市场。区块链可以在去中心化系统中自发地产生信用,能够建立无中心机构信用背景的金融市场,这对第三方支付、资金托管等存在中心机构的商业模式来说是颠覆性的变革。

在互联网金融领域,区块链适合于股权众筹、P2P网络借贷和互联网保险等商业形式。证券和银行业务同样是区块链的重要应用领域,传统证券交易需要经过中央结算机构、银行、证券公司和交易所等中心机构的多重协调,如果利用区块链自动化智能合约和可编程的特点,可以避免烦琐的中心化清算交割过程,从而大大地降低成本和提高效率。

4. 资产管理

在资产管理方面,区块链能够实现有形和无形资产的确权、授权和实时监控。

对于无形资产来说,基于时间戳技术和不可篡改等特点,可以将区块链技术应用于知识产权保护、域名管理等领域。而对有形资产来说,通过结合物联网技术可以为资产设计唯一的标识,这样可以形成数字智能资产,实现基于区块链的分布式资产授权和控制。

5. 选举投票

投票是区块链技术在政治等事务中的应用。基于区块链的分布式共识验证、不可篡改等特点,可以低成本高效地应用在政治选举、企业股东选举等方面。同时,区块链也支持用户个体对特定议题的投票。例如,通过记录用户对特定事件是否进行投票,可以将区块链应用于博彩和市场预测等方面。

6. 物联网货品追溯

区块链与物联网有一个天然的结合契机,在物联网产品追溯方面,可以很好地利用区块链技术进行安全追溯,并且应用空间巨大。

5.4.3　区块链与物联网的结合

随着以比特币为代表的数字加密货币的强势崛起,新兴的区块链技术很快成为学术界和产业界的热点研究课题。区块链技术的去中心化信用、不可篡改和可编程等特点,使其在数字加密货币、金融和社会系统中有广泛的应用前景。区块链的基础理论和技术研究也在不断的发展。区块链由1.0技术如比特币,发展到区块链2.0技术如以太坊,目前的区块链3.0技术CREDITS是最有前景的基础设施和操作系统。物联网可以连接实物,区块链与物联网结合让物加入区块链系统,把万物(蔬菜、食品、书画、瓷器、古董等)加入征信、追溯系统,让交易、收藏进入一个崭新的模型,让收藏进入云端。

5.5　物联网＋机器人

随着科技的进步,智能手机、智能电脑以及各种智能的传感设备、处理设备等发展,整个社会变得越来越智能,也为智能机器人的发展提供了各种技术基础和手段,机器人在人类的生产生活中扮演的角色越来越重要。未来的机器人必定会向着更加专业化、智能化的方向发展。

5.5.1　机器人简介

机器人(Robot)是一种智能自动执行工作的机械装置。它既可以接受人类指挥，又可以运行预先编码的程序，也可以根据人工智能技术制定的原则纲领进行行动。任务是协助甚至取代大量人类的机械性重复性工作，例如生产业、建筑业，或者危险系数大的工作。

Robot 一词最早出现在 1920 年捷克戏剧家卡雷尔·恰佩克的科幻剧本《罗素姆的万能机器人》中，捷克语中，Robota 是"苦力"的意思，而中文翻译则是"机器人"的意思。机器人这个词看上去像人的机器，其实在机器人的世界里，它们可以大若巨人，亦可小如细胞、昆虫及任何生物。

1939 年，在美国纽约的世博会上展出了西屋电气公司制造的机器人 Elektro，它由电缆控制并可以行走，会说 77 个字，会抽烟。

1942 年，美国科幻巨匠阿西莫夫提出"机器人三定律"，即①不允许它眼看人类受害而袖手旁观，更不能危害人类；②机器人必须绝对服从于人类，除非这种服从有害于人类；③机器人可以保护自身不受伤害，除非为了保护人类或者是人类命令它做出牺牲。

1954 年，在达特茅斯会议上，马文·明斯基提出了他对智能机器的看法：智能机器"可以创建周围环境的抽象模型"，这个定义对以后 30 年智能机器人的研究方向都产生了影响。

1956 年，美国人乔治·德沃尔制造出世界上第一台可编程的机器人，并申请了专利。

1959 年，德沃尔与美国发明家约瑟夫·英格伯格联手制造出第一台工业机器人。随后，成立了世界上第一家机器人制造工厂——Unimation 公司。

1962 年，美国 AMF 公司生产出 VERSTRAN，与 Unimation 公司生产的 Unimate 一样成为真正商业化的工业机器人，并出口到了世界各国，掀起了全世界对机器人研究的热潮。

1965 年，约翰·霍普金斯大学应用物理实验室成功研制出可以通过声呐系统、光电管等装置定位并可根据环境校正自己的位置的 Beast 机器人。

20 世纪 60 年代中期开始，美国麻省理工学院、斯坦福大学、英国爱丁堡大学等陆续成立了机器人实验室，开始系统化地研究机器人。

1968 年，美国斯坦福研究所公布他们研发成功的机器人 Shakey。Shakey 是世界第一台智能机器人，由此拉开了第三代机器人研发的序幕。

1969 年，日本早稻田大学加藤一郎实验室研发出第一台以双脚走路的机器人。加藤一郎长期致力于研究仿人机器人，被誉为"仿人机器人之父"。

1973 年，世界上第一次机器人和小型计算机携手合作，就诞生了美国 Cincinnati Milacron 公司的机器人 T3。

1978 年，美国 Unimation 公司推出通用工业机器人 PUMA，这标志着工业机器人技术已经完全成熟。PUMA 至今工作在工厂的第一线。

1984 年，英格伯格再推机器人 Helpmate，这种机器人主要为医助机器人，能在医院里帮助病人送饭、送药、送邮件。

1990 年，中国学者周海中教授在《论机器人》一文中预言：到 21 世纪中叶，纳米机器人将会彻底改变人类的劳动和生活方式。

1998 年,丹麦乐高公司推出机器人 Mind-storms 套件,成功地使机器人制造变得跟搭积木一样,相对简单又能任意拼装,机器人因此开始走入个人世界。

1999 年,日本索尼公司的爱宝(AIBO)犬型机器人一经推出,当即销售一空,从此娱乐机器人成为机器人迈进普通家庭的途径之一。

2000 年,对机器人领域来说关键时间点。能够经过预编程对用户查询给出反馈的聊天机器人 SmarterChild 出现在老牌即时通信 AIM 上,这是 Siri 等语音搜索工具的早期版本。

2011 年后,语音搜索促成了 AI 助理的产生,机器人消费也大幅增长。

5.5.2 机器人技术

1. 机器人基本结构

图 5-19 标识了机器人的结构。它是由输入设备、控制器、输出设备三个部分组成。从这个角度来说,机器人是一种高度集成了各种设备的机器。

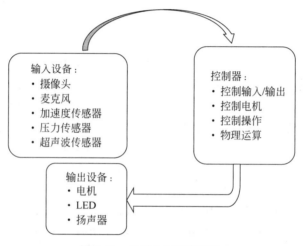

图 5-19 机器人的基本结构

图 5-20 所示是特斯拉机器人组装工厂的一角,是目前最先进的工业机器人。他们能够协同工作,共同来组装完成一辆汽车。它与我们想象中的机器人最大的不同之处在于它会协同工作。

2. 机器人系统架构

机器人的工作模式是 see-think-act,所以自然而然地就形成了"传感—计划—行动"(SPA)结构,如图 5-21 所示。从感知进行映射,经过一个内在的世界模型的构造,再由此模型规划一系列的行动,最终在真实的环境中执行这些规划。与之对应的软件结构称为经典模型,也称为层次模型、功能模型、工程模型或三层模型,这是一种由上至下执行的可预测的软件结构。

SPA 机器人系统最典型的结构是建立三个抽象层,分别称为行驶层(Pilot)(最低层)、导航层(Navigator)(中间层)、规划层(Planner)(最高层)。传感器获取的数据经过下面两层的预处理后达到最高"智能"层作实施决策,实际的行驶(如导航和行驶功能)由下面各层执行,最低层再次成为与小车的接口,将驾驶指令发送给机器人的执行器。

图 5-20 特斯拉组装机器人

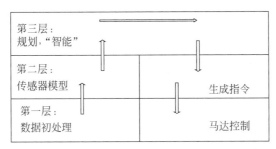

图 5-21 "传感—计划—行动"(SPA)结构

3. 机器人系统

把各种传感器、控制模块、执行构件等多个设备组合在一起,构建一个机器人系统,面临很多复杂的问题,这样机器人专用的中间件就会起到很大作用。研究开发机器人需要高度整合各种各样设备,如果完全从零开始开发,那么在技术上、时间上、金钱上都需要投入巨大的成本。把机器人需要的各类软件要素总结在一起,专门开发用于机器人的中间件,再开发机器人的效率就大为提升,人们就能够实现高速开发、提升可维护性,可以与外部系统更灵活联动。

1) 高效利用网络环境

机器人接收到信息和命令后,组合指令来执行系列任务。这样常需要机器人连网随时获取指令和利用外部资源,特别是存在云端服务器上的资源。

2) 机器人专用中间件

开发者在实际研究开发构建机器人时,面临的最大困难是怎样把多个构成要素组合为一个整体系统。机器人专用中间件可以很好地帮助解决问题,机器人专用中间件有 RT 和 ROS 两种。RT 有开源版本的 OpenHRP3;ROS(Robot Operating System)是一个在欧美地区广泛应用的机器人开发开源平台。

3) 连接到云端的机器人

物联网把设备连接到互联网,当云计算和机器人技术结合后,就成了云机器人。以前生产线上的设备靠 PLC 控制器编程，在小范围进行设备控制。现在由于物联网技术的快速发展，创造了物联网机器人。

4. 机器人相关技术

机器人技术通常可以分为三个部分：感知、认知和行为控制。感知基于视觉、听觉及各种传感器的信息处理；认知部分负责更高级的语义处理，如推理、规划、记忆、学习等；行为控制部分则是专门对机器人的行为进行控制。

5. 机器人新技术

1）"软体的机器人"——柔性机器人技术

柔性机器人技术是指将柔性材料用于机器人的研发、设计和制造上，控制方式采用记忆合金、气体驱动等。因为柔性材料能够可控地改变自身的形状，所以在管道故障检查、医疗诊断、侦查探测领域应用广泛。目前应用比较成功的方向：机器人的抓取，在对软性的、易碎的物品抓取方面，软体机器人要优于传统的刚性机器人；医疗康复，辅助穿戴式柔性设备目前也取得了成功。

2）"机器人可变形"——液态金属控制技术

液体金属即液态金属，主要应用于消费电子领域，这种金属具有熔融后塑形能力强、高硬度、抗腐蚀、高耐磨等特点。

《终结者》中的液态金属机器人 T1000 的身体是由可还原记忆的液态金属构成，T1000 的每一滴液态金属都是它的 CPU，这些 CPU 拥有独立的思维，既可以分散独立工作，也能自我组合，相互协作。

在 2014 年发现电控可变形液态金属后，清华医学院和中科院理化技术研究所合作在 2015 年 3 月研制出完全摆脱外部电力，可以自主运动的液态金属机器。这一成果为研制实用化智能马达、血管机器人、流体泵送系统、柔性执行器乃至更为复杂的液态金属机器人奠定了基础。

3）"生物信号控制的机器人"——生肌电控制技术

生肌电控制技术是指利用人类肌电信号来控制机器臂的技术，这种技术可以增强人机交互的自然性和主动性，主要应用在远程控制、医疗康复等领域。肌电控制技术是一种生物电控制的典型"人—机系统"，目前比较成熟的应用是肌电控制假肢，与其他方式控制的假肢比起来有很多的优越性。

4）"机器人也可以有皮肤"——敏感触觉技术

触觉技术采用基于电学、微粒子触觉技术等原理等新型触觉传感器，目前还在研究开发光子皮肤，使机器人拥有类似人类皮肤的敏感触觉，从而让机器人对物体的外形、质地和硬度更加敏感，最终胜任医疗、勘探等一系列复杂工作。

5）机器人会话：智能语音交互技术

语音交互技术是指将语音识别、深度语义理解等技术深度融合起来，使机器更加智能，让人与机器的交互如同人与人的交互一样。

这样的交互方式让机器人就好像是你的一个朋友，而不是一台机器人，它能让人产生自然的交互体验。

6）"机器人可以有'心理活动'"——情感识别技术

情感识别技术是指通过综合人类面部表情、语音特征以及肢体语言等多状态特征，并通过

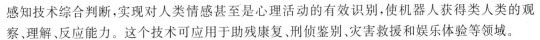

感知技术综合判断,实现对人类情感甚至是心理活动的有效识别,使机器人获得类人类的观察、理解、反应能力。这个技术可应用于助残康复、刑侦鉴别、灾害救援和娱乐体验等领域。

7)"用意念操控机器"——脑机接口技术

脑机接口(Brain Machine Interface)技术通过对神经系统的电活动和特征信号的收集、识别及转化,使人脑发出的指令直接传递给指定的机器终端,这种技术在人与机器人的交流沟通中有重大意义。

脑—机接口是神经工程领域领先发展、重点研发的前沿技术。通过解码大脑活动信号获取思维信息,实现人脑与外界的直接交流。从定义上说,脑机接口就是研究如何用神经信号与外部机械直接交互的技术,脑机接口分为植入式和非植入式两大类,植入式电极比非植入式精确度高,还可以编码更复杂的命令(如 3D 运动)。非植入式更安全,接受程度更高。

8)"机器人为你带路"——自动驾驶技术

通过深度学习、机器学习、人机交互等多种技术的融合发展,已经可以实现汽车、飞机、船舶等交通工具的自动驾驶。应用自动驾驶技术可以解放人类的双手,使人类的生活更加便利。

自动驾驶的最终形态是无人驾驶,也在不断朝着那个方向努力。高级辅助驾驶已经在很多品牌上实现了,正向真正的无人驾驶迈进。

9)"机器人之间可互联"——机器人云服务技术

机器人云服务技术是让机器人本身作为一个执行终端,可以将数据传到云端进行存储与计算,能实现即时响应需求的功能,可以有效实现数据的互通和知识共享,从而为用户提供无限扩展、按需使用的机器人服务方式。

5.5.3 机器人与物联网的结合

随着技术的不断创新以及产业的发展,机器人规模化量产将得以实现,未来机器人入驻每一户家庭将成为现实,并且智能机器人将成为主流。机器人平台也开始悄悄兴起,机器人厂商以智能平台接入第三方应用,开始创建机器人生态圈。

随着各种 APP 应用的开发、进化、成熟,智能机器人开始不断被赋予更多功能,既能够完成简单家政服务、初步的身体监测、康复护理,又可以进行聊天娱乐,还能控制家电、提醒工作安排、叫车付费等,不久的将来科幻作品中的管家机器人将会变为现实。

未来机器人将会接手人类的大部分甚至全部工作,人类的工作就会面临巨大的挑战,但机器人也会带来新的职业机遇。

机器人离我们的生活已经越来越近,给人类带来了越来越多的便利,未来机器人与物联网逐步结合并深度融合,通过物联网获取参数,为人类、机器人决策做出参考,同时协助机器人完成一些指令,最终物联网与机器人深度融合,机器人通过物联网扩展自己的能力,物联网变成机器人远程触角,物联网与机器人深度融合,实现科技更好地服务于人类。

5.6 物联网+无人机

5.6.1 无人机的概念及其发展历程

无人驾驶飞机(Unmanned Aerial Vehicle,UAV),简称"无人机",其起源可以追溯到第一次世界大战,美国、英国和法国都在研制无人驾驶飞机。1917 年,皮特·库柏(Peter

Cooper)和埃尔默·A.斯佩里(Elmer A. Sperry)发明了第一台自动陀螺稳定器,能使飞机保持平衡飞行,用到美国海军教练机上变成首架无线电控制的不载人飞行器。

1935 年,蜂王号(如图 5-22 所示)实现无人机重复使用,标志着无人机真正开始的时代,蜂王最高飞行高度 17 000 英尺[①],最高航速每小时 100 英里[②]。随后无人机被运用于各大战场,执行侦察任务。

1986 年,先锋无人机执行了美国海军"侦察、监视并获取目标"等各种实战任务。先锋号起飞重量 416 磅[③],航速每小时 109 英里。美军将 RQ-7B 幻影用于伊拉克和阿富汗战场,它能定位并识别 125km 之外的目标,幻影 200 广泛使用于中东地区,如图 5-23 所示。

图 5-22　蜂王号无人机

图 5-23　幻影 200 无人机

21 世纪,民用无人机开始大力发展。2006 年,大疆无人机公司成立,先后推出的 phantom 系列无人机,如图 5-24 所示,在全球掀起了无人机民用浪潮。

图 5-24　大疆 phantom 无人机

2009 年,美国加州 3DRobotics 无人机公司成立,主要制造和销售 DIY 类遥控飞行器(UAV)的相关零部件并在 2014 年推出 X8+四轴飞行器。2015 年美国 Qualcomm 公司推出无人机开发平台,作为布局物联网生态圈的重要一环。

无人机是利用无线遥控设备和程序控制装置操纵的不载人飞机。机上安装自动驾驶

---

① 　1 英尺＝0.3048 米。

② 　1 英里＝1.609 34 千米。

③ 　1 磅＝0.453 592 千克。

仪、程序控制装置等设备。地面、舰艇上或母机遥控站人员通过雷达等设备,进行跟踪、定位、遥控、遥测和数字传输,在无线电遥控下像普通飞机一样执行整个飞行过程和飞行任务。起飞,可以用自带动力发射升空,也可由母机带到空中投放飞行。回收时,可用与普通飞机着陆过程一样的方式自动着陆,也可通过遥控用降落伞或拦网回收。与载人飞机相比,无人机具有体积小、造价低、对环境要求低、无须提供人类生存环境等优点,广泛用于空中侦察、监视、通信、航拍、测绘、反潜、电子干扰等。

无人机系统(unmanned aerial vehicle system)是无人机及与其配套的通信站、起飞发射回收装置以及无人机的运输、储存和检测装置等的统称。通信站既可建在固定地面,也可以设在车、船或其他平台上,通过通信站可以获得无人机所侦察到的信息、向无人机发布控制指令完成任务。无人机的起飞(发射)方式有地面滑跑起飞、沿导轨发射、空中投放、容器式发射(靠容器内的液压或气压动力发射)等。无人机的回收方式包括自动着陆、降落伞回收、在空中由无人机回收和拦截网回收等。不同类型和不同使用环境下的无人机,可选择不同的系统构成,小型无人机通常采用弹射或火箭发射;而大型无人机则采用起落架或发射车进行发射。

无人机系统主要包括飞机机体、飞控系统、动力系统、数据链系统、发射回收系统、电源系统等。飞控系统即飞行管理与控制系统,是无人机系统的核心部分,对无人机的稳定性、精确度、飞行性能非常重要;数据链系统可以保证对遥控指令的准确传输、接收发送信息的实时可靠,以保证信息的及时有效性;发射回收系统保证无人机顺利升空以达到安全的高度和速度飞行,以及安全回落到地面。

21世纪初期无人机的应用由军事领域迅速扩展至全球的各个行业,包括通信中继、建筑安全检查、地质勘探、灾难信息收集及救援、森林防火、执法和边境管制监督、风暴追踪、飓风与龙卷风监测预报、电力巡线、影视新闻拍摄、遥感测绘、地理制图、快递运输、农业作物监测、玩具、自拍跟拍、风景观赏、旅游助手等。

Amazon Services LLC下属广告项目网站airdronecraze把无人机技术总结为七代,第一代:各种形式的基本遥控飞机;第二代:静态设计,固定摄像头安装,录像和静态照片,手动驾驶控制;第三代:静态设计,双轴万向节,高清视频,基本安全模式,辅助驾驶;第四代:革命性设计,三轴万向节,1080p高清视频或更高价值的仪器,改进的安全模式,自动驾驶模式;第五代:革命性设计,360°万向节,4k视频(分辨率为3840×2160,横向有4千个像素点)或更高价值的仪器,智能驾驶模式;第六代:商业适用性,符合安全与监管标准的设计,平台和有效载荷适应性,自动安全模式,智能驾驶模型和完全自主性,空域意识;第七代:为下一代无人机,完整的商业性,完全符合安全和监管标准的设计,平台和有效载荷互换性,自动安全模式,增强智能驾驶模式和完全自主性,全空域意识,自动起飞、着陆以及执行任务。3DRobotics宣布推出首款集全部功能的智能无人机Solo,内置有安全保护机制、合规技术、智能传感器以及自我监测设备,是无人机技术的下一个重大革命,将为运输、军事、物流以及商业部门带来新的机遇。

5.6.2　无人机系统分类

无人机是一种有动力、可控制、能携带多种任务设备、执行多种任务并能重复使用的无人驾驶航空器。随着科技的进步,无人机的基本型号也在迅速扩展。

按无人机的规模和起飞重量可分为大型无人机、中型无人机和小型无人机。起飞重量大于 500kg 的称为大型无人机；起飞重量小于 200kg 的称为小型无人机；介于 200～500kg 之间的称为中型无人机。

按用途，无人机可分为军用无人机和民用无人机。民用无人机主要包括民用通信中继无人机、航拍无人机、气象探测无人机、灾害监测无人机、农药喷洒无人机、地质勘测无人机、地图测绘无人机、空中交通管制无人机、边境控制无人机等。军用无人机又有杀伤力和非杀伤力两类，杀伤力无人机主要有软杀伤力和硬杀伤力两类无人机。非杀伤力无人机主要用于训练靶机、战场的侦查与监视、扫雷、探测、通信中继等。软杀伤力无人机有雷达诱饵、电子干扰等。硬杀伤力无人机有炮火的校射、目标指示、反装甲、反辐射等。

按飞行高度可分为低空无人机、中空无人机、高空无人机、临近空间无人机。

按飞行速度可分为低速无人机、高速无人机；按机动性可分为低机动无人机、高机动无人机。

按能源与动力类型可分为螺旋桨式无人机、喷气式无人机、电动无人机、太阳能无人机、燃料电池无人机。

按活动半径可分为近程无人机、短程无人机、中程无人机、远程无人机。

按起降方式可分为滑跑起降无人机、火箭助推/伞降回收无人机、空投无人机、炮射无人机、潜射无人机等。

按飞行原理和结构可分为固定翼无人机和旋翼无人机两大类。

按功能用途可分为靶标无人机、诱饵无人机、侦察无人机、炮兵校射无人机、电子对抗无人机、电子侦听无人机、心理战无人机、通信中继无人机、测绘无人机、攻击无人机、察打一体无人机、预警无人机等。

1. 微型无人机

微型无人机（Micro Unmanned Air Vehicle，MUAV）是由美国科学家布鲁诺·W. 奥根斯坦在 1992 年美国国防高级研究计划局（DARPA）主持的一次未来军事会议上提出的。中国《民用无人驾驶航空器系统驾驶员管理暂行规定》对微型无人机的定义：空机质量小于 7kg 的无人机统称微型无人机。它具有体积小、重量轻、隐蔽性好等优势，在军用、民用方面发挥着重要作用。在军事上被广泛用于侦察、监视等领域，帮助士兵侦察近距离、小范围和复杂环境下的敌情；在民用上有昼夜巡视、航空摄影、公共安全、医疗救援、低空物流、安防监控、森林防火、地质勘探、影视航拍、空中测绘、极地科考等应用。

1）微型无人机的特点

（1）具有灵活飞行能力：微型无人机体积小、重量轻，携带方便，可垂直起降、人力抛投或借助简易装置弹射起飞，飞行高度可达上千米，并能够装载 10kg 以内的物品。

（2）智能化程度高：随着科学技术的发展，无人机系统趋于智能化和自动化，并配备卫星定位系统、高清照相机、摄像机、自航仪、电子地图等软硬件，可实现遥控飞行、半自主飞行和按预编航线自动飞行等。通过无线通信系统，能够实时将空中影像传回地面端，具备双向通信能力。

（3）易于操作：微型无人机运行、维护操作简便。

（4）可执行高危任务：微型无人机可以飞行到人类难以达到、危险的区域，或是在不良气候条件下执行各类紧急任务。

（5）可获取高清影像：微型无人机可承载高精度成像、瞬时成像设备，容易获取空中角度拍摄的高分辨率图像。

（6）造价相对低廉：一台微型或轻型无人机售价从几百元到数万元，造价低廉。

2）微型无人机的关键技术

微型无人机的常用任务是实现图像信息的获取与无线传输，微型无人机图像无线传输系统受微型无人机本身特点的限制，涉及一些关键技术。

（1）图像压缩编码算法：微型无人机图像无线传输系统很多采用模拟方式，这种方式易受复杂环境干扰，其有效传输距离有限且传输速率低。数字传输更适合于远距离图像传输，且抗干扰能力强，图像传输质量不易受环境干扰、加密方便、易于直接通信。采用数字传输图像数据量大，需要占用带宽宽，而传输速率低，为实现图像、视频的实时传输，需要高压缩率压缩编码算法、AI技术辅助、低功耗、高运算速度的集成芯片来满足图像、视频的实时传输。

（2）纠错编码技术：复杂战场环境存在强电磁干扰，图像传输易错、时变，需采用低误码率、低传输时延的信道编码对图像信息流进行差错控制和纠错编码。

（3）目标图像稳像技术：由于微型无人机飞行状态多变，拍摄的图像信号质量极不稳定，需要稳定拍摄目标图像技术。

（4）图像实时传输：图像数据传输能力的提升包括降低传输系统的能耗、重量、尺寸及提高图像实时传输的距离。通过采用高增益天线、高效图像压缩算法等方法提升图像数据传输能力。

2. 小型无人机

小型无人机尺寸较小、应用灵活，在军用方面可作为空中侦察平台和武器平台执行侦察监视、对地攻击、电子干扰、通信中继、目标定位等任务。在民用方面可用于航空摄影、气象探测、遥感、勘探测绘、环境研究、核辐射探测、通信中继、水灾监视、山体滑坡监测、泥石流监测、森林火灾防救、电力线路检查、大型牧场和城区监视等方面。

小型无人机系统主要由飞控系统、动力系统、无线图像接收单元、无线传输系统、云台控制系统、高清地面监视器、地面站导航控制系统、电源系统等多个部分构成。地面人员通过地面控制系统操控小型无人机，或通过机载导航控制系统设计飞行路线并采集现场数据，通过机载无线传输系统回传到地面接收机，地面接收机通过信号解码，获取收集到的各种信息。

小型无人机具有工作性能稳定可靠、易携带、快速工作等优点，有以下优势。

（1）机动灵活，成本低：小型无人机执行任务所耗费资源少，飞行费用低，使用风险低，造价低廉，易于推广普及，体积小，机动灵活，便于运输携带，可快速到达现场开展工作，隐蔽性好，可超视距自动驾驶，任务功能多样化，可根据不同任务需求快速搭载所需的设备开展空中作业。

（2）性能稳定，技术日趋成熟：随着各种复合材料技术的成熟并应用到无人机中，无人机的机体结构强度更好，重量更轻。无人机所用的电子操控设备(包括舵机、接收机、飞控主板等航电装置)性能越来越稳定、安全、可靠。锂电池及新电源技术的发展可为使用电机作为推动力的小型无人机提供更长的续航时间，满足应用需求。

（3）操控技术智能化：随着无人机技术的日趋成熟，地面站控制系统更加智能化、简单化，更容易操作控制。

　　小型无人机的应用非常广泛,对于地震、山体滑坡、泥石流等地质灾害,利用小型无人机可实现快速部署,采集灾区高清视频和高精度图片,实时监控灾害地区,帮助指挥员了解灾情,引导搜救力量及时解救被困人员,为抢险救灾争取宝贵时间。

　　搭载红外热成像视频采集设备的无人机,对热源有敏感反应,通过采集到热成像图片,能快速分析地面的小微火点或热源,把火灾损失降到最低,可用于林区安全巡查。

　　在海事领域,相比较传统的海面船只,无人机具有独特的优势,遇到海难,搭载实时高清视频采集传输设备的无人机,以海难出事地点为中心,根据气象及水文情况,通过地面导航设置扫描飞行路线,能及时发现漂浮的生还者,引导海面船只前往营救。此外,针对重点航道、重点水域,海事部门可以用无人机来监测过往船只的排污情况,对非法排污的船只及时发现并进行取证。

3. 中型无人机

　　中型无人机起飞重量介于200～500kg之间。相同规格参数的固定翼无人机巡航速度和升限比旋翼无人机高,适合长时间、远距离的飞行任务,如高空侦查、勘探等任务。旋翼无人机由于可以悬停和低速飞行,因此近距离、低速运动或者长时间保持同一视角的观测任务需要使用旋翼无人机完成。旋翼无人机可以垂直起降,使用的灵活性较高。

　　常见中型旋翼无人机飞行时间达到6h,控制距离达到150km,可用于输电线路巡视工作。中型旋翼无人机荷载达200kg,可搭载多种传感器进行多维度的观测。旋翼无人机可以悬停和低速飞行,能够完成精细化巡视和快速巡视工作。

4. 大型无人机

　　21世纪以来,大型无人机得到快速的发展。美国的全球鹰,如图5-25所示,机身长13.4m,翼展35.5m,最大起飞重量11 610kg,载油量为6577kg,可有效承受负载为900kg。机身上配置有涡扇发动机,最大飞行速度和巡航速度可达740km/h,续航距离可达26 000km,可持续飞行时间为42h。负载侦察防御设备齐全,包括合成孔径雷达、红外线探测器、摄像设备、电子对抗以及通信设备等。

　　欧洲Barrakuda机身长9.5m,机重为3000kg。Barrakuda采用欧洲研制的"伽利略"卫星导航系统,可以与惯性导航和红外结合形成复合导航;Barrakuda可以在高空中进行长距离侦察,并配备了舱内携弹和发射系统,拥有着较为出色的侦查能力。

　　中国翼龙无人机(如图5-26所示)是一架中低空军民两用无人机;可携带多种侦察设备和激光照射且测距设备以及电子对抗设备实施监视和侦查任务,也可以携带小型空对地打击的武器实施对地攻击任务。

图 5-25　美国全球鹰无人机

图 5-26　中国翼龙无人机

5.6.3　无人机结构与飞行原理

1. 无人直升机结构与飞行原理

无人直升机系统由旋翼、尾桨、机体、控制与导航系统、动力装置、无线通信系统、任务载荷设备等组成。控制与导航系统包括地面控制站、机载姿态传感器、飞控系统、定位与导航设备、飞行监控及显示系统等，是无人直升机系统的关键部分。无线通信系统包括无线电传输与通信设备等，由机载数据终端、地面数据终端、天线、天线控制设备等组成。任务载荷设备包括光电、红外和雷达侦察设备、电子对抗设备、通信中继设备等。

无人直升机的飞行原理与直升机的相似，不同点在于飞行控制方面。无人直升机的升力和推力均通过螺旋桨（主旋翼）的旋转获得，其动力和操作系统与各类固定机翼飞机不同，固定翼飞机原理从根本上说是对各部位机翼的状态进行调节，在机身周围制造气压差而完成各类飞行动作的，并且发动机只能提供向前的推力。直升机的主副螺旋桨（主旋翼和尾旋翼）可在水平和垂直方向上对机身提供动力，不需要普通飞机那样的巨大机翼。无人直升机与普通直升机不同，不需要飞行员控制。

2. 多旋翼无人机结构与飞行原理

常见的四旋翼无人机的四个旋翼对称分布在机体的前后、左右四个方向，四个旋翼处于同一高度平面，且四个旋翼的结构和半径都相同，四个电机对称地安装在飞行器的支架端，支架中间空间安放飞行控制器和外部设备。

四旋翼飞行器通过调节四个电机转速来改变旋翼转速，旋翼高速旋转产生向下的气流，无人机获得向上的升力，飞机起飞。四旋翼飞行器是一种六自由度的垂直升降机，四个输入力实现六个状态输出，通过控制它的电机和电机之间的功率和方向，实现垂直运动、俯仰运动、滚转运动、偏航运动、前后运动、倾向运动。

多旋翼无人机的动力系统主要包括电池、电机、螺旋桨和电调。电池为无人机提供能量；多旋翼无人机大多采用无刷电机是因为无刷电机效率高、寿命长、成本低；螺旋桨通过高速旋转为无人机提供最直接的动力；电调是飞控连接电机的重要组成部分，主要负责电机的转速的控制与电机电能的供给。

多旋翼无人机有悬停、升降、进退、横滚、偏航五种飞行姿态。在理想飞行环境下，处于悬停状态下的无人机螺旋桨不产生水平方向的力，起飞重量决定了无人机从起飞到降落所需消耗的能量；四旋翼产生的推力永远垂直于四个旋翼所在的平面，四旋翼无人机处于悬停状态时，推力垂直于水平面向下；螺旋桨在旋转过程中会受到旋翼所在平面内、方向与螺旋桨旋转方向相反的来自空气的阻力，处于悬停状态的四旋翼无人机，受到的扭力是相互抵消的，通过控制螺旋桨的转速，改变扭力大小，从而可实现横滚、偏航等飞行姿态。

3. 固定翼无人机结构与飞行原理

固定翼无人机主要由机身及机翼、起落架、发动机、螺旋桨、油箱或电池、机上飞行控制系统、通信天线（地面运用）、机载 GPS、地面控制导航及监控系统、人工控制飞行遥控器、数码相机、地面供电设备、降落伞、弹射式起飞轨道等组成。

固定翼无人机与多旋翼无人机不同，它通过动力系统和机翼产生升力，实现起飞，依靠副翼和尾翼实现控制俯仰和滚转。

固定翼无人机的动力系统分为电动和油动两种。电动固定翼无人机的动力系统与多旋翼无人机的动力系统相似。油动动力系统主要由发动机、点火器、油箱、油管和螺旋桨组成。发动机的性能与飞行环境的温度、湿度、海拔等因素息息相关,为使发动机获得稳定的动力性能,平衡主油针与副油针尤为重要。

固定翼无人机的控制与导航系统与多旋翼无人机相似,固定翼无人机需要空速管确定飞机当前航速,以及通过调整舵面和发动机的转速来改变飞行姿态,多旋翼无人机是通过改变电机转速来控制飞机飞行姿态的。

固定翼无人机的起飞方式分为三种,分别为滑跑、弹射、手抛。在进入正常飞行阶段之前都必须具备一定的初速度,在具备初速度的情况下,空气会以一定的速度流过飞机,空气在流经机翼时,上下表面会产生不同的流速,从而形成压力差(即向上的升力)实现留空飞行。

固定翼无人机的起降需要比较空旷的场地,比较适合林业及草场监测、矿山资源监测、海洋环境监测、城乡结合部和土地利用监测以及水利、电力等领域的应用。

5.6.4 无人机相关技术

无人机相关技术主要有无人机动力技术和无人机电子技术。

1. 无人机动力技术

飞控是无人机的大脑,动力装置是无人机的心脏。动力是无人机的关键技术之一,直接影响到无人机的性能、成本和可靠性。无人机动力装置包括无人机的发动机以及保证发动机正常工作所必需的系统和附件。无人机动力装置系统分为燃油类发动机系统和电力动力系统两类,大多数民用无人机采用电力动力技术,电力动力系统优点是体积小、重量轻、使用灵活、易于维护。

无人机使用的燃油类发动机,主要有活塞式发动机、涡喷发动机、涡扇发动机、涡轴发动机。大型、小型、轻型无人机广泛采用活塞发动机系统。活塞式发动机是无人机主要使用的燃油类发动机,又称复式发动机,由汽缸、活塞、连杆、曲轴、气门机构、螺旋桨减速器,机闸等组成。该发动机通过燃料在汽缸内燃烧,将热能转变为机械能。活塞式发动机系统一般由发动机本体、进气系统、镇压器、点火系统、燃油系统、启动系统、润滑系统以及排气系统构成。

小、微无人机中普遍使用的是电动机动力系统。电动机动力系统主要由动力电机、动力电源、调速系统、螺旋桨四部分组成。

(1) 无人机使用的动力电机主要分为有刷电机和无刷电机,无人机大多采用无刷电机,无刷电机无摩擦,外壳旋转,线圈不动,效率高,寿命长,成本低,耐用。无人机动力电机的技术指标最常用的是转速和功率。电机转速常采用 kV 进行标识,kV 值定义为转速/V,表示输入电压增加 1V,无刷电机空转转速增加的转速值。如电机标识 kV1600,当使用 15V 的电池时,空转转速可以达到 $1600 \times 15 = 24\,000$,也就是每分钟 24 000 转。kV 值越大转速越高扭力越小,kV 值越小转速越低扭力越大。转矩(力矩、扭矩)是指电机中转子产生的可以用来带动机械负载的驱动力矩,在同等的功率下,转矩和转速基本成反比。

大疆的动力系统采用的是无刷电机,最佳工作点的效率能达到 70%,属于高转速低扭矩类型,如果实际要求低转速高扭矩,减速箱会导致效率很快下降。电机内离心式风冷系统,内置高效散热阵列。

极飞的无人机电机主要是非密封盘式电机,盘式电机又叫碟式电机,体积小、重量轻、效率高,一般电机的转子和定子是里外套着装的,盘式电机为了薄,定子在平的基板上,转子是盖在定子上的,一般定子是线圈,转子是永磁体或粘有永磁体的圆盘。常规永磁电机齿根部容易饱和、齿槽转矩严重,电机的定位力矩比较大,启动困难,传统的电机定子把转子包在里面了,散热性差,盘式电机比较好地克服这些弱点。

瑞道采用纳米高分子复合材料取代传统电机铁芯的永磁无刷同步盘式电机,如图 5-27 所示。由于无铁芯,彻底消除了由于铁芯形成涡流而造成的电能损耗、磁滞损耗,同时其重量和转动惯量大幅降低,从而减少了转子自身的机械能损耗,效率高达 98%,体积小、功率密度高,采用碟片叠加结构可以成倍增加功率和扭矩,不但具有突出的节能特点,更为重要的是具备了铁芯电动机所无法达到的控制、容错、回馈储能特性。除了在无人机中特别是载重无人机应用,这种电机还可以广泛应用于电动汽车、机器人、舰船潜艇、飞机航天、高铁地铁、发电、医疗、家电中。

无人机载重,一般无人机普通的电机情况下,多旋翼的四旋翼载重最多达到 3kg,工业级无人机,一般是 5～50kg 的荷重。大壮多旋翼无人机,可载 60kg。顺丰大型无人机,航程 3000km、载重 1200kg,并实现了无人化自主控制。目前小型无人机集中在航拍这个领域,所以该类无人机载重能力较小。大型的无人机可以应用于物流、医疗救援(如图 5-28 所示)等领域。载重无人机对电机要求也很高,除了电机效率,还要较大的转矩,如采用盘式电机叠加结构可以容易达到转矩需求。

图 5-27　瑞道电动机和发电机

图 5-28　载人物流无人机

(2) 动力电源主要为动力电机的运转提供电能。常用电池包括镍氢电池、镍铬电池、锂聚合物、锂离子动力电池。前两种电池因能量密度低基本上被锂聚合物动力电池取代。动力电池不同于普通意义上的电池,需要具有能量密度大、质量轻等特点。对于电池最为关键的性能参数就是电压值、储能容量以及放电能力,特别是极端环境下如超低温、超高温(如瑞道的电池技术能做到 $-55℃～+90℃$ 温度范围使用)的正常放电能力。

由于无人机需要克服自身的重力做功,因此,对于电池的重量要求较高,而增大电池容量又会导致重量增加。对小微无人机,同样容量下重量较轻的聚合物锂离子电池较好地满足需要,当从悬停状态迅速提高油门到最高速度,电池功率会迅速提高,短时间内几倍的功率提高,聚合物锂离子电池也能够满足这样的功率变化。对于载重无人机就需要大功率电池,如磷酸铁锂电池可以更好地为大载重提供电能。

(3) 动力电机的调速系统即电子调速器(电调),简称 ESC。根据飞行控制器发出的 PWM 信号控制动力电机的转速。动力电源、电调、动力电机按如下方式连接:动力电源连接电调的电源输入线；飞行控制器的控制信号线与电调的信号线连接；电调的动力输出线与动力电机进行连接。电调一般配有电源输出线（BWC），一般都会在信号线上，用来给飞行控制器、遥控接收机或者舵机供电。

（4）螺旋桨是直接产生推力的部件，同样追求最高效率。匹配的电机、电调和螺旋桨搭配，可以在相同的推力下耗用更少的电量，这样就能延长无人机的续航时间。通常螺旋桨是有正反两种方向，因为电机驱动螺旋桨转动时，本身会产生一个反扭力，会导致机架反向旋转。通过一个电机正向旋转、一个电机反向旋转，可以互相抵消这种反扭力，相对应的螺旋桨的方向也就相反了。

2. 无人机电子设备

飞控系统是无人机的核心控制装置，相当于无人机的大脑，是否装有飞控系统也是无人机区别于普通航空模型的重要标志。导航控制方式已经实现自主飞行和智能飞行，这对飞行控制计算机的精度提出了更高的要求；随着小型无人机执行任务复杂程度的增加，对飞控计算机运算速度的要求也更高；小型化对飞控计算机的功耗和体积也提出了高要求。

飞控系统实时采集各传感器测量的飞行状态数据、接收由地面测控站上行信道送来的控制命令及数据，经计算处理，输出控制指令给执行机构，实现对无人机中各种飞行模态的控制和对任务设备的管理与控制；同时将无人机的状态数据及发动机、机载电源系统、任务设备的工作状态参数通过机载无线电通信设备经无线电下行信道发送回地面测控站。

按照功能划分，飞控系统的硬件包括主控制模块、信号调制及接口模块、数据采集模块以及舵机驱动模块等。主控制模块是飞控系统核心，它与信号调制模块、接口模块和舵机驱动模块相组合，只需要修改软件就可以满足一系列小型无人机的飞行控制和飞行管理功能要求。

无人机的导航系统负责向无人机提供参考坐标系的位置、速度、飞行姿态等矢量信息，引导无人机按照指定航线飞行，无人机载导航系统主要分非自主（如北斗、GPS）和自主（惯性制导）两种，存在的问题分别是非自主易受干扰，自主误差积累效应，未来无人机需要障碍回避、物资或武器投放都需要高精度、高可靠性、高抗干扰性能，导航技术未来发展的方向是多种导航结合，如"惯性＋多传感器＋GPS＋光电导航系统"。

舵机是位置（角度）伺服的驱动器，适用于需要角度不断变化并可以保持的控制系统。在航模、车模、潜艇模型、遥控机器人中使用普遍。工作原理是：控制信号由接收机进入调制芯片，获取直流偏置电压。内部有一个基准电路产生基准信号，将获得的直流偏置电压与电位器的电压比较，获得电压差输出。电压差输出到电机驱动芯片，电压差的正负决定电机的正反转。当电机转速一定时，通过级联减速齿轮带动电位器旋转，使得电压差为0，电机停止转动。无人机的角度偏移是由舵机控制。

无人机的传感器有加速度传感器、倾角传感器、电流传感器、磁传感器、气压计GNSS模块等。加速度传感器用于确定位置和无人机的飞行姿态，在维持无人机飞行控制中起到关键的作用。如MEMS加速度传感器有多种方式感知运动姿态，能够感知微小运动。倾角传感器集成了陀螺仪和加速度传感器，为无人机飞控系统提供保持水平飞行的数据。

电流传感器主要监测无人机的电能问题，由于电能的消耗和使用非常重要，尤其是在电池供电的情况下。电流传感器可用于监测和优化电能消耗，确保无人机内部电池充电和电机故障检测系统的安全。

磁传感器为无人机提供惯性导航和方向定位系统信息。基于各向异性磁阻技术的传感器,有功耗优势,同时具有高精度、响应时间短等特点,适用于无人机的应用。

气压计测量大气压值,根据该数值可计算绝对海拔高度。气压计在使用过程中存在的问题是,在近地面飞行时,"地面效应"的存在会导致飞机周围气体的气压分布与静止状态下的大气不同,使得无法用气压计来测算出高度。通常的解决办法是在起飞或降落时使用其他传感器,如超声波传感器或激光测距仪。

GNSS 模块能测量地理坐标(经纬度)、海拔高度、线速度以及航向角(RTK 系统)等。在使用 GNSS 模块时,卫星信号的接收天线需要注意屏蔽电磁干扰。

无人机遥控通常采用 2.4GHz 的频率进行操作指令的传输。在一部无人机上,可以分为"飞手"和"云台手"两套遥控,前者主要进行无人机飞行方面的操作,后者主要进行航拍云台方面的操作,两者也可以合二为一。

在航拍无人机上图传常采用 5.8GHz 的频率传输图像画面。图传除了把飞机上采集的图像传输到使用者面前的屏幕上,还可以传输飞机的飞行数据。在使用者显示端能看到飞机实时的图像和高度、速度信息。

在地面端,图传接收器接收到信号后显示到屏幕上,在地面就能看到天空中的画面,从而进行取景拍摄,以及飞行数据的监察。通过采用 2.4GHz 频率的信号进行操作指令的传输,来控制无人机的上升、下降、相对静止。

5.6.5 无人机产业发展趋势及展望

早期无人机多用于军事,包括侦察、情报收集等,21 世纪以来,无人机在民用应用领域快速拓展,如民用通信中继无人机、气象探测无人机、灾害监测无人机、农药喷洒无人机、地质勘测无人机、地图测绘无人机、交通管制无人机等,民用无人机涉足地质、农业、气象、通信等多个学科,为工农业提供了极大的便利,科技的进步也大大推动了无人机行业的快速发展。

无人机在农林行业主要以调查、取证、评估为主,农林行业对绝对定位精度、3D 坐标观测精度要求较低,无人机可以轻松完成对作物长势、病虫灾害、土壤养分、植被覆盖、旱涝影响以及森林动态等信息的监测,推动了农林产业的研究进入定量化精准决策的阶段。

无人机在矿业、能源、交通等领域也得到了广泛的应用,如矿产资源的开采需要环境等数据,保证开采作业的安全性,无人机可以克服恶劣的地理环境,采用低空勘测的方法完成数据采集;矿产资源开采过程中,无人机可以为矿区环境的保护、整治提供详尽的数据信息。

消费级无人机逐步进入我们的生活。随着物联网技术日趋成熟,人工智能技术发展迅猛,未来新型无人机将向着集群化、智能化、网络化方向发展。

为了充分发挥无人系统的优势,无人系统之间实现陆海空互操作相互配合,实现各系统之间的信息数据共享,相互合作共同组成未来战场上的陆海空作战无人大系统。随着技术的发展和自主化水平的提高,无人系统将逐渐实现无人机集群化、协助化、智能化、网络化,达到实时全面的自主,既可以为物联网提供动态化网络,本身又可以作为物联网终端,实现数据采集、任务执行。

5.7　物联网＋3D打印

5.7.1　3D打印简介

1. 3D打印概念

3D打印(3D Printing)，三维打印，相对于传统减材加工制造技术，3D打印是增材制造，是快速成型技术的一种，是以数字模型文件为基础，运用粉末状金属或者塑料等可黏合材料，通过逐层打印的方式来构造物体的技术。

3D打印技术起源可以追溯到19世纪末的美国，学名为"快速成型技术"。直到20世纪80年代才出现成熟的技术方案，面向企业级的用户。今天，尤其是MakeBot系列以及REPRAP开源项目的出现，使得越来越多的爱好者积极参与到3D打印技术的发展和推广中。

传统喷墨打印机工作过程是通过计算机发出打印控制指令，喷墨打印机把计算机传送过来的文件，通过将一层墨水喷到纸的表面以形成一幅二维图像。3D打印也是这样，通过单击控制软件中的"打印"按钮，控制软件通过切片引擎完成一系列数字切片，然后将这些切片信息传送到3D打印机上，后者会逐层打印，然后堆叠起来，直到一个固态物体成型。

2. 发展历史

19世纪末，由于受到两次工业革命的刺激18～19世纪欧美国家的商品经济得到了飞速的发展，为了满足科研探索和产品设计的需求，快速成型技术从这一时期已经开始萌芽。2012年4月，英国著名经济学杂志 The Economist 一篇关于第三次工业革命的封面文章全面地掀起了新一轮的3D打印浪潮，以编年史的形式简述了3D打印技术的发展历程：

1892年，Blanther首次提出使用层叠成型方法制作地形图的构想。

1940年，Perera提出可以沿等高线轮廓切割硬纸板然后层叠成型制作3D地形图的方法。

1972年，Matsubara在纸板层叠技术的基础上首先提出使用光固化材料，光敏聚合树脂涂在耐火的颗粒上面，然后这些颗粒将被填充到叠层，加热后会生成与叠层对应的板层，光线有选择地投射到这个板层上将指定部分硬化，没有扫描的部分将会使用化学溶剂溶解掉，这样板层将会不断堆积直到最后形成一个立体模型，这样的方法适用于制作传统工艺难以加工的曲面。

1989年，美国德克萨斯大学奥斯汀分校的C. R. Dechard发明了选择性激光烧结工艺(Selective Laser Sintering，SLS)，SLS技术应用广泛并支持多种材料成型，如尼龙、蜡、陶瓷，甚至金属。

1993年，美国麻省理工大学的Emanual Sachs教授发明了3D印刷技术(Three-Dimension Printing，3DP)，3DP技术通过黏接剂把金属、陶瓷等粉末黏合成型。

2005年，Z Corporation公司推出世界上第一台高精度彩色3D打印机Spectrum Z510，让3D打印走进了彩色时代。

2007年，3D打印服务创业公司Shapeways正式成立，建立起了3D打印设计在线交易平台，为用户提供3D打印服务。

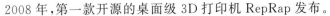

2008年,第一款开源的桌面级3D打印机RepRap发布。

2013年,《科学美国人》(*Scientific American*)的中文版评选出了2012年最值得铭记、对人类社会产生影响最为深远的十大新闻,其中3D打印位列第九。

5.7.2 3D打印的原理与技术

1. 3D打印的原理

3D打印技术采用分层加工、叠加成型来完成3D实体打印。每一层的打印过程分为两步,第一步在需要成型的区域喷洒一层特殊胶水,第二步是喷洒一层均匀的粉末,粉末遇到胶水会迅速固化结结,没有胶水的区域仍保持松散状态。在一层胶水一层粉末的交替下实体模型打印成型,打印完毕后扫除松散的粉末即可刨出模型,剩余粉末还可循环利用。

3D打印按材料可分为块体材料、液态材料和粉末材料等。按照美国材料与试验协会(ASTM)、3D打印技术委员会(F42委员会)的标准,七类3D打印工艺与所用材料如表5-2所示。

表5-2 七类3D打印工艺与所用材料

工 艺	代 表 公 司	材 料	市 场
光固化成型	3D System(美国) EnvisionREC(德国)	光敏聚合材料	成型制造
材料喷射	Objet(以色列) 3D System(美国) Solidscape(美国)	聚合材料、蜡	成型制造 铸造模具
黏接剂喷射	3D System(美国) ExOne(美国) Voxeljet(德国)	聚合材料、金属、铸造砂	成型制造 压铸模具 直接零部件制造
熔融沉积制造	Stratasys(美国)	聚合材料	成型制造
选择性激光烧结	EOS(德国) 3D System(美国) Arcam(瑞典)	聚合材料、金属	成型制造 直接零部件制造
片层压	Fabrisonic(美国) Mcor(爱尔兰)	纸、金属	成型制造 直接零部件制造
定向能量沉积	Optomec(美国) POM(美国)	金属	修复 直接零部件制造

2. 3D打印技术分类

1)光固化成型

光固化成型技术(Stereo Lithigraphy Apparatus,SLA),使用光敏树脂为材料,通过紫外光照射凝固成型,逐层固化,最终得到完整的产品,如图5-29所示。

光固化树脂材料主要包括齐聚物、反应性稀释剂及光引发剂。该技术优点是原材料的利用率将近100%、成型过程自动化程度高、尺寸精度高、表面质量优良、可以制作结构复杂的模型;缺点是价格高,制件易变形,可使用材料、液态树脂有气味和毒性,制作物品较脆等。

2）熔融沉积制造

熔融沉积（fused deposition modeling，FDM）又叫熔丝沉积，是将丝状热熔性材料加热融化，通过带有一个微细喷嘴的喷头挤喷出。热熔材料融化后从喷嘴喷出，沉积在制作面板或者前一层已固化的材料上，温度低于固化温度后开始固化，通过材料的层层堆积形成最终成品，如图 5-30 所示。

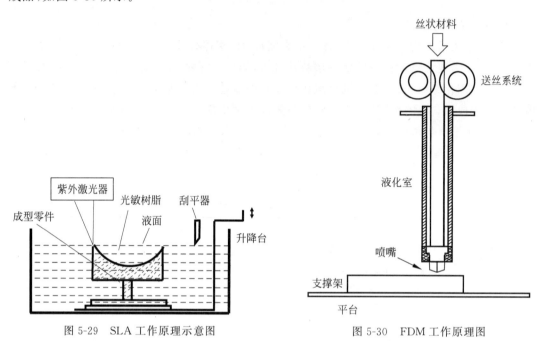

图 5-29   SLA 工作原理示意图   图 5-30   FDM 工作原理图

使用的材料一般是热塑性材料，如 ABS、PC、蜡、尼龙等。优点是系统构造原理和操作简单、成本低、材料的利用率高、去支撑简单等；缺点是成型件的表面有明显的条纹、沿成型轴垂直方向的强度比较弱、需要设计与制作支撑结构、打印速度慢。还有多喷头 FDM 和气压式 FDM，实现多种材料的混合打印。

3）选择性激光烧结

选择性激光烧结（selecting laser sintering，SLS）利用粉末材料在激光照射下烧结的原理，由计算机控制层叠堆积成型。步骤是：首先铺一层粉末材料，将材料预热到接近熔化点，再使用激光在该层截面上扫描，使粉末温度升至熔化点，然后烧结形成粘接，接着不断重复铺粉、烧结的过程，直至完成整个模型成型，如图 5-31 所示。该工艺能制造塑料、陶瓷、石蜡、金属等材料零件。

技术优点是可采用多种材料如尼龙、聚碳酸醋、聚苯乙烯、聚氯乙烯等，制作工艺简单、无须支撑结构、材料利用率高、打印的零件机械性能好、强度高。其缺点是制作表面粗糙、烧结过程挥发异味、制作过程需要比较复杂的辅助工艺、材料粉末比较松散、烧结后成型精度不高等。

4）聚合物喷射技术

聚合物喷射技术（PolyJet）原理如图 5-32 所示。

喷射打印头沿 X 轴方向来回运动，工作原理类似喷墨打印机，区别是喷头喷射的是光

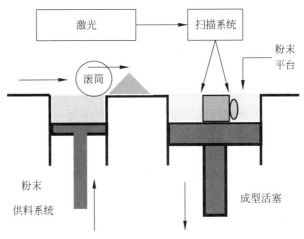

图 5-31 SLS 工作原理图

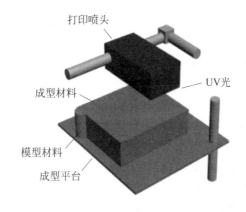

图 5-32 聚合物喷射技术原理图

敏聚合物。当光敏聚合材料被喷射到工作台上后,UV 紫外光灯将沿着喷头工作的方向发射出 UV 紫外光对光敏聚合材料进行固化。

完成一层的喷射打印和固化后,设备内置的工作台会精准地下降一个成型层厚,喷头继续喷射光敏聚合材料进行下一层的打印和固化。由一层接一层平面打印实现整个工件打印制作完成。

PolyJet 使用的激光光斑为 0.06~0.10mm,打印精度高于 SLA。PolyJet 可以使用多喷头,在打印光敏树脂的同时,可以使用水溶性或热熔型支撑材料。而 SLA/DLP 的打印材料与支撑材料来源于同一种光敏树脂,所以去除支撑时容易损坏打印件。

由于可以使用多喷头,可以实现不同颜色和不同材料的打印。

PolyJet 的优点主要如下:

(1) 打印精度高。高达 $16\mu m$ 的层分辨率和 0.1mm 的精度,确保获得光滑、精准部件和模型。

(2) 清洁。适合于办公室环境,采用非接触树脂载入/卸载,支撑材料的清除容易。

(3) 打印速度快。全宽度上的高速光栅构建,可实现快速的打印,无须二次固化。

(4) 用途广。由于打印材料品种多样,可适用于不同几何形状、机械性能及颜色的部件。此外,所有类型的模型均使用相同的支持材料,因此可快速便捷地变换材料。

PolyJet 的缺点主要如下:

需要支撑结构,耗材成本相对较高,成型件强度较低。

5）电子束选区熔化技术

电子束选区熔化技术(electron beam selective melting,EBSM)是采用高能电子束作为加工热源,扫描成形通过操纵磁偏转线圈进行,电子束真空环境可以避免金属粉末在液相烧结或熔化过程中被氧化。

利用金属粉末在电子束轰击下熔化的原理,先在铺粉平面上铺展一层粉末并压实;然后电子束在计算机的控制下根据截面轮廓的信息进行有选择的熔化、烧结层层堆积,直至整个零件全部熔化、烧结完成。

该技术无须扫描机械运动部件,电子束移动方便快捷,可实现快速偏转扫描功能。由于电子束的能量利用率高、熔化穿透能力强、可加工材料广泛等特点,使 EBSM 在人体植入、航空航天小批量零件、野战零件快速制造等方面具有独特的优势。

EBSM 技术的优点如下:

(1) 成型过程不消耗保护气体。完全隔离外界的环境干扰,没有金属氧化问题。

(2) 无须预热。由于成型过程是处于真空状态下进行的,热量的散失只有靠辐射完成,无对流作用,成型过程中热量保持好,无须预热装置。

(3) 力学性能好。成型件组织非常致密,可达 100% 的相对密度。由于成型过程中在真空下进行,成型件内部一般不存在气孔,成型件内部组织呈快速凝固形貌,力学性能甚至比锻压成型试件好。

(4) 纯度好。在真空环境中成型没有其他杂质,是其他快速成型技术难以做到的。

(5) 不需支撑。成型过程采用粉末作为支撑,不需要额外添加支撑,省去了成型前需添加支撑,成型后需去除支撑,节省了成型时间。

EBSM 技术的缺点如下:

(1) 受制于电子束无法聚到很细,精度有待提高。

(2) 成型前需长时间抽真空,抽真空占去了总机大部分功耗。

(3) 成型完后,热量只能通过辐射散失,降温时间长。

(4) 真空室的四壁必须高度耐压。

(5) 为保证电子束发射的平稳性,成型室内要求高度清洁,工艺要求高。

(6) 采用的高电压会产生较强的 X 射线,需采取防护措施。

6）叠层实体制造

叠层实体制造(laminated object manufacturing,LOM)由计算机、材料存储及送进机构、热粘压机构、激光切割系统、可升降工作台、数控系统和机架等组成。

LOM 原理是在工作台上制作基底,工作台下降,送纸滚筒送进一个步距的纸材,工作台回升,热压滚筒滚压背面涂有热熔胶的纸材,将当前迭层与原来制作好的迭层或基底粘贴在一起,切片软件根据模型当前层面的轮廓控制激光器进行层面切割,逐层制作,当全部迭层制作完毕后,将多余废料去除,如图 5-33 所示。所用材料主要是应用纸、塑料薄膜、金属箔等薄层材料。技术优点是原材料价格便宜、制作尺寸大、无须支撑结构、操作方便等,缺点是工件表面有台阶纹、工件的抗拉强度和弹性差、易吸湿膨胀等。

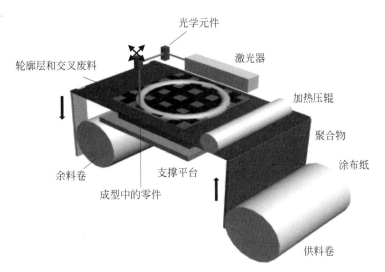

图 5-33 LOM 工作原理示意图

5.7.3 3D 打印的特点与优势

1. 3D 打印的特点

1) 数字制造

借助建模软件将产品结构数字化,驱动机器设备加工制造成器件,数字化文件还可借助网络进行传递,实现异地分散化制造的生产模式。

2) 降维制造(分层制造)

即把 3D 结构的物体先分解成二维层状结构,逐层累加形成 3D 物品,3D 打印技术可以制造出任何复杂的结构,制造过程更柔性化。

3) 堆积制造

"从下而上"的堆积方式对于实现非匀致材料、功能梯度的器件有优势。

4) 直接制造

任何高性能难成型的部件均可通过打印方式直接制造出来,不需要通过组装拼接等复杂过程来实现。

5) 快速制造

3D 打印制造工艺流程短、全自动、可实现现场制造,制造更快速、更高效。

2. 3D 打印的优势

1) 制造复杂物品不增加成本

就传统制造而言,物体形状越复杂,制造成本越高。对 3D 打印机而言 制造形状复杂的物品成本不增加。

2) 产品多样化不增加成本

3D 打印可以打印许多形状,它可以像工匠一样每次都做出不同形状的物品。3D 打印只需要不同的数字设计蓝图和一批新的原材料。

3）无须组装

3D打印能使部件一体化成型,通过分层制造可以同时打印一扇门及上面的配套绞链,不需要组装,节省了劳动力和运输方面的花费。

4）零时间交付

3D打印机可以按需打印,减少了企业的实物库存,可以实现按需就近生产,零时间交付,可能形成新的商业模式。

5）设计空间无限

传统制造技术和工匠制造形状的能力受制于所使用的工具,3D打印可突破这些局限,开辟巨大的设计空间。

6）零技能制造

批量生产和计算机控制的制造机器降低了对技能的要求,无须专业人员进行机器调整和校准。非技能制造带来新的商业模式,能在远程环境或极端情况下为人们提供新的生产方式,可以与物联网结合形成新的模式。

7）材料无限组合

采用多材料3D打印技术比较容易实现不同材料融合在一起实现多材料器件及其功能。

8）精确的实体复制

采用3D打印技术可以将数字精度扩展到实体世界,通过扫描、编辑和复制实体对象,创建精确的副本或优化原件。

5.7.4　3D 打印应用

3D打印技术可以应用于模具制造、工业设计、航天航空国防、医疗行业、文物保护、建筑设计、制造业、食品产业等众多行业。

1. 医疗行业

3D打印现已在制造人体器官、活体组织、骨骼等方面获得实际应用。

1）打印器官

3D打印技术可以通过制作半透明的器官模型帮助外科医生了解器官内部结构,可以精确复制人体心脏模型,帮助医生在术前研究患有疑难并发症的患者的心脏结构。3D打印技术也可使用加入细胞混合物凝胶的可生物降解脚手架,逐层构建器官。

2）打印外骨骼

3D打印骨骼可以对残疾人士与肌肉萎缩人士起到支撑作用,辅助站立及走动,提升行动能力。还可以帮助正常骨骼细胞生长发育,人体骨骼复原后,原料可以在人体内自然溶解。

3）打印细胞

研究人员开发了基于瓣膜的细胞打印过程,可以按特定的模式打印细胞。细胞打印过程中喷嘴用力恰当,以保护细胞和组织的生命力。

4）打印活体组织

研究人员模仿生物组织中的一些细胞特性,将小水滴组装成为一种类似胶状物的物质,能够像肌肉一样弯曲,像神经细胞一样传输电信号,可用于修复或缓解器官衰竭。

5）打印血管

联合 3D 打印技术和多光子聚合技术，可打印人造血管。

6）治疗癫痫

日本科研团队研发出光固化 3D 打印材料，是高导电性的新型树脂，可应用于制作生物传感器的接口，制作与大脑连接的 3D 微电极，大脑中的神经可以通过 3D 微电极的接口进行互连，从而发送或接收来自神经元的电信号，可用于进行深部脑刺激和相关疾病如癫痫、抑郁症、帕金森氏病的干预及治疗。

7）胎儿塑像诊疗

用超声波探测子宫中的胎儿，记录出各种数据；再运用 3D 扫描技术对这些数据进行处理从而模拟出胎儿的雏形；最后用黄铜将模型浇铸出来，有助于胎儿先天性缺陷的探测。

3D 打印对整个医疗行业产生深远影响。3D 打印技术和克隆技术结合有望解决器官排异问题。医药机构通过 3D 打印的人体活体组织中提取大量数据，有利于加速新药品的研发进度。

2. 航天航空和国防

航天航空厂商利用 3D 打印技术打造新的、可定制的零部件。NASA 利用 3D 打印技术生产了用于执行载人火星任务的太空探索飞行器（SEV）的零部件，并探讨在该飞行器上搭载小型 3D 打印设备，实现"太空制造"。

有家航空公司设计的直升机发动机中，使用了 GE 的 3D 打印技术，实现了 40％的零部件由 3D 打印制造，并且将零部件数量从 400 个减少到 16 个。另一个发动机从 855 个部件减少到 12 个，重量减轻了 5 磅，并降低了 80％的成本。3D 打印技术为飞机、航天器进行微型零部件定制化设计与制造能力的提升颠覆性地改变整个航天航空国防工业。

3. 建筑行业

3D 打印技术在建筑领域的应用有建筑设计阶段和工程施工阶段。在建筑设计阶段，可以制作建筑模型，设计师们利用 3D 打印机将虚拟中的 3D 设计模型直接打印为建筑模型，这种方法快速、环保、成本低。建筑施工阶段直接利用 3D 打印建造技术建造建筑，3D 打印建造技术有利于减少资源浪费和能源消耗。

4. 食品行业

人们对定制化食品的需求量在逐渐提高，3D 打印可以助力定制化食品的快速实现，采用 3D 打印技术容易实现调整食品的某些营养成分，可以根据具体需求自由做出含糖量不同的食品，对控制肥胖、糖尿病等问题有重大好处。

5. 能源行业

GE 公司将 3D 打印集成到生产流程的许多阶段。例如，通过 3D 打印技术，实现更加坚固的钻头，并能够在现场打印可更换部件。金属 3D 打印也已经用于风力涡轮机和采矿设备制造上。

还可使用石墨烯进行 3D 打印。在电气设备的设计方面获得一些自由，为能源系统提供新的可能性。这种新方法，更容易和可行地存储可再生能源。

6. 制造业

3D 打印技术的出现，给制造业带来了无限种可能，3D 打印降低了制造业的生产成本，制造效率也在不断的提高。

1）废物预防

资源浪费在 3D 打印中几乎不存在，3D 打印采用增材制造而不是减材制造，不用剔除边角料，提高了材料的利用率，无须任何损失。

2）原型生产简单

与传统制造相比，原型生产采用 3D 打印更具灵活性，不需要传统的刀具、夹具、机床或任何模具，就能直接把计算机的任何形状的 3D 图形生成实物产品。

3）无缝制作

3D 打印的制造工艺更自动化，选择材料后，按打印按钮，项目将以无缝的方式实现成品。

4）大规模定制

通过 3D 打印，可以大量打印定制设计。

7. 文物保护

文物作为一种不可再生资源，一旦破损和毁灭，都将对考古学家对历史的考察与探究造成很大的困扰，从而抹杀人类的历史记忆。采用 3D 打印与 3D 扫描技术，使古文物"起死回生"，让古代文化得以传承。

5.7.5　3D 打印与物联网的结合

3D 打印行业正向着速度更快、精度更高、成本更低、应用更广、操作更简便的方向发展。材料向多元化发展：建立相应的材料供应体系，将拓宽 3D 打印技术应用场合。3D 打印技术发展未来将是 4D 打印，在 3D 打印基础上，加上时间轴，可以执行一项任务，远程环境或极端情况下，如航天器舱外一个螺母松了，可以就地打印一个带动力的机械扳手去执行拧螺母的功能。

3D 打印产业链存在巨大的潜在发展空间，特别是上游打印材料和个人 3D 打印设备的制造企业将会有巨大商机。

3D 打印技术将从工业应用逐步渗透到日常生活中。如车里放着一台 3D 打印机，汽车的某个零件坏了，便可以及时打印一个重新装上。

3D/4D 打印会因为它的无所不能可以让"异想天开"成为现实。

3D/4D 打印与物联网结合，并在未来深度融合，3D/4D 打印将变成物联网的一个终端执行设备，结合云端控制，实现物联网机器人，实现远程感知、远程控制、远程执行的超距物联网机器人。

5.8　小结

通过物联网＋，未来科技生活将是基于物联网与可穿戴设备、AR/VR、人体增强、人工智能、机器人、无人机、3D 打印、区块链等新技术融合的物联网＋，物联网感知设备来认知世界，识别用户身份由可穿戴设备实现，或者环境设备通过人脸、虹膜生物特性识别实现，通过可穿戴设备与人互动，通过 AR/VR 呈现交互数字内容，进一步解放双手，采用人工智能技术提升效率解放脑力，通过机器人协助、无人机远程实施，通过 3D 打印远端实现，通过区块链实现颠覆性架构，兼顾公平性、安全性。信息传输由物联网实现，实施操作实现由远端 3D

打印、机器人、无人机等实现。远端机器人无人机可以由 4D 打印(3D 空间实物加一维时间完成一个动作来执行命令)实现。可穿戴设备有两个层面,一个是感知人体参数,另外一个是获取人的指令。

基于物联网+,畅想未来生活,可以通过无人机、机器人提供随时的支持和帮助,特别是小孩、老人、病人等需要监护的对象可以得到及时的看护、帮助。

通过无人机、机器人提供照明、救援(如救生圈、灭火、手套、绳子、工具、驴友野游跟着一群无人机,遇到危险随时语音要工具,无人机等可以随时提供)等。

对于太空舱、卫星等空间环境、海底环境,3D 打印、4D 打印(3D 空间实物加一维时间完成一个动作来执行命令)就有了极大应用价值,如太空中缺一个扳手,用 3D 打印实现。这样就不需要带很多工具,需要什么工具随时打印。对无人太空舱,可以用 4D 远程打印,打印一个 3D 扳手,加力传动装置,完成一个拧螺母的动作,实现 4D 功能。

我们可以看到物联网+就是替代手机的未来形态,这种未来形态不仅完成人与人之间、人与物之间、物与物之间的信息传递,还完成远程动作、物理世界的创造、改造、实现。

参考机器人结构图 5-19 可以看到,物联网融合可穿戴设备、增强现实(AR)/虚拟现实技术(VR)、人体增强技术、大数据、人工智能技术、自动驾驶、5G、区块链技术、机器人、无人机等新技术,不仅替代了手机,而且还实现了远程机器人功能,传统机器人从感知、控制到执行都在同一个物理位置,物联网融合新技术延伸扩展了机器人概念,实现物联网机器人,让感知、执行等功能在远端,控制在异地实现,机器人各功能通过物联网及新技术实现分散远程协作执行命令,实现远程感知、远程控制、远程执行的超距物联网机器人。因此物联网融合新技术不仅能替代现有的手机,而且可以替代现有模式的机器人,未来技术将给社会、工作和生活带来翻天覆地的冲击。

习题

1. 现有的可穿戴设备有哪些? 存在哪些问题?
2. 提高续航能力的方法有哪些? 还能想到哪些更好的办法? 请举例说明。
3. 什么是人工智能? 人工智能技术应用的细分领域有哪些?
4. 简述深度学习的原理。
5. AR 与物联网如何融合? AR 的发展趋势是什么?
6. 什么是区块链? 它的特点有哪些?
7. 区块链的应用领域有哪些? 如何与物联网结合?
8. 美国科幻巨匠阿西莫夫提出的"机器人三定律"是什么?
9. SPA 是什么? SPA 机器人最典型的结构是什么?

## 第 6 章

开启物联网世界的大门

　　人类自诞生以来,从未停止过对自然界的探索。从太阳的东升西落,到脚下的土地尘埃,我们观察自然现象,记录自然规律,利用自然界传达的各种信息为人类的生活服务。随着互联网的发展和传感器技术的进步,如果将自然界的万物都接入互联网,让传感器帮助人类采集信息,让计算机代替人类处理信息,生活将会是多么便捷!

　　这就是物联网(IoT)概念的来源。什么是物联网? 简而言之,物联网就是将现实世界中的实体连到互联网上,实现物物相连,使物与物、人与物之间可以很方便地相互沟通。正如图 6-1 中描绘的那样,物联网将生活中的万物连接起来,成为一个信息高速流通的整体。

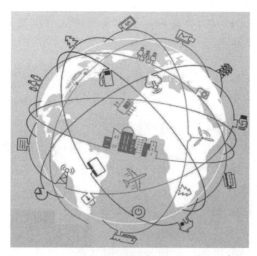

图 6-1　物联网世界的万物

　　不同于传统互联网,在物联网的世界里,数以亿计的实体都要接入网络,并实时进行高速可靠的数据通信。这对传统的通信网络来说是一个巨大的挑战。作为新一代的通信技术,第五代移动通信网络(以下简称 5G)的海量机器类通信(mMTC)和超高可靠、超低时延通信(uRLLC)两种应用场景能够很好地贴合物联网对通信网络的要求。随着 5G 技术的推进,物联网将迎来全面发展的机会。

　　"万物互联"的生活将会是怎样的呢?

　　清晨,手机将当天日程表里的一个重要会议信息上传到物联网世界,所有联网设备便开始提前准备起来,闹钟比往日提前半小时响起舒缓的音乐,智能窗帘根据阳光中光线强度恰到好处地打开,你在柔和的光线和舒缓的音乐中醒来,床头的显示屏显示出你的健康指标,提醒你今天应该进行的有氧运动。与此同时,房间另一端,衣柜开始向你推荐今日最合适的着装,微波炉已将牛奶和面包加热到合适的温度。出门前,穿衣镜告诉你:"今天降温,加件外套吧!"手环也响了起来:"公司距离你家的路上有 1km 的路程存在严重拥堵,快点出门吧!"如图 6-2 所示。

图 6-2　相互沟通的家用电器

公路上各种车辆川流不息,而公路边的摄像头和埋在地面下的各种传感器也在数据的高速公路上忙碌着,它们实时监测路况信息,将路况信息发送给指挥调度中心,调度中心根据人工智能算法结合大数据分析,控制各路口的交通灯,均衡每条公路的车流,使整个城市的交通状况达到最优。同时你的车也实时获取控制中心的调度信息,自动选择最优路线,坐在车中的你会不断收到各种信息——哪个路段发生了交通事故,哪里交通拥挤,哪条路最为畅通。在未来,无人驾驶会成为常态,你可以在车里收发邮件,处理琐事,汽车会自动载你到目的地,并提前通知你何时到达,如图 6-3 所示。

图 6-3　公路上的物联网

想知道这一切是怎么实现的吗？

在物联网教学套件开发平台的带领下，你可以从学习物联网的基础知识开始，从简单的应用入手，例如从实现盆栽监控小助手、智能台灯开始，循序渐进，直至搭建出自己的物联网应用平台，实现智慧城市、智能家居、智慧农业等。

首先，让我们从了解物联网开发平台开始。

6.1 选一把绝世宝剑——物联网开发平台

工欲善其事，必先利其器。要快速系统地掌握物联网知识，你需要有优秀的学习工具和有效的学习方法。

物联网开发平台是根据教育部最新教学要求，并结合国内高校的教学需求开发的一套初学者与专业开发者都能使用的物联网教学开发工具。通过物联网开发平台，可以学习物联网基础知识，搭建物联网综合应用平台。物联网开发平台由以下四个部分组成：

(1) 硬件平台：物联网教学/开发套件。

(2) 软件平台：Arduino 集成开发环境。

(3) 维基平台：物联网教学套件维基知识库。

(4) 配套教材：物联网教学套件配套教材。

正如图 6-4 中展示的那样，物联网开发平台的设计思路结合了初学者对新事物的一般学习路线，由浅入深，循序渐进。在初识阶段，从一个个有趣的小实验开始，通过物联网开发平台带你进入物联网世界；在进阶阶段，你可以跟着本书的脚步，实现一个物联网的小应用，例如用手机控制一盏台灯的亮灭，或者将语音转换为文字发送到手机备忘录；在实战阶段，你可以自己设计一个物联网综合应用系统。

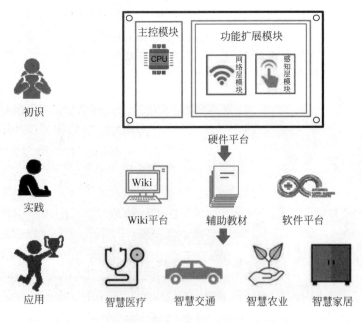

图 6-4 物联网开发平台的设计思路

6.1.1　硬件平台设计

物联网开发平台的硬件平台分为三部分：主控模块、扩展板模块和底板。

主控模块使用 AVR mega328P 芯片作为信息处理中心，负责处理扩展板接收到的信息，并做出相应的响应。

扩展板模块由不同传输距离的通信模块与多种传感器结合，负责采集与传输数据，并做出相应的简单显示效果。

底板是主控模块和扩展板模块连接的底座。底板已经提前定义好主控模块与扩展板模块连接的接口，免去了用户连接通信接口的烦琐操作。

物联网开发平台如图 6-5 所示，其开发过程如下：

（1）将主控与扩展板模块拼接在底板上。

（2）通过串口线将主控模块与计算机相连。

（3）根据教材和 Wiki 平台上的实验说明将对应的程序写入主控中。

图 6-5　物联网开发平台

（4）通过不断修改调试代码以获得预期效果。

1. 人性化的拼接设计

物联网开发平台的设计兼顾初学者与专业开发者。

对于初学者而言，接触物联网底层技术时，硬件开发板与复杂的接口定义总是令初学者望而却步。为了降低初学者的入门门槛，物联网套件采用类似积木的硬件设计，初学者无须处理繁杂的接口，操作简单便捷。例如，初学者想要学习与 Bluetooth 相关的技术，不需要了解 Bluetooth 的接口定义，可以直接将 Bluetooth 扩展板与主控模块拼接在底板上，烧写 Bluetooth 扩展板的相关示例程序，就能获得一些显示效果。图 6-6 所示为物联网套件的整体展示效果。

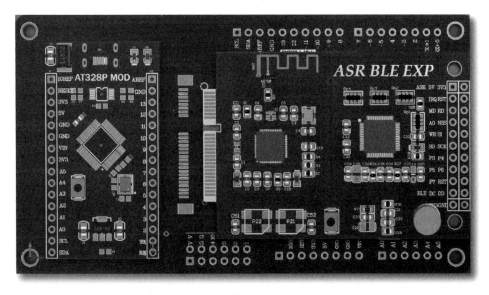

图 6-6　物联网套件整体展示

对于专业开发者而言,物联网套件将功能集中化,每个扩展板以一种物联网的通信模块为核心,并适配多种传感器与显示器件。同时预留了 SPI、I²C 等多种通信接口,开发者可以根据自身需要连接其他器件,为专业开发者提供充足的开发空间。

2. 物联网技术的结合

物联网的架构分为三层:感知层、网络层、应用层。

(1)感知层是物联网的皮肤和五官,其作用为识别物体、感知物体、采集信息、自动控制。感知层主要包括各种传感器、RFID 电子标签技术和二维码,用于替代或者延展人类的感官完成对物理世界的感知。

(2)网络层是物联网的循环系统,其作用为实现信息的传递。信息的传输技术分为近距离、中长距离与超远距离,有些通信技术已经在互联网中使用,有些则是根据物联网新创建的。

(3)应用层是物联网的大脑。各种物联网在通信协议与传输技术的支持下,实现任何物体在任何时间、任何地点的连接。

根据物联网的三层架构,本书做出如图 6-7 所示的设计。在每块功能扩展板上都适配了对应于感知层的传感器或电子标签与对应于网络层的通信模块。其中感知层传感器负责采集信息与传输信息,网络层通信模块负责发送与接收数据,实现物与物之间的信息传送框架。通过对物联网开发平台硬件平台的学习,你可以在潜移默化中了解物联网的三层架构,完成相应的开发。

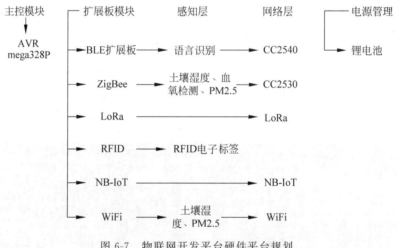

图 6-7　物联网开发平台硬件平台规划

3. 易上手的开发平台

物联网的开发平台为 Arduino 集成开发环境(后简称 Arduino IDE)。Arduino IDE 是目前主流的开发平台,便捷灵活、方便上手。Arduino IDE 有以下三个特点:

(1)跨平台。Arduino IDE 可以在 Windows、Macintosh OS X、Linux 三大主流操作系统上运行,适合不同需求的人群。

(2)开放性。Arduino IDE 的软件及核心库文件都是开源的,在开源协议范围内里可以任意修改原始设计及相应代码。

(3)简单清晰。Arduino IDE 的开发语言易于理解,没有太多开发基础的初学者也能快速上手。

Arduino IDE 丰富的函数库与高效的开发效率,使 Arduino IDE 不仅受到初学者的欢迎,也获得了专业开发者的青睐(也颇受专业开发者的欢迎)。因此,Arduino IDE 是物联网套件软件开发平台的最佳选择。

6.1.2 Wiki 平台设计

Wiki 平台是一种供多人协同写作的系统,是 Web 2.0 时代的典型应用。它打破了网站由网站雇员主导生成内容的传统,建立了一种人人编辑的,由用户主导而生成内容的互联网产品模式。

物联网套件 Wiki 平台有以下三个方面的特点:

(1)海量例程。Wiki 平台上有几十个由易到难的物联网套件的使用例程,其中包括视频讲解与详细的文字教程。

(2)维护方便。社群成员可以快速创建、更改网站各个页面内容;基础内容通过文本编辑方式就可以完成,使用少量简单的控制符还可以加强文章显示效果。

(3)强开放性。社群内的成员可以任意创建、修改或删除页面;系统内页面的变动也可以被来访者清楚观察得到。

6.2 一起创造物联网生活吧——物联网开发平台应用示例

了解了物联网套件的基础知识,让我们动起手来,实现一个简单有趣的小应用吧!

6.2.1 "听话"的台灯——BLE 扩展板

台灯是生活中最常见的家用电器。日常使用台灯的方式大多为:把台灯的电源插上插座,然后用手按按钮来操控台灯的开关。经过物联网套件改造的台灯是什么样的呢?像图 6-8 中展示的那样,让我们一起做一个"听话"的台灯吧!

图 6-8 "听话"的台灯

这里需要一块 BLE 扩展板。

BLE 扩展板上配备有语音识别模块与 BLE 4.0 通信模块。语音识别模块可以识别出话语中的关键字,并做出相应的反应;BLE 4.0 模块可以与手机连接,实现短距离数据的传输。先将 BLE 扩展板和主控模块拼接在底板上。然后把拼接好的物联网套件与台灯相连,使用 Arduino IDE 将对应程序烧写进物联网套件内,就能实现"听话"小台灯的应用。

"听话"的小台灯的预期功能如下:

(1) 用户说出关键词"开灯"或"关灯"时,台灯打开或关闭。

(2) 用户说出关键词"亮"或"暗"时,台灯亮度提高或降低。

(3) 用户说出一种颜色,如"红色",指示灯变为相应颜色。

(4) 用户可以通过手机 App 控制台灯的亮灭、亮度。

6.2.2 呵护植物小助手——WiFi 扩展板

每个人都喜欢在自己的生活里添加一点绿色。麻烦的是,如果缺少定期的关怀,再坚强的植物也会凋零。如果在植物需要浇水的时候,有一个小助手可以及时检测到旱情,并且自动给植物浇水,那就再也不用担心忘记浇水,可以尽情欣赏生活中的绿色了!像图 6-9 中展示的那样使用物联网套件,就可以给你的植物做一个"呵护植物小助手"。

首先需要一块 WiFi 扩展板。

WiFi 扩展板上配备有土壤湿度传感器与 WiFi 通信模块。土壤湿度传感器可以灵敏地检测到土壤的湿度值;WiFi 模块与手机连接,能实现数据长距离的传输。将 WiFi 扩展板和主控模块拼接在底板上。

其次,需要一个继电器、一个水泵、一根水管和一瓶水。

将它们像图 6-9 中一样连接起来,使用 Arduino IDE 将对应程序烧写进物联网套件内,就能实现呵护植物小助手的应用了。

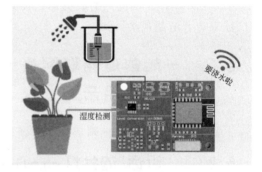

图 6-9 呵护植物小助手

呵护植物小助手的预期功能如下:

(1) 用户可以设定土壤湿度阈值,在植物的土壤湿度低于该阈值时,呵护植物小助手将自动浇水,直到土壤湿度达到阈值。

(2) 用户通过手机可以实时查看到土壤的湿度值。

(3) 用户可以在需要给植物浇水的时候,通过手机远程对植物浇水。

6.2.3 私人百宝箱——RFID 扩展板

你是否想要拥有一个专属于自己的秘密空间?或者你是否想给自己的物联网手提箱加把锁?像图 6-10 中展示的那样,物联网套件可以轻松帮你实现!

首先需要一块 RFID 扩展板。

RFID 扩展板上配备有蜂鸣器与 RFID 电子标签模块。蜂鸣器可以在设定情况下进行报警,也可在某些情况下唱一首动听的歌曲;RFID 模块可以识别各种 IC 卡,与设定的 IC 卡匹配。将 RFID 扩展板和主控模块拼接在底板上。

其次,需要一个继电器、一个电磁锁。

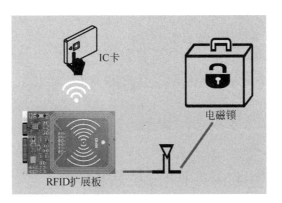

图 6-10 私人百宝箱

将它们像图 6-10 中一样连接起来,使用 Arduino IDE 将对应程序烧写进物联网套件内,就能实现私人百宝箱的应用了。

私人百宝箱的预期功能如下:

(1) 用户可以添加自己的专属 IC 卡。

(2) 用户把自己的 IC 卡放置在 RFID 扩展板的天线区域时,电磁锁自动打开,蜂鸣器响起"开锁成功"音乐。

(3) 在 RFID 扩展板的天线区域放置无法识别的 IC 卡时,IC 卡识别码将被记录,蜂鸣器响起报警声。

6.2.4 血氧监测仪——ZigBee 扩展板

血氧,指的是血液中的氧气含量。血氧含量越高,说明身体的新陈代谢越好。一项研究表明,血氧含量持续偏低可能是阿兹海默症的诱因之一。所以每天监测血氧含量,非常有必要。像图 6-11 中展示的那样,让我们一起用物联网套件做一个血氧监测仪吧!

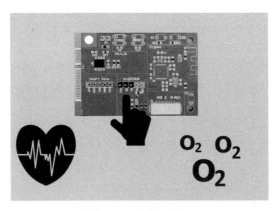

图 6-11 血氧监测仪

首先需要一块 ZigBee 扩展板。

ZigBee 扩展板上配备有血氧检测传感器与 ZigBee 通信模块。血氧检测传感器可以检测人体血氧含量和每分钟的脉搏次数;ZigBee 模块可以进行模块与模块之间的无线通信,支持各种组网功能,能实现 100m～3km 距离数据的传输。

将 ZigBee 扩展板和主控模块拼接在底板上。使用 Arduino IDE 将对应程序烧写进物联网套件内，就能实现血氧监测仪的应用了。

血氧监测仪的预期功能如下：

（1）用户把手指放置在 ZigBee 扩展板的血氧检测传感器上，手机可以显示用户的血氧含量和每分钟脉搏次数。

（2）通过 ZigBee 通信模块的组网广播功能，用户的健康数据可以广播至其他 ZigBee 通信模块。

6.2.5　自动喂鱼机——LoRa 扩展板

色彩斑斓的金鱼，易养又美丽。只需一缸水和少量的鱼食，就能每天欣赏灵动的小鱼。然而人们却总是忘记定期把饲养金鱼的鱼食放入鱼缸中。鱼食一次放入鱼缸的量也是一个难题。放入水缸的鱼食太多，水质就会变坏缺氧，这往往是导致金鱼死亡的最大原因。如果制作一个能定期投喂金鱼，同时保证鱼食的量不过剩的小助手，人们就不用再担心这样的问题了！使用物联网套件就能轻松解决这个问题。像图 6-12 中展示的那样，让我们一起做一个智能的"自动喂鱼机"吧！

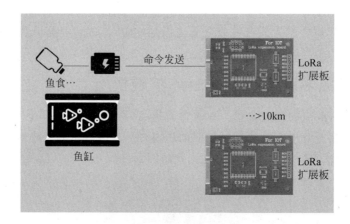

图 6-12　自动喂鱼机

首先需要两块 LoRa 扩展板。

LoRa 扩展板上配备有蜂鸣器与 LoRa 通信模块。蜂鸣器可以在设定情况下进行报警，也可在某些情况下唱一首动听的歌曲；LoRa 模块可以进行点对点通信，实现数据超远距离的传输。把两块 LoRa 扩展板分别和主控模块拼接在底板上。

其次，需要一个饮料瓶和一个电机。

将它们像图 6-12 一样连接起来，使用 Arduino IDE 将对应程序烧写进物联网套件内，就能实现自动喂鱼机的应用了。

自动喂鱼机的预期功能如下：

（1）用户可以超远程向自动喂鱼机发指令，进行喂鱼操作。

（2）自动喂鱼机有定时功能，在用户设定时间后，自动喂鱼机将定时投喂金鱼。

（3）超过两天没有投喂金鱼,蜂鸣器将发出报警信号。

6.2.6　小小气象站——NB-IoT扩展板

在生活便捷的今天,每个人都可以轻松获取精确到每小时的气象数据。实际上,这些气象数据来源于遍布各地的气象监测基站。你想做一个属于自己的小小气象站吗? 像图6-13中展示的那样,让我们用物联网套件搭建一个小小气象站吧!

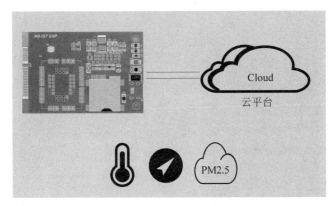

图 6-13　小小气象站

首先需要一块NB-IoT扩展板。

NB-IoT扩展板上有BC95模块。BC95通信模块可以超低功耗、超远距离地通信,支持移动、联通和电信的物联卡,是目前应用最广泛的物联网超远距离通信技术。把一块NB-IoT扩展板分别和主控模块拼接在底板上。

其次,需要一个DHT11温湿度传感器和一个PM2.5传感器。

将它们像图6-13一样连接起来,使用Arduino IDE将对应程序烧写进物联网套件内,就能实现小小气象站的应用了。

小小气象站的预期功能如下:

（1）小小气象站可以实时监测空气温湿度与PM1.0、PM2.5、PM10和甲醛含量等各项空气质量数据。

（2）小小气象站可以将各项气象数据上传至物联网云平台,实现小小气象站的联网。

6.3　物联网大应用

6.3.1　物联网与家居

随着人们生活水平的提高,人们对生活质量的追求也越来越高。物联网的发展使每个人的生活发生了意想不到的改变。例如,通过一句语音指令来控制家电设备的开启和关闭,根据光照情况对窗帘的打开和关闭进行控制,自动对可燃气体、厨卫漏水以及火灾的检测和报警等。这些智能家居产品,都可以借助物联网技术实现。

目前,物联网技术在家电行业中的应用具有良好的群众基础,是物联网技术与社会群众联系最为紧密的行业,如海尔集团研发的最新款"物联网冰箱"。如图 6-14 所示,此冰箱具有多项应用功能,如可视电话功能、浏览信息、播放音频等,将生活功能与娱乐功能相结合,有效改善了传统冰箱的基础功能。通过物联网网桥,使得用户能够通过互联网、手机等与各类电气设备进行交流,促使物联网技术与社会生活之间的联系性不断提升,为生活提供更多基础化的服务。

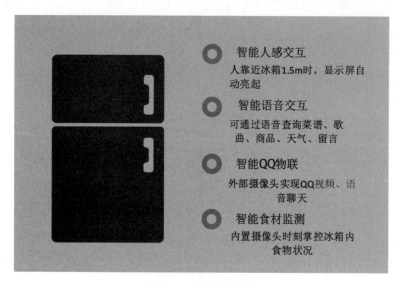

图 6-14　物联网冰箱

通过 Bluetooth 等物联网技术进行设计,用户可以使用手机对家中安装的智能家居设备进行远程控制,甚至可以设置成各种模拟场景。通过触发某一条件(如室内空气质量下降),智能家居系统开始进行全屋的智能联动。例如,通过物联网技术将家庭环境设置成回家模式。当用户回到家门口,通过指纹密码锁进入到家中时,相关的指纹信息传递给智能控制主机,主机启动回家模拟场景,实现玄关、客厅的照明设施的启动;回家模式下关闭的燃气和自来水的智能阀门打开,热水器和空调设备启动等,为用户创造一个舒适的回家环境。

除了上述情况外,门铃也能设置成可视屏幕,分为内外两块。内部屏幕是一块可移动式的平板,方便住户在房间内每个角落接听门铃。内屏上显示门外的监控图像,可以看到人像后选择接听或挂断。外部屏幕是一块液晶显示屏,来访者能够在其上看见主人的反馈。在主人平板的操作下,外屏上会显示"谢谢您的送餐,辛苦了""不好意思,稍等一下"等语句,具有一定的实时交互性。

物联网与家居的结合,使每个人家里的电子器件都变得"活泼"起来。当然,仅仅让这些电子器件连上网络是不够的,人们需要更好地利用这些电子元件产生的数据,并利用这些数据更好地为当前家庭服务。考虑到网络带宽和数据私密保护,人们希望这些数据最好只在本地流通,直接在本地处理即可。人们需要网关作为边缘结点,让它自己消费家庭里所产生的数据。同时由于数据的来源有很多(可以是来自计算机、手机、传感器等任何智能设备),

人们需要定制一个特殊的操作系统,以至于它能把这些抽象的数据揉和在一起并能有机地统一起来。

6.3.2　物联网与农业

据预测,到 2050 年,我国农业物联网将为粮食产量带来 70% 的增量,足够养活 96 亿人。Beecham 研究分析师 Therese Cory 表示:"为了解决更多食物的需求,必须克服气候变化日益加剧和极端天气条件下的挑战,以及集约化农业实践对环境的影响。"传统农业,浇水、施肥、打药,农民全凭经验。如今,走进农业生产基地,看到的却是另一番景象:瓜果蔬菜该不该浇水、施肥、打药?怎样保持精确的浓度、温度、湿度、光照、二氧化碳浓度?如何按需供给?一系列农作物在生长周期曾被"模糊"处理的问题,现在都有信息化智能监控系统实时定量"精确"把关。农民只需按个开关,做个选择,或是完全听"指令",就能种好菜、养好花。

现代城市中,在农业方面的发展重点以种植大棚为主。如图 6-15 所示,通过将物联网技术引入到大棚农业种植中,指导相关农业工作者进行合理的大棚农作物的养护工作。利用传感器等仪器,对农作物生长的环境(温湿度、光照情况、二氧化碳浓度等)进行实时监测,并将相关的数据参数数字化、趋势化。此外,当某个环境因素超过了规定范围要求,还可以产生预警信息通知相关农业工作者,及时采取有效的措施解决问题。

同时物联网技术在农业节水灌溉、粮食存储、水产养殖等方面应用也十分广泛。例如,物联网技术对农业生产活动中所需要的土壤养分进行监测,便于为选取相应的种植作物提供基本的参考建议。对农业生产的粮食信息进行检测和采集,便于相关监督管理部门进行科学化决策,以此来保障粮食安全。通过物联网对农业温室大棚进行监控,实现田间自动化管理,能够对土壤湿度数据进行监控,实行多点滴灌补水。

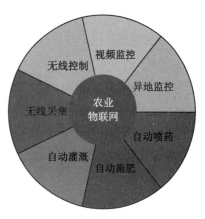

图 6-15　农业物联网的架构

物联网与农业的结合,不仅使现代农业快速实现了科学栽培与精准操控的发展目标,而且能为温室精准调控提供科学依据,达到增产、改善品质、调节生长周期、提高经济效益的目的。

6.3.3　物联网与救援

近年来,我国的自然灾害、事故灾害频繁发生,对人民的财产安全和生命安全造成了重大的损害。如图 6-16 所示,物联网安防技术,作为一个与人类生命安全息息相关的行业,从地震发生前的安防预警、地震救援中的视频监控与生命探测,到人员救援中的远程救灾指挥系统的应用等,都能大显身手,为抗震救灾提供技术上的有力支撑。

对于应急救援过程来说,获得灾害发生地的各种信息,如灾情的发展趋势、灾情的范围、物资补给情况、交通状况等信息,从而尽最大努力争取救援时间,是必须要考虑的事情。通过对山坡、桥梁、建筑设施等容易发生灾害的地方或相关设施中植入的传感设备,形成传感网络。当发生灾害时,传感设备可以将发生灾害地区的地理位置、地理环境、灾区的范围、灾区的运输路线、温度、湿度等情况进行感知，并将感知的信息通过无线通信网络发送出去。在应急救援的过程中应用物联网技术，快速获取相关灾害信息的同时，将采集到的信息进行处理，对有效地组织救援工作，进一步提高救援工作的效率有很大的帮助。

图 6-16　物联网救援架构

物联网与救援活动的结合，可以保证救援人员明确地获取救援目的地，从而实施有效的救援。救援中心也能通过传感网络发来的感知信息进行汇总和处理，也能向可能会受到灾害危害的地区进行预警，同时对高危害的地区临时布置密集的传感网络，以便能够更快地通过传感器得到该地区的有关信息。

6.3.4　物联网与 5G

2018 年 6 月 13 日，3GPP 全会（移动通信网标准制定机构）批准了第五代移动通信技术标准（5G NR）独立组网功能冻结，至此宣告 5G 技术具备独立部署的能力，为运营商和产业合作伙伴带来新的商业模式，开启一个全连接的新时代。

与 4G 时代相比，5G 的提升是全方位的。5G 的三大应用场景——增强型移动互联网业务 eMBB、海量连接的物联网业务 mMTC、超高可靠性与超低时延业务 uRLLC，意味着更高带宽、更低时延、更海量的接入能力。其中最重要的不是带宽的提升，而是与物联网的结合。在后两种应用场景中（uRLLC 和 mMTC），主要就是面向物联网的应用需求。其中mMTC 是针对未来海量低功耗、低带宽、低成本和时延要求不高的场景所设计。

5G 将为物联网应用场景下亟待解决的问题带来优秀的解决方案。万物互联的场景下，机器类通信、大规模通信、关键性任务的通信对网络的速率、稳定性、时延等提出更高的要求。目前 4G 通信技术不能满足需求的场景，如自动驾驶汽车、无人机飞行、VR/AR、移动医疗、远程操作复杂的自动化设备等都将是 5G 大显身手的地方。

物联网将是 5G 发展的主要动力，业内认为 5G 是为万物互联设计的。到 2021 年，将有280 亿部移动设备实现互联，其中 IoT 设备将达到 160 亿部。未来十年，物联网领域的服务对象将扩展至各行业用户，M2M 终端数量将大幅激增，应用无所不在。

本章开始利用物联网硬件进行开发,本章及后续章节设计如下:

第6章为物联网开发平台框架与设计思路简介。通过介绍物联网开发平台的整体架构与本书的内容设计,使读者对物联网开发平台有初步的了解。

第7章为物联网基础技术入门。通过一个个有趣的小实验,可以初探物联网技术,为实现物联网小应用打下基础。

第8章为物联网进阶实验介绍。本章将介绍各功能扩展板,学习短距离、中长距离与超长距离的传输方式,通过空气质量传感器等丰富的传感器资源实现自己的物联网初级应用的开发。

第9章为物联网综合应用。本章将提供多个涵盖智慧家居、智慧医疗、智慧农业等领域的物联网综合应用方案。读者可参考本章提供的方案,搭建自己的物联网综合应用系统。

习题

1. 5G为物联网的发展带来了哪些助力?

2. 日常生活中有哪些物联网的应用?请举出两个例子。

3. 物联网开发平台由哪些部分组成?

4. 物联网开发套件由哪些功能模块组成?

5. 你最感兴趣的物联网开发平台应用是哪一个?这个应用需要使用哪一块扩展板?

物联网开发基础入门

通过上一章的学习,你一定对物联网世界充满了好奇,到底怎样才能实现那些炫彩夺目的奇妙功能呢? 本章将以物联网基础实验板为载体,从简单有趣的小实验开始,带你走进物联网世界的大门。有关本书所采用的物联网学习资料/配套实验板详情可查看 https://teacher.bupt.edu.cn/gaozehua/zh_CN/index.htm(可扫描二维码链接),或者联系作者(swsmail@163.com)。

7.1　物联网基础实验板

物联网是一门应用性很强的学科,是通信网络的延伸,强大的应用性需要学习者具有一定的动手实践能力。本节将通过讲解物联网基础实验板,使读者对 AVR 单片机及其基本应用有初步的认识。

7.1.1　物联网基础实验板简介

本书选用的配套基础实验板如图 7-1 所示。该实验板是学习物联网知识与进行相关实验的基础电路板,其可分为七个模块,分别为数码管模块、拨码开关模块、蜂鸣器模块、LED 模块、三极管模块、按键模块、传感器模块。

下面对实验板的各模块进行简单介绍。

(1) LED 单元,由 4 个 LED 和 4 个限流电阻组成。通过学习 7.2 节,将实现点亮单个 LED、LED 呼吸灯、流水灯等功能。

(2) 全彩色 LED 单元,由 1 个 RGB-LED 灯和 3 个限流电阻组成,可通过电信号控制 RGB-LED 发出的颜色。

(3) 七段数码管单元,主要由两位七段数码管和两个 74HC595 芯片组成。两个 74HC595 芯片对数码管进行段选和位选,从而控制数码管每一段的亮暗,进而显示不同数字。该部分可对各个实验进行计数,记录及显示实验中的重要参数或结果。

(4) 按键和拨码开关单元。本实验板按键采用机械弹性开关,即用力按下时接通,松手时断开。拨码开关则是多个开关的集成。通过按键和拨码开关对实验进行模式切换或者其他重要操作。

(5) 传感器单元。通过传感器对环境参数的感知,将环境变量转换为电信号,对其他元

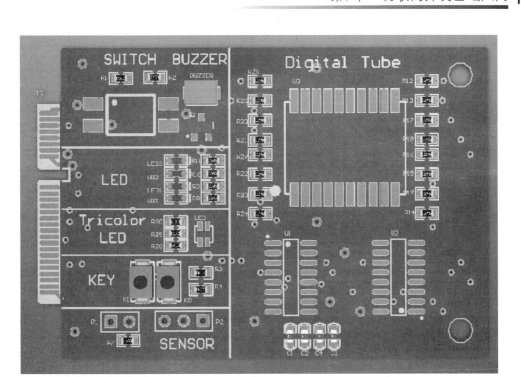

图 7-1 基础实验板设计平面图

件进行开关控制或读出环境参数,如光强报警器、温度计等。

(6)蜂鸣器单元。通过电信号控制蜂鸣器,产生不同音调的声音,本实验板采用无源蜂鸣器,可实现音乐电子琴等功能。

本节所介绍的基础实验板是诸多物联网实验中的基础电路板,读者应将此板熟练掌握。以上各单元电路图详见 7.3 节。

7.1.2 基础实验板资源分配

实验板的接口采用 PCIE 接口,PCIE 即 PCI-Express(peripheral component interconnect express),是一种高速串行计算机扩展总线标准。实验板各单元与 PCIE 的连接方式及 PCIE 与 Arduino 端口的对应关系如表 7-1 所示。

表 7-1 实验板端口分配表

Arduino 端口名	PCIE 端口名	所 放 器 件
A0	A0(Analog in)	LM35D
A1	A1(Analog in)	按键 0
A2	A2(Analog in)	按键 1
A3	A3(Analog in)	光敏电阻
A4	A4(Analog in)	两片 74HC595 的 12 号引脚
A5	A5(Analog in)	第一片 74HC595 的 14 号引脚
2	D2(IO)	两片 74HC595 的 11 号引脚
3(PWM)	D3(PWM+IO)	全彩 LED——R

续表

Arduino 端口名	PCIE 端口名	所 放 器 件
4	D4(IO)	第一、二片 74HC595 的 13 号引脚
5(PWM)	D5(PWM+IO)	全彩 LED——G
6(PWM)	D6(PWM+IO)	LED0
7	D7(IO)	LED1
8	D8(IO)	LED2
9(PWM)	D9(PWM+IO)	LED3
10(PWM)	SI(PWM+IO)	蜂鸣器(无源)
11(PWM)	CS(PWM+IO)	全彩 LED——B
12	SO(IO)	拨码开关 0
13	SCK(IO)	拨码开关 1

其中,两片 74HC595 的 11 号与 12 号引脚分别对应移位寄存器时钟与锁存寄存器时钟,第一片 74HC595 的 14 号引脚作用是串行输入,两片芯片的 13 号引脚同为三态控制功能。其余 74HC595 各引脚连接方式详见图 7-4。

7.1.3 基础实验板的功能单元

使用实验板之前,需熟悉各个单元的器件原理图及功能。

1. LED 显示单元

LED 灯单元电路如图 7-2 所示。由 4 个 LED 对应 4 个限流电阻组成。通过控制是否给 LED 加压控制 LED 的亮暗。它是半导体二极管的一种,可以把电能转化成光能。发光二极管与普通二极管一样是由一个 PN 结组成,也具有单向导电性。

2. 全彩色 RGB LED 单元

全彩色 LED 单元电路如图 7-3 所示。通过控制 RGB 三极管的三个引脚的接通来控制三极管的颜色,是以三原色共同交集成像。

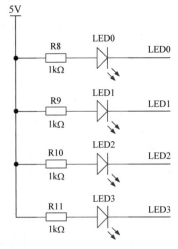

图 7-2　LED 灯单元电路

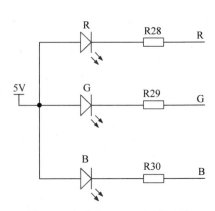

图 7-3　全彩色 RGB 三极管电路

3. 数码管显示单元

两位七段数码管显示电路如图 7-4 所示,每位由 7 段发光二极管组成。通过控制电压的有无去控制每一段二极管的亮暗,不同的亮暗组合就能显现不同的数字。

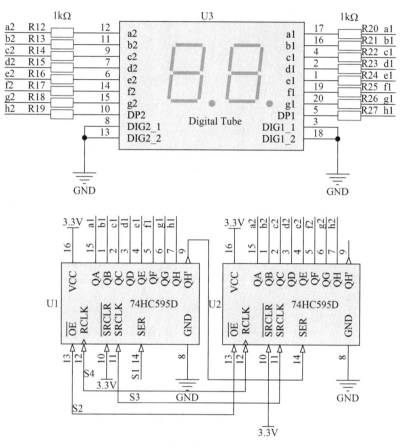

图 7-4 两位七段数码管显示电路

4. 拨码开关及按键单元

拨码开关及按键单元电路如图 7-5 所示。通过控制电路的接通与否来控制实验中模式的转换及计数等功能。拨码开关每一个键对应的背面上下各有两个引脚,拨至 ON 一侧,则下面两个引脚接通;反之则断开。这两个拨码开关是独立的,相互没有关联。

5. 蜂鸣器单元

蜂鸣器单元电路如图 7-6 所示。通过 NPN 型三极管和上拉电阻与下拉电阻来控制蜂鸣器的响亮与稳定。本实验板采用的是无源蜂鸣器模块,声音频率可控,可以做出音阶的效果。

6. 传感器单元

传感器单元电路如图 7-7 所示。传感器模块分别用到了温度传感器 LM35D 及直插式光敏电阻。其中温度传感器 LM35D 的测量范围为 $0\sim100℃$。

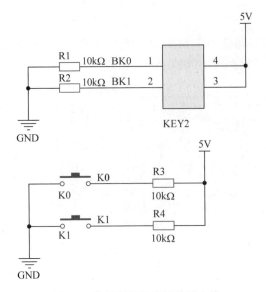

图 7-5 拨码开关及按键单元电路

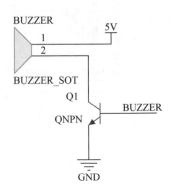

图 7-6 蜂鸣器单元电路

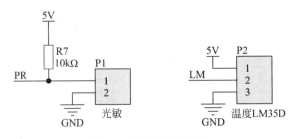

图 7-7 传感器单元电路

在后续的进阶学习中,将会用到以上各个单元来实现诸如光强报警器、音乐电子琴等有趣的功能。

7.2 点亮 LED

上一节介绍了物联网基础实验板的基本结构,接下来开始利用这块基础实验板做一些有趣的实验。学习计算机语言时,编写的第一个程序是输出"Hello Word!",这里第一步要做的就是让板上的 LED 亮起来。

发光二极管简称为 LED,如图 7-8 所示,由含镓(Ga)、砷(As)、磷(P)、氮(N)等的化合物制成。当电子与空穴复合时能辐射出可见光,砷化镓二极管发红光,磷化镓二极管发绿光,碳化硅二极管发黄光,氮化镓二极管发蓝光。

要把 LED 用于照明,必须有了红、绿、蓝三原色后,才能产生照亮世界的白色光源。蓝色 LED 的诞生经历了很长的时间,2014 年诺贝尔物理学奖揭晓,日本科学家赤崎勇、天野浩和美籍日裔科学家中村修二因发明"高亮度蓝色发光二极管"共获殊荣,按照诺奖评选委员会的说法,这项发明之所以获奖,是因为这种用全新方式创造的白色光源"让我们所有人受益""他们的发明具有革命性,白炽灯点亮了 20 世纪,21 世纪将由 LED 灯点亮"。

图 7-8　双列直插式 LED

7.2.1　安装集成开发环境

Arduino 是目前非常流行的创客工具，它封闭了底层硬件，有丰富的库提供使用，让使用者专注于功能的实现，达到简单快速的开发目的。

Arduino 包含硬件部分和软件部分，硬件部分是可以用来作电路连接的 Arduino 电路板，如第一节介绍的 AVR 主控板；软件部分是 Arduino 集成开发环境（Arduino IDE），我们在 IDE 中编写程序代码，将程序上传到 AVR 主控板后，程序便会告诉电路要做什么。

1. 下载 Arduino IDE

Arduino IDE 的官网下载地址为 https://www.arduino.cc/en/Main/Software，支持 Windows、Mac OS 和 Linux，其下载页面如图 7-9 所示，根据所用的操作系统选择对应平台的安装包。

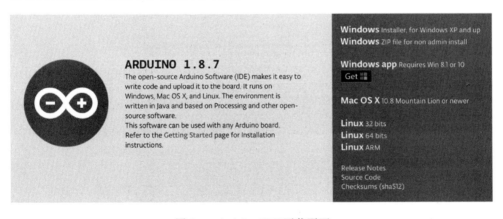

图 7-9　Arduino IDE 下载页面

2. 安装 Arduino IDE

下载好安装包后，开始安装 Arduino IDE，如图 7-10 所示。

单击 I Agree 按钮进入下一步，如图 7-11 所示。

安装所有扩展部分程序包，单击 Next 按钮，如图 7-12 所示。

选择安装路径，单击 Install 按钮。之后等待安装完成即可。

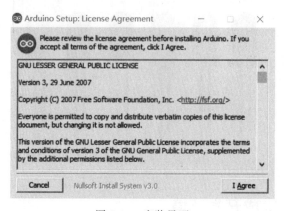

图 7-10 安装界面

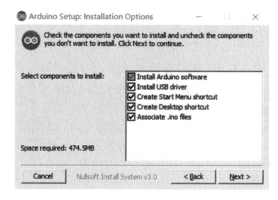

图 7-11 安装选项

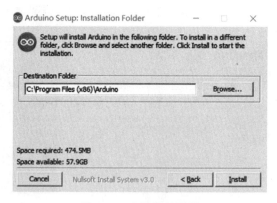

图 7-12 安装路径页面

3. 有关安装串口驱动

在烧写程序之前,先要安装串口驱动。插上 USB 烧写线后,打开设备管理器,在端口中选择要安装驱动的端口,如图 7-13 所示。

单击鼠标右键选择更新驱动程序,选择"浏览我的计算机以查找驱动程序软件",Arduino 驱动程序就在 Arduino IDE 里的 drivers 文件夹中。定位到该文件夹,计算机会自动搜寻到所需要的驱动,完成更新驱动后,程序就可以成功烧写到开发板中。

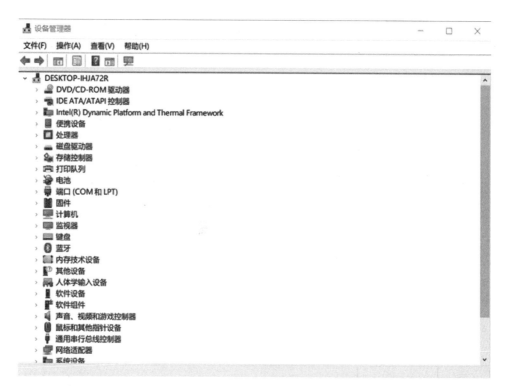

图 7-13　安装驱动端口界面

4. 启动 Arduino IDE

Arduino IDE 安装完成后,可以看到桌面上的新图标。打开软件,出现图 7-14 所示的界面。中间的主窗口为代码区域,上方的快捷图标按钮依次是"验证""上传""新建""打开"和"保存",右上角为串口监视器,打开串口监视器即可看到串口的数据传输情况。

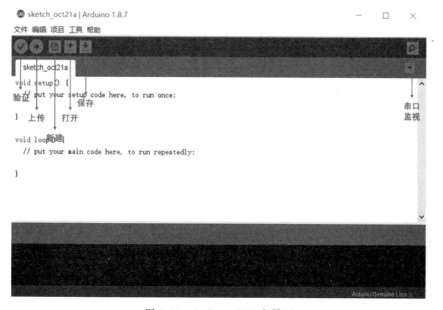

图 7-14　Arduino IDE 主界面

接下来就可以使用 Arduino IDE 为硬件烧写程序了。使用 USB 烧写线将主控板与计算机连接起来。单击工具栏选择要烧写的开发板 Arduino/Genuino Uno,选择对应的串口,编程器选择 AVRISP mkII。程序验证无误后,单击上传按钮即可。

上传程序大概几秒钟,显示"上传成功"后,表明开发板已经被烧写完毕,如图 7-15 所示。

图 7-15　烧写完毕

7.2.2　点亮第一个 LED

此次实验要用到的是基础实验板上的 LED 显示部分,在基础实验板上有 4 个单色 LED 和 1 个 RGB LED,它们的资源分配情况如表 7-2 所示。该表给出了各 LED 与 PCIE 和 Arduino 端口的对应关系,其中 Arduino 端口名指的是 AVR 单片机 ATmega328P 对应的端口。

表 7-2　板载 LED 资源分配表

Arduino 端口名	PCIE 端口名	元 器 件
3(PWM)	D3(PWM+IO)	全彩 LED——R
5(PWM)	D5(PWM+IO)	全彩 LED——G
10(PWM)	SI(PWM+IO)	全彩 LED——B
6(PWM)	D6(PWM+IO)	LED0
7	D7(IO)	LED1
8	D8(IO)	LED2
9(PWM)	D9(PWM+IO)	LED3

在上一节中已经给出了 4 个单色 LED 与 AVR 单片机的连接关系，这里再重画一下，如图 7-16 所示。其中 LED0 与 AVR 单片机的数字 I/O 口 6 相连，接下来首先点亮 LED。

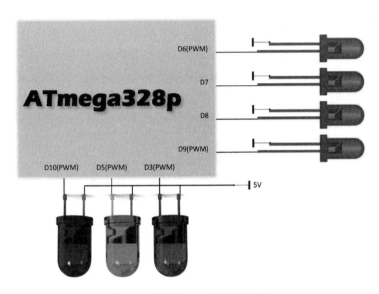

图 7-16　板载 LED 连接示意图

点亮 LED 的操作步骤如下：

（1）将 AVR 主控板插入底板。

（2）将基础实验板插入底板的 PCIE 槽并固定。

（3）通过 USB 线将主控板与计算机主机相连。

（4）启动 Arduino IDE，输入清单 7-1 中的代码。

清单 7-1　实验"点亮第一个 LED"代码

```
void setup() {
  pinMode(LED_BUILTIN, OUTPUT);
}
void loop() {
  digitalWrite(LED_BUILTIN, HIGH);              // 将 LED 灯点亮
  delay(1000);                                  // 等待 1s
  digitalWrite(LED_BUILTIN, LOW);               // 将 LED 灯熄灭
  delay(1000);                                  // 等待 1s
```

该程序中的第二行代码，pinMode(LED_BUILTIN，OUTPUT)；其中 LED_BUILTIN 被声明为输出端口。在基础实验板上，四个 LED 灯分别接到了主控板的 9、8、7、6 数字端口。可以任意更改程序语言来操控想要闪烁的 LED 灯。

验证并编译此代码，没有错误后单击下载按钮进行程序烧写。烧写成功后，可以看到实验板上的 LED 灯间隔 1s 的闪烁情况。

7.2.3　呼吸灯

呼吸灯实验用到了和上一个实验相同的器材，不一样的是要让板子上的 LED 灯呼吸起

来。怎样让灯呼吸起来呢？这里用到了 PWM 技术。PWM 是一种对模拟信号电平进行数字编码的技术。在用普通方法控制灯亮度时，只需给其高电平或者低电平。如果想让其在中间某个值进行控制，就需要使用 PWM 来控制。

目前的 PWM 控制方法分为三种：等脉宽 PWM 法、随机 PWM、正弦 PWM 法。本实验中用到最后一种方法，即正弦 PWM。它的原理是用脉冲宽度按正弦规律变化而和正弦波等效的 PWM 波形即正弦 PWM 波形控制逆变电路中开关器件的通断，条件是要使其输出的脉冲电压的面积与所希望输出的正弦波在相应区间内的面积相等，这样就可以通过改变调制波的频率和幅值来调节逆变电路输出电压的频率和幅值。正弦 PWM 调制思想原理图如图 7-17 所示。

主控板上一共有 6 个 PWM 引脚，分别是 3、5、6、9、10 和 11。与其他普通数字引脚所不同的是，它们可以输出 PWM 信号，进而模拟出高低电压之间的电压值。其原理就是在这些引脚中模拟正弦调制波发生电路，并用比较器来确定它们的交点，在交点时刻对开关器件

图 7-17　正弦 PWM 调制思想原理图

的通断进行控制。因此，可以在高低电平之间随意取值，来控制 LED 灯的亮度变化。

这里注意，其他数字引脚也可以用编写程序的方式获得 PWM 功能。例如清单 7-2 中的代码，就是通过编写算法的方式来实现正弦波调制，从而达到控制 LED 灯的亮度变化的效果。

1. 输入代码

打开 Arduino IDE，输入以下代码。

清单 7-2　实验"呼吸灯"代码

```
int ledPin = 9;
float sinVal;
int ledVal;
void setup() {
pinMode(ledPin, OUTPUT);
}
void loop() {
for (int x = 0; x < 180; x++) {
// convert degrees to radians then obtain sin value
sinVal = (sin(x * (3.1412/180)));
ledVal = int(sinVal * 255);
analogWrite(ledPin, ledVal);
delay(25);
}
}
```

烧写成功后，可以看到基础实验板上的 LED 灯由暗平稳地过渡到亮，再由亮平稳地过渡到暗，至此完成了 LED 灯的呼吸。

2. 代码详解

基础实验板上的四个 LED 灯有两个接到了 PWM 引脚上，选择其中一个进行呼吸灯实

验。可以将 ledPin 更改成 6 或者 9(PWM 引脚)。随后程序设置了一个浮点数值和一个整型数值。sinVal 是在一个正弦波上取得值(这里有一个角度制和弧度制之间的变换),ledVal 是将 sinVal 转换为亮度后取得整型值,再将 ledVal 数值送到 PWM 引脚。

用一个 for 循环逐个取值(注意只取正弦函数的曲线中大于零的一部分),这样就可以实现 LED 灯的亮度像正弦波的波形一样,缓慢地由暗变亮,再由亮变暗,一直重复。

7.2.4 流水灯

通过学习上面两组实验,对控制板载 LED 灯有了一定的了解,接下来要学习同时控制一组 LED 灯。

街道上经常会看到一些广告牌上逐渐出现画面,这其实就是一组 LED 的流水效果,其实现并不难,对此只需要掌握数组的概念就可以了。在 C 语言编程中数组起到了极大的作用,在本实验中使用数组也可以很大程度地降低操作难度。

1. 输入代码

打开 Arduino IDE,输入以下代码。

清单 7-3 实验"流水灯"代码

```
byte ledPin[] = {6, 7, 8, 9};                         // 生成 LED 引脚数组
int ledDelay(65);                                     // 每次变化的时间间隔
int direction = 1;
int currentLED = 0;
unsigned long changeTime;
void setup() {
  for (int x = 0; x < 4; x++)
  {
  // 把所有引脚都设置为输出
    pinMode(ledPin[x], OUTPUT);
  }
  changeTime = millis();
}
void loop() {
  if ((millis() - changeTime) > ledDelay)
  {
  // 从上次 LED 状态改变后经过 ledDelay ms 间隔
  changeLED();
  changeTime = millis();
  }
}
void changeLED() {
  for (int x = 0; x < 4; x++) {
  // 点亮所有 LED 灯
    digitalWrite(ledPin[x], LOW);
  }
  digitalWrite(ledPin[currentLED], HIGH);             // 点亮现在的 LED
  currentLED += direction;                            // 加上方向增量
  // 当点亮最后一个 LED 时改变流水灯的方向
```

```
    if (currentLED == 3) {direction = -1;}
    if (currentLED == 0) {direction = 1;}
}
```

烧写成功后,可以看到基础实验板上的 LED 灯逐个亮起,呈流水线变化。

2. 代码详解

首先创建一个包含 LED 引脚的数组,数组里的引脚值代表了这个 LED 灯的状态,把引脚状态置高表示此灯已被点亮,把引脚状态置低表示此灯已被熄灭。

接下来设定延迟时间,延迟时间越大,流水效果越缓慢。

direction 变量表示流水效果的方向,currentLED 变量表示正在被点亮的 LED 编号(在本次试验中,LED 灯的编号分别为 0、1、2、3)。

在 changeLED() 函数中,LED 灯从 0 到 3 依次被点亮,每次在 0 号 LED 和 3 号 LED 被点亮时,direction 变量就被更改一次,方向取反,如此完成往复流水点亮的动作。

7.2.5 彩色 LED

彩色 LED 有共阴极和共阳极两种,通过 PWM 控制红、绿、蓝三种颜色的强度,即可组合出各种颜色。

基础实验板上配置了 RGB LED 灯。它是由红、绿、蓝三色光加法混合而成,三色光被分为 256 阶亮度值(通常称其为灰度值,是表示白色与黑色之间按对数关系分成的若干等级量值),0 时光强最弱,即熄灭状态,255 时光强最强。当三色灰度数值相同时,产生不同灰度值的灰色调,即三色灰度都为 0 时,是最暗的黑色调;三色灰度都为 255 时,是最亮的白色调;当三色灰度值不同时,则会叠加出各种颜色。根据加法混合的原则,越叠加越明亮。表 7-3 中给出了几个例子。

表 7-3 RGB 颜色值列举

颜　　色	R	G	B	值
黑色	0	0	0	#000000
象牙黑	41	36	33	#292421
暖灰色	128	128	105	#808069
天蓝	135	206	235	#87CEEB
粉红	255	192	203	#FFC0CB
亚麻色	250	240	230	#FAF0E6
白色	255	255	255	#FFFFFF

目前 RGB LED 灯的应用十分广泛,大多数显示器都用到了 RGB 颜色标准。按照计算,每一个颜色都有 256 种亮度值,三色灯即可得到 $256 \times 256 \times 256 = 16\ 777\ 216$ 种不同的颜色(即日常所说的 1600 万色),可以给用户带来极致丰富多彩的视觉体验。

本实验就将探寻 RGB LED 灯的发光原理,并通过程序控制光强叠加出需要的颜色。

1. 输入代码

打开 Arduino IDE,输入以下代码。

清单 7-4 实验"RGB LED 灯"代码

```
float RGB1[3];
float RGB2[3];
float INC[3];
int red, green, blue;
int RedPin = 3;
int GreenPin = 5;
int BluePin = 10;
void setup()
{
  randomSeed(analogRead(0));
  RGB1[0] = 0;
  RGB1[1] = 0;
  RGB1[2] = 0;
  RGB2[0] = random(256);
  RGB2[1] = random(256);
  RGB2[2] = random(256);
}
void loop()
{
  randomSeed(analogRead(0));
  for (int x = 0; x < 3; x++) {
    INC[x] = (RGB1[x] - RGB2[x]) / 256;
  }
  for (int x = 0; x < 256; x++) {
    red = int(RGB1[0]);
    green = int(RGB1[1]);
    blue = int(RGB1[2]);
    analogWrite (RedPin, red);
    analogWrite (GreenPin, green);
    analogWrite (BluePin, blue);
    delay(100);
    RGB1[0] -= INC[0];
    RGB1[1] -= INC[1];
    RGB1[2] -= INC[2];
  }
  for (int x = 0; x < 3; x++) {
    RGB2[x] = random(556) - 300;
    RGB2[x] = constrain(RGB2[x], 0, 255);
    delay(1000);
  }
}
```

烧写成功后,可以看到基础实验板上的彩色 LED 灯在缓慢变化成各种各样的颜色。

2. 代码详解

在基础实验板上找到 RGB 的三个引脚：3、5、10。因为需要产生颜色逐渐变化的效果，所以要用到呼吸灯实验中用到的 PWM 技术，这样可以得到所有想要的颜色。

首先定义两个存放 R、G、B 值的数组，一个构成了彩灯变化前的颜色，一个构成了彩灯变化后的颜色，INC 是表示变化前后 R、G、B 三个数值的增量的数组。接着定义彩灯的三个引脚，基础实验板上采用了共阳的接法。

接下来在 setup()函数里定义初始值，因为彩灯最开始是熄灭状态，所以变化前的数组值被设置成 0、0、0。之后采用 random 取随机数的方法定义变化后的颜色。

循环函数中定义了增量数组的运算方法，并运用 for 循环使得彩灯不断变化颜色。

7.2.6 Arduino 主控板简介

Arduino Uno 开发板(以 ATmega328 MCU 控制器为基础)具备 14 路数字输入/输出引脚(其中 6 路可用于 PWM 输出)、6 路模拟输入、一个 16MHz 陶瓷谐振器、一个 USB 接口、一个电源插座、一个 ICSP 接头和一个复位按钮，如图 7-18 所示。它采用 ATmega16U2 芯片进行 USB 到串行数据的转换。Uno PCB 的最大长度和宽度分别为 2.7 英寸[①]和 2.1 英寸，USB 连接器和电源插座超出了以前的尺寸。4 个螺丝孔让电路板能够附着在表面或外壳上。请注意，数字引脚 7 和 8 之间的距离是 160 密耳[②](0.16")，不是其他引脚间距(100 密耳)的偶数倍。它包含了组成微控制器的所有结构，同时，只需要一条 USB 数据线连接至计算机。

图 7-18 Arduino 主控板

---

① 1 英寸＝2.54 厘米。
② 1 密耳＝0.0254 毫米。

7.2.7 Arduino Uno 引脚简介

Arduino Uno 可通过 USB 连接或者外部电源供电。外部(非 USB)电源可以是 AC-DC 适配器,也可以是电池。通过将 2.1mm 中心正极插头插入电路板的电源插座即可连接适配器。电池的引线可插入电源连接器的 Gnd 和 Vin 排针。电路板可由 6~20V 外部电源供电。然而,如果电源电压低于 7V,那么 5V 引脚可能会提供低于 5V 的电压,电路板也许会不稳定。如果电源电压超过 12V,稳压器可能会过热,从而损坏电路板。电压范围建议为 7~12V。电源引脚如下:

(1) VIN。使用外部电源时 Arduino 板的输入电压(与通过 USB 连接或其他稳压电源提供的 5V 电压相对)可以通过该引脚提供电压。

(2) 5V。该引脚通过电路板上的稳压器输出 5V 电压。电路板可由 DC 电源插座(7~12V)、USB 连接器(5V)或电路板的 VIN 引脚(7~12V)供电。通过 5V 或 3.3V 引脚供电会旁路稳压器,从而损坏电路板。不建议如此。

(3) 3V3。板载稳压器产生的 3.3V 电源。最大电流消耗为 50mA。

(4) GND。接地引脚。

(5) IOREF。Arduino 板上的该引脚提供微控制器的工作电压参考。配置得当的盾板可以读取 IOREF 引脚电压,选择合适的电源或者启动输出上的电压转换器以便在 5V 或 3.3V 电压下运行。

(6) 利用 pinMode()、digitalWrite() 和 digitalRead() 功能,Uno 上的 14 个数字引脚都可用作输入或输出。它们的工作电压为 5V。每个引脚都可以提供或接受最高 40mA 的电流,都有 1 个 20~50kΩ 的内部上拉电阻器(默认情况下断开)。此外,某些引脚还具有特殊功能:串口——0(RX)和 1(TX)。用于接收(RX)和发送(TX)TTL 串口数据。这些引脚与 ATmega8U2 USB 转 TTL 串口芯片的相应引脚相连。

(7) 外部中断:2 和 3。这些引脚可以配置成在低值、上升或下降沿或者数值变化时触发中断。详情请参照 attachInterrupt() 功能。

(8) PWM:3、5、6、9、10 和 11。为 8 位 PWM 输出提供 analogWrite() 功能。

(9) SPI:10(SS)、11(MOSI)、12(MISO)、13(SCK)。这些引脚支持利用 SPI 库进行 SPI 通信。

(10) LED:13。有 1 个内置式 LED 连至数字引脚 13。在引脚为高值时,LED 打开;引脚为低值时,LED 关闭。Uno 有 6 个模拟输入,编号为 A0~A5,每个模拟输入都提供 10 位的分辨率(即 1024 个不同的数值)。默认情况下,它们的电压为 0~5V,虽然可以利用 AREF 引脚和 analogReference() 功能改变其范围的上限值。

(11) TWI:A4 或 SDA 引脚和 A5 或 SCL 引脚。支持通过线库实现 TWI 通信。

(12) AREF。模拟输入的参考电压。与 analogReference() 一起使用。

(13) Reset。降低线路值以复位微控制器。通常用于为盾板添加复位按钮。

将以上信息汇总成表格格式如表 7-4 所示。

表 7-4　引脚汇总表

引脚号 (P1)	接口对应	引脚属性	引脚属性	接口对应	引脚号 (P2)	主控模块
1	IOREF	电压基准	电压基准	AREF	1	
2	RESET	重置	接地	GND	2	
3	3.3V	电平	数字 I/O 口	13(SCK)	3	
4	5V	电平	数字 I/O 口	12(S0)	4	
5	GND	接地	模拟 I/O 口	～11(SI)	5	
6	GND	接地	模拟 I/O 口	～10	6	
7	VIN	电压基准	模拟 I/O 口	～9	7	
8	NC	置 空	数字 I/O 口	8	8	
9	A5	模拟口输入	数字 I/O 口	7	9	
10	A4	模拟口输入	数字 I/O 口	～6	10	
11	A3	模拟口输入	模拟 I/O 口	～5	11	
12	A2	模拟口输入	数字 I/O 口	4	12	
13	A1	模拟口输入	模拟 I/O 口	～3	13	
14	A0	模拟口输入	数字 I/O 口	2	14	
15	SCL	I2C	异步串口	TX→1	15	
16	SDA	I2C	异步串口	RX←0	16	

7.3　七段数码管

7.3.1　数码管简介

数码管,英文名称 Segment Displays,是把多个发光二极管封装在一起,组成数字 8,或者米字形的器件。一个完整的七段数码管由七个 LED 并联组成,想要显示 1、2、3 等字符,点亮相应的数码管组成该字符即可。

数码管是由发光二极管组成的,发光二极管有两种驱动方式,数码管自然也有两种驱动方式,分别为共阴极与共阳极。共阳极是指数码管内部 LED 的正极接在一起,想要点亮 LED,拉低相应的负极即可。共阴极是指数码管内部 LED 的负极接在一起,想要点亮 LED,拉高相应的正极即可。共阴极数码管原理图如图 7-19 所示。

7.3.2　锁存器简介

本节采用了两位七段数码管进行显示,当需要具体指定某位数码管进行显示时,需要使用锁存器将信号暂存以维持某种电平状态,从而解决驱动的问题。本节中采用的是 74HC595,该芯片可以将当前输入的状态在输出脚锁住,这样,即使输入变化,输出也能保持不变,如图 7-20 所示。

7.3.3　数码管显示

通过将所有数码管的 7 个发光二极管显示 a、b、c、d、e、f、g 端与 74HC595 的同名端连在一起,通过基础板控制锁存器的输出,使其对应的二极管显示,从而组合成 0～9 等数字。

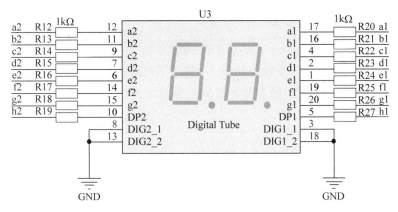

图 7-19　共阴极数码管驱动电路图

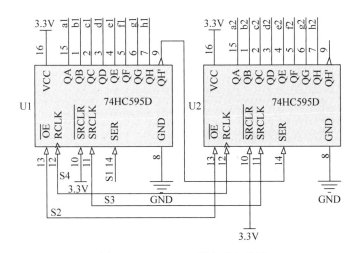

图 7-20　74HC595 锁存器电路图

数码管板载资源分配如表 7-5 所示。

表 7-5　数码管板载资源分配表

Arduino 端口名	PCIE 端口名	所 放 器 件
A4	A4(Analog in)	两片 74HC595 的 12 号引脚
A5	A5(Analog in)	第一片 74HC595 的 14 号引脚
2	D2(I/O)	两片 74HC595 的 11 号引脚
4	D4(I/O)	第一、二片 74HC595 的 13 号引脚

器件准备：

（1）一个物联网套件基础实验板。

（2）一个 328p 主控板。

（3）一个通用底板。

（4）一根 USB 线。

7.3.4 数码管静态显示

数码管静态显示,就是每一个数码管的段码都要独占具有锁存功能的输出口,CPU 把要显示的字码送到输出口上,使数码管显示对应的字符,直到下一次送出另外一个字码之前,显示的内容一直不会消失;静态显示法的优点是显示稳定、亮度大,节约 CPU 时间,但占有 I/O 口线较多,硬件成本高。

1. 操作流程

连接基础板、主控板到底板上。使用 USB 烧写线将主控板连接至计算机,打开 Arduino IDE,输入清单 7-5 中的代码。

清单 7-5

```
/*
数码管静态显示
数码管显示数字 0～9
*/
byte DIGITAL_DISPLAY[10][8] = {          //设置 0～9 数字所对应数组
{ 1,0,0,0,0,1,0,0 }, // = 0
{ 1,0,0,1,1,1,1,1 }, // = 1
{ 1,1,0,0,1,0,0,0 }, // = 2
{ 1,0,0,0,1,0,1,0 }, // = 3
{ 1,0,0,1,0,0,1,1 }, // = 4
{ 1,0,1,0,0,0,1,0 }, // = 5
{ 1,0,1,0,0,0,0,0 }, // = 6
{ 1,0,0,0,1,1,1,1 }, // = 7
{ 1,0,0,0,0,0,0,0 }, // = 8
{ 1,0,0,0,0,0,1,0 } // = 9
};
void setup() {                            //设定 4～11 号数字端口为输出
for( int i = 4;i <= 11;i++){
pinMode(i, OUTPUT);
}
}

void loop() {
//0～9 数字显示
int pin = 4;
digitalWrite(pin, DIGITAL_DISPLAY[0][0]);
pin++;
delay(1000);
}
```

编译此代码,没有错误后单击下载按钮进行程序烧写。烧写成功后,可以看到实验板上的数码管静态显示数字 0。

2. 代码详解

该程序中函数 DIGITAL_DISPLAY[][]表示显示的数字,可通过数组的值来确定数码管显示数字 0～9。其中 setup()函数设定了 4～11 号数字端口为输出端口。在基础实验板上,数码管将静态显示数字 0～9。可以任意更改程序语言来操控想要显示的数字。

7.3.5 数码管动态显示

动态显示的特点是将所有位数码管的段选线并联在一起,由位选线控制是哪一位数码管有效。选择数码管采用动态扫描显示。所谓动态扫描显示即轮流向各位数码管送出字形码和相应的位选,利用发光二极管的余晖和人眼视觉暂留特点,使人感觉好像各位数码管同时都在显示。显示器的亮度与导通电流有关,也与点亮时间和间隔时间的比例有关。

1. 操作流程

连接基础板、主控板到底板上。使用 USB 烧写线将主控板连接至计算机,打开 Arduino IDE,输入清单 7-6 中的代码。

清单 7-6

```
/*
数码管动态显示
数码管连续循环显示 0~9
*/
void setup()
{
  for(int i = 0;i < 8;++i){
    pinMode(i + 2,OUTPUT);
  }
  pinMode(12,OUTPUT);
  pinMode(13,OUTPUT);
}
int a2g[10][9] = {
    {0,0,0,0,0,0,1},                                //0
    {1,0,0,1,1,1,1},                                //1
    {0,0,1,0,0,1,0},                                //2
    {0,0,0,0,1,1,0},                                //3
    {1,0,0,1,1,0,0},                                //4
    {0,1,0,0,1,0,0},                                //5
    {0,1,0,0,0,0,0},                                //6
    {0,0,0,1,1,1,1},                                //7
    {0,0,0,0,0,0,0},                                //8
    {0,0,0,0,1,0,0},                                //9
};
void loop()
{
    for(int k = 0;k <= 9;++k){
     for(int k2 = 0;k2 <= 9;++k2){
        for(int i = 0;i < 100;++i){
            digitalWrite(13,1);
              digitalWrite(12,0);
          for(int i = 0;i < 8;++i){
              digitalWrite(i + 2,a2g[k][i]);
          }
            delay(10);
          digitalWrite(12,1);
        digitalWrite(13,0);
```

```
        for( int i = 0;i < 8;++i){
         digitalWrite(i + 2,a2g[k2][i]);
        }
        delay(10);
      }
     }
    }
   }
```

编译此代码,没有错误后单击下载按钮进行程序烧写。烧写成功后,可以看到实验板上的数码管动态地连续循环数字 0～9。

2. 代码详解

该程序中,首先使用数组 a2g[10][9] 将数字 0～9 存储起来,然后从简单入手,先写一个二位数字,此刻易发现数组 a2g[k][i] 中的 k 控制一个位上的数字,那么如果让个位依次变,只需一个 for 循环,要使个位变而十位不变,需要一个 for 循环去嵌套个位的 for 循环,便可得到一个从 01 至 99 连续循环显示的程序。同样可以任意更改程序语言来操控想要显示的数字。

7.4 按键和拨码开关

7.4.1 按键开关

利用金属簧片作为开关接触片的为按键开关,接触电阻小,手感较好,使用时有"滴答"声音,如图 7-21 所示。

7.4.2 拨码开关

拨码开关与按键的操作方式不同,其是多个开关的集成,采用的是 0/1 的二进制编码原理,当该键拨至 ON 一侧时,该键对应的这一对引脚接通,反之则断开,如图 7-22 所示。拨码开关最大的优势是可以通过多个键组合多种状态,例如本书配套的开发板中使用的是有两个键的拨码开关,可根据这两个键的状态共同组成 00、01、10、11 四种状态。

图 7-21 按键开关

图 7-22 2 位拨码开关

7.4.3　按键消抖

按键会在闭合或断开的瞬间有一连串的抖动,如图 7-23 所示,在闭合或断开的瞬间会反复在闭合与断开状态之间切换。因此,为防止程序在按键抖动期间多次响应,必须对按键进行消抖处理。

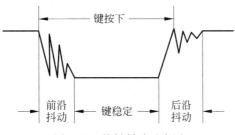

图 7-23　按键抖动示意图

按键消抖分为硬件消抖和软件消抖,本书只讨论软件消抖并在之后给出消抖的测试代码,若读者对硬件消抖感兴趣可自行去网上查阅相关资料。

软件消抖的原理是当程序第一次检测到按键按下后延时一小段时间后再次确认按键的状态,以判断按键是否真正被按下。如图 7-23 所示,当程序第一次检测到按键接通时按键还处于前沿抖动阶段,这时候将程序延时一段时间,按键到达键稳定阶段的时候程序再次检测一下按键的状态,确定按键已经被按下。按键的抖动时间是由机械特性决定的,通常情况下抖动时间为 5~10ms。

按键消抖测试代码:

```
/*
每当输入引脚发生高低电平的变化时(比如由于矩阵按键被按下了),或当输出引脚发生高低电平的
变化时,程序就应该暂停一小段时间来避免这个抖动的干扰(或者说避免这种电子噪声的干扰)。

电路搭建:
*  LED 连接 13 号引脚和 GND
*  矩阵按键连接 2 号引脚和 + 5V
*  10kΩ 电阻连接 2 号引脚和 GND
*/

// 常量,用来定义引脚号码
const int buttonPin = 2;         // 连接矩阵按键的引脚
const int ledPin = 13;           // LED 引脚

// 变量的声明与定义
int ledState = HIGH;             // 记录 LED 的状态
int buttonState;                 // 记录按键的状态
int lastButtonState = LOW;       // 上一次按键的状态

// 以下代码以 long 类型声明,因为时间值以毫秒为单位(用整型会很快溢出)
long lastDebounceTime = 0;       // 按键最后一次被触发
long debounceDelay = 50;         // 为了滤去抖动暂停的时间,如果发现输出不正常增加这个值
```

```
void setup() {
  pinMode(buttonPin, INPUT);
  pinMode(ledPin, OUTPUT);

  // 设置 LED 初始状态
  digitalWrite(ledPin, ledState);
}

void loop() {
  // 读取按键状态并存储到变量中
  int reading = digitalRead(buttonPin);

  // 检查下按键状态是否改变(换句话说,输入是否是从 LOW 到 HIGH)
  // 检查是否距离上一次按下的时间已经足够滤去按键抖动

  // 如果按键状态和上次不同
  if (reading != lastButtonState) {
    // 记录初始时间
    lastDebounceTime = millis();
  }

  if ((millis() - lastDebounceTime) > debounceDelay) {
    // 离初始时间已经过了按键抖动出现的时间,因此当前的按键状态是稳定状态

    // 如果按键状态改变了
    if (reading != buttonState) {
      buttonState = reading;

      // 只有在稳定下按键状态下 HIGH 时才打开 LED
      if (buttonState == HIGH) {
        ledState = !ledState;
      }
    }
  }

  // 设置 LED
  digitalWrite(ledPin, ledState);

  // 保存处理结果
  lastButtonState = reading;
}
```

7.4.4 设计按键计数器

按键经过消抖处理之后,可通过设计按键计数器来深入学习按键的使用。本节利用开发板设计一个手动按键计数器,手动控制按键给脉冲信号实现计数,并使用数码管显示按键按下次数。

按键计数器测试代码:

```
// 定义按键的针脚号为 2 的整型常量
```

```
const int buttonPin = 2;
// 定义 LED 输入针脚号为 13 号针脚
// 注:此处使用的 LED 神灯是 Arduino Uno 电路板自带,
// 此神灯对应的针脚号默认为 13,此数值不得随意更改,
// 所以这里定义的数值 13 是为了和默认值相对应.
const int ledPin = 13;
// 定义用来记录按键次数的整型变量
int buttonPushCounter = 0;
// 记录当前按键的状态
int buttonState = 0;
// 记录按键之前的状态
int lastButtonState = 0;
// 对 Arduino 电路板或相关状态进行初始化方法
void setup() {
    // 设置按键的针脚为输入状态
    pinMode(buttonPin, INPUT);
    // 设置电路板上 LED 神灯的针脚状态为输出状态
    pinMode(ledPin, OUTPUT);
    // 开启串行通信,并设置其频率为 9600
    // 如果没有特别要求,此数值一般都为 9600
    Serial.begin(9600);
}
// 系统调用,无限循环方法
void loop() {
    // 读取按键的输入状态
    buttonState = digitalRead(buttonPin);
    // 判断当前的按键状态是否和之前有所变化
    if (buttonState != lastButtonState) {
        // 判断当前按键是否为按下状态
        // 如果为按下状态,则记录按键次数的变量加 1
        if (buttonState == HIGH) {
            // 将记录按键次数的变量加 1
            buttonPushCounter++;
            // 向串口调试终端打印字符串"on",
            // 表示当前按键状态为按下接通状态,
            // 输出完成之后自动换行
            Serial.println("on");
            // 向串口调试终端打印字符串
            // "number of button pushes: ",此处没有换行
            Serial.print("number of button pushes: ");
            // 接着上一行尾部,打印记录按键次数变量的数值
            Serial.println(buttonPushCounter);
        } else {
            // 向串口调试终端打印字符串"off",
            // 表示当前按键状态为松开状态,也即断开状态
            Serial.println("off");
        }
        // 为了避免信号互相干扰,
        // 此处将每次按键的变化时间间隔延迟 50ms
        delay(50);
    }
```

```
// 将每次 loop 结束时最新的按键状态进行更新
lastButtonState = buttonState;
// 每单击 4 次,更新一次 LED 神灯状态.
// 这里的百分号是求余数的意思,
// 每次除以 4,余数等于零说明按键单击的次数是 4 的整数倍,即此时更新 LED 神灯
if (buttonPushCounter % 4 == 0) {
  // 点亮 LED 神灯
  digitalWrite(ledPin, HIGH);
} else {
  // 熄灭 LED 神灯
  digitalWrite(ledPin, LOW);
}
}
```

7.5　自动控制路灯

通过前几节的实验,已经对基础实验板有深层次的了解,接下来将要对基础实验板上的光敏电阻进行学习和研究,并且学会利用光敏电阻实现自动控制路灯实验、光强报警器实验和调节台灯实验。在实验之后,可以独立思考完成实验反思的问题。

7.5.1　光敏电阻

光敏电阻(Photo resistor or light-dependent resistor,后者缩写为 LDR)或光导管(photoconductor),是用硫化隔或硒化隔等半导体材料制成的特殊电阻器,其工作原理是光照越强,阻值就越低,随着光照强度的升高,电阻值迅速降低。光敏电阻对光线十分敏感,其在无光照时,呈高阻状态,暗电阻一般可达 $1.5M\Omega$,如图 7-24 所示。光敏电阻的特殊性能,随着科技的发展得到极其广泛的应用。

图 7-24　光敏电阻

光敏电阻器一般用于光的测量、光的控制和光电转换(将光的变化转换为电的变化)。常用的光敏电阻器是硫化镉光敏电阻器,它是由半导体材料制成的。光敏电阻器对光的敏感性(即光谱特性)与人眼对可见光($0.4\sim0.76\mu m$)的响应很接近,只要人眼可感受的光,都会引起它的阻值变化。设计光控电路时,都用白炽灯泡(小电珠)光线或自然光线作控制光源,使设计大为简化。光敏电阻板载资源分配如表 7-6 所示。

表 7-6　光敏电阻板载资源分配表

Arduino 端口名	PCIE 端口名	所 放 器 件
A3	A3(Analog in)	光敏电阻
6(PWM)	D6(PWM+IO)	LED0
7	D7(IO)	LED1
8	D8(IO)	LED2
9(PWM)	D9(PWM+IO)	LED3

7.5.2 实验目的

（1）了解光敏电阻原理。

（2）熟悉基础实验板上光敏电阻的使用。

（3）学会用 Arduino 通过光敏电阻控制基础实验板。

7.5.3 实验软硬件

（1）一个物联网套件基础实验板。

（2）一个 328p 主控板。

（3）一个通用底板。

（4）Arduino 开发环境。

7.5.4 基础实验

1. 自动控制路灯

1）实验要求

利用光敏电阻实现：当光强较强时，基础实验板上 LED 灯熄灭，当光强较弱时，基础实验板上 LED 灯明亮。由此可以实现自动控制路灯的功能，白天光照较强，路灯关闭；晚上光照较弱，路灯开启。

2）设计思路

通过光敏元件感知光强，并通过 Arduino 控制路灯开关（即基础实验板上 LED 灯的亮灭）。

3）实验相关电路

实验电路图如图 7-25 所示。

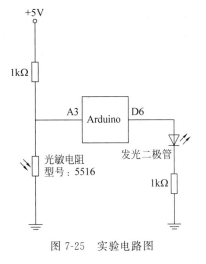

图 7-25 实验电路图

4）实验步骤

连接基础板、主控板到底板上。使用 USB 烧写线将主控板连接至计算机，打开 Arduino IDE，输入实验代码。验证并编译实验代码，没有错误后单击下载按钮进行程序烧写。烧写成功后，可以看到实验板上的 LED 灯随光照强度变化而亮灭。

5）实验代码与解析

```
int threshold = 400;                    //光强值,根据实际情况调整
void setup ( )
{
    Serial.begin(115200);
    pinMode(6, OUTPUT);                 //设置输出端口,即数字口 D6
}
void loop( )
{
    int n = analogRead(A3);             //读取模拟口 A3,即光照电阻口
    Serial.println(n);
```

```
        if (n > threshold )              //晚上光线暗,n 值变大
            digitalWrite(6, HIGH);       //点亮路灯(D6 连接的 LED)
        else
            digitalWrite(6, LOW);        //关闭路灯(D6 连接的 LED)
        delay(100);
    }
```

2. 光强报警器

1) 实验要求

利用光敏电阻实现当光强高于某一预定值时,触发声光报警,即基础实验板上 LED 灯明亮,蜂鸣器发声。由此可以实现光强报警器的功能,当光强达到一定阈值时,触发声光报警,以适时调低亮度或者采取应急措施。

2) 设计思路

通过光敏元件感知光强,并通过 Arduino 控制基础实验板上 LED 灯和蜂鸣器。与第一个小实验光照暗亮灯不同的是,这个实验光照强到一定值之后,才触发声光报警,判断条件与上一实验相反。实验相关电路同图 7-25。

3) 实验步骤

连接基础板、主控板到底板上。使用 USB 烧写线将主控板连接至计算机,打开 Arduino IDE,输入实验代码。验证并编译实验代码,没有错误后单击下载按钮进行程序烧写。烧写成功后,可以看到当光强达到一定程度的时候,实验板上的 LED 灯明亮,并且蜂鸣器发声。一旦光强减弱,LED 灯熄灭,蜂鸣器停止发声。

4) 实验代码与解析

```
int threshold = 400;                     //报警光强值,根据实际情况调整
void setup ( )
{
    Serial.begin(115200);
    pinMode(6, OUTPUT);                  //设置光亮输出端口,即数字口 D6
    pinMode(11, OUTPUT);                 //设置蜂鸣器输出端口,即数字口 D11
    digitalWrite(11, LOW);               //设置蜂鸣器初始状态
}
void loop( )
{
    int n = analogRead(A3);              //读取模拟口 A3,即光照电阻口
    Serial.println(n);
    if (n < threshold )                  //光强越大,n 值越小
        digitalWrite(6, HIGH);           //点亮 D6 连接的 LED
        digitalWrite(11, HIGH);          //让蜂鸣器报警
    else
        digitalWrite(6, LOW);            //关闭 D6 连接的 LED
        digitalWrite(11, LOW);           //关闭蜂鸣器声音
    delay(100);
}
```

3. 调节台灯

1) 实验要求

利用光敏电阻实现光照变化时,影响着基础实验板上 LED 灯的亮度的变化。由此可以

实现根据光照强度自动调节台灯亮度的功能。

2）设计思路

通过光敏元件感知光强，并通过 Arduino 控制 LED 灯的光亮强度。实验所涉及的 PWM 知识，在 7.2 节中有详细介绍。实验相关电路同图 7-25。

3）实验步骤

连接基础板、主控板到底板上。使用 USB 烧写线将主控板连接至计算机，打开 Arduino IDE，输入实验代码。验证并编译此代码，没有错误后单击下载按钮进行程序烧写。烧写成功后，可以看到实验板上的 LED 灯的亮度随光照强度变化而变化。

4）实验代码与解析

```
void setup()
{
Serial.begin(115200);
        pinMode(6,OUTPUT);              //设置输出端口，即数字口 D6
}

void loop()
{
int n = analogRead(A3);              //读取光强
Serial.println(n);                   //光线越暗，n 值越大
analogWrite(10, 255 - n/4);          //PWM 波的占空比越小
delay(200);
}
```

7.5.5　实验反思

如何让发光二极管变成呼吸灯？

如何设计炫彩台灯？即控制彩色发光二极管，根据不同光强显示不同颜色的光。

7.6　音乐电子琴

7.1 节介绍了基础实验板的基本构造，继而学习了点亮 LED、七段数码管、按键和拨码开关、自动控制电路等项目操作。接下来这一部分是制作音乐电子琴。

此次实验用到的是基础实验板的蜂鸣器模块电路部分，它的资源分配情况如表 7-7 所示。

表 7-7　音乐电子琴资源分配表

Arduino 端口名	PCIE 端口名	所放器件
11(PWM)	CS(PWM+IO)	蜂鸣器（无源）

器件准备：

（1）一个物联网套件基础实验板。

（2）一个 328p 主控板。

（3）一个通用底板。

（4）一根 USB 线。

7.6.1 实验原理

蜂鸣器是一种一体化结构的电子讯响器,分为有源蜂鸣器与无源蜂鸣器。这里的"源"不是指电源,而是指震荡源,有源蜂鸣器内部带震荡源,所以只要一通电就会响,而无源内部不带震荡源,所以如果仅用直流信号无法令其鸣叫,但是根据输入信号源的不同,可以发出不同频率的声音,因此利用这个原理制作音乐电子琴。从外观上看,两种蜂鸣器区别不大,但将两种蜂鸣器的引脚都朝上放置时,可以看出有绿色电路板的一种是无源蜂鸣器,没有电路板而用黑胶封闭的一种是有源蜂鸣器,如图 7-26 所示。

(a) 有源蜂鸣器　　　　　　(b) 无源蜂鸣器

图 7-26　有源蜂鸣器与无源蜂鸣器

前面讲到一首乐曲由若干音符组成,每个音符由音调和演奏时间组成。不同的音调在物理上就对应不同频率的音符。所以只要控制输出的频率和时长即可输出一首音乐。若控制 Arduino 输出对应频率的 PWM 到喇叭,喇叭就会发出相应频率下的声音。表 7-8 给出了 C 调简谱中中高音音符和频率对应表。

表 7-8　音符和频率对应表（MHz）

分类	Do	Re	Mi	Fa	Sol	La	Si
中音	262	294	330	349	392	440	494
高音	523	587	659	698	784	880	988

7.6.2 振荡频率的产生

既然有了音符和频率的对应表,那么振荡频率如何产生呢?

本书采用的是 Arduino 的 tone() 函数,该函数可以产生固定频率的 PWM 信号来驱动扬声器发声。发声时间长度和声调都可以通过参数控制。定义发声时间长度有两种方法,第一种是通过该函数的参数来定义发声时长,另一种是使用 noTone() 函数来停止发声。如果在使用 tone() 函数时没有定义发声时间长度,那么除非通过 noTone() 函数来停止声音,否则 Arduino 将会一直通过 tone() 函数产生声音信号。

Arduino 一次只能产生一个声音。假如 Arduino 的某一个引脚正在通过 tone() 函数产生发声信号,那么此时让 Arduino 使用另外一个引脚通过 tone() 函数发声便不可实现。

1. 录音样带

```
void setup()
{
}
void loop()
{
pinMode(11,OUTPUT);
tone(11,500);                    // 11 号引脚输出频率为 500Hz,用来控制音调
  }
```

2. 语法

```
Tone(pin,frequency)
Tone(pin,frequency,duration)
```

3. 参数

（1）pin：发声引脚（该引脚需要连接扬声器）。

（2）frequency：发声频率（单位为 Hz）。

（3）duration：发声时长（单位为 μs,此参数为可选参数）。

7.6.3　生日歌制作

通过前面知识的铺垫,图 7-27 所示是生日歌的简谱,下面对应表 7-8 给出生日歌的完整代码。

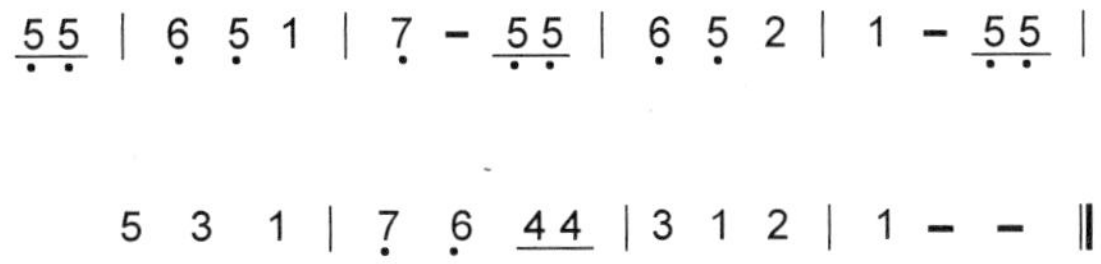

图 7-27　生日歌简谱

完整代码：

```
# define Do 262
# define Re 294
# define Mi 330
# define Fa 349
# define Sol 392
# define La 440
# define Si 494
# define Do_h 523
# define Re_h 587
# define Mi_h 659
# define Fa_h 698
# define Sol_h 784
# define La_h 880
# define Si_h 988
int length;
int scale[ ] = {Sol,Sol,La,Sol,Do_h,Si,
            Sol,Sol,La,Sol,Re_h,Do_h,
```

```
              Sol, Sol, Sol_h, Mi_h, Do_h, Si, La,
              Fa_h, Fa_h, Mi_h, Do_h, Re_h, Do_h};          //生日歌曲谱
  float durt[ ] =
  {
    0.5, 0.5, 1, 1, 1, 1 + 1,
    0.5, 0.5, 1, 1, 1, 1 + 1,
      0.5, 0.5, 1, 1, 1, 1, 1,
        0.5, 0.5, 1, 1, 1, 1 + 1,
  };                                                         //音长
  int tonepin = 11;                                          //用 11 号引脚
  void setup()
  {
    pinMode(tonepin, OUTPUT);
    length = sizeof(scale)/sizeof(scale[0]);                 //计算长度
  }
  void loop()
  {
    for(int x = 0; x < length; x++)
    {
      tone(tonepin, scale[x]);
      delay(500 * durt[x]);          //这里用来根据节拍调节延时,500 这个指数可以自己调整
      noTone(tonepin);
    }
    delay(2000);
  }
```

习题

1. 试写出基础实验板各个单元及其实验功能。
2. 试通过改变程序语言来切换闪亮的 LED 灯。
3. 调整程序,使 LED 流水灯按照自己想要的顺序闪烁。
4. 按照书中所给程序,实现自动控制路灯的实验效果。

## 第8章

物联网进阶实战

物联网大背景下,各种智能硬件涌现。通过前几章的学习,我们掌握了主控板和常用传感器的使用,利用这些传感器可以采集到智能硬件的数据信息,但是怎么做到各种智能硬件的互通互联呢?

本章将介绍物联网中几种主流的无线通信技术及其对应的开发扩展板,包括 LoRa 扩展板、ZigBee 扩展板、WiFi 扩展板、Bluetooth 扩展板、RFID 扩展板和 NB-IoT 扩展板,如图 8-1 所示。下面将详细介绍每个扩展板的组成部分、资源分配,并以实验来阐述其工作原理。物联网无线通信技术是万物互联互通的基础,这部分内容对物联网开发者而言,是必不可少的进阶部分。

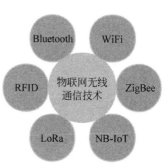

图 8-1 几种主流的物联网
无线通信技术

8.1 Bluetooth

Bluetooth 技术是一种低功耗、短距离无线通信技术,其最初的设计目标就是在短距离内取代数字设备之间的多种线缆连接方式。

Bluetooth 技术自提出以来,其协议版本也进行了多次更新升级,由最初的 1.1、1.2、2.0、2.1、3.0、4.1、4.2 版本到现在最新的 Bluetooth5.0 版本。最新的 Bluetooth5.0 版本由 Bluetooth 技术联盟在 2016 年提出,其针对低功耗设备速度有相应提升和优化,还结合 WiFi 对室内位置进行辅助定位,提高传输速度,增加有效工作距离。Bluetooth5.0 针对低功耗设备,有着更广的覆盖范围并且相较上一版本 4.2 有着 4 倍的速度提升,还加入室内定位辅助功能,结合 WiFi 可以实现精度小于 1m 的室内定位。传输速度上限为 24Mb/s,是之前 4.2 版本的 2 倍,其有效工作距离可达 300m,是之前 4.2 版本的 4 倍。

Bluetooth 技术具有体积小、重量轻、成本低、结构紧凑、功率低、功能强大的特点,几乎可以集成在任何设备中。Bluetooth 技术应用广泛,如图 8-2 所示,可应用于移动电话、家庭及办公室电话系统中,打造个人局域网,实现真正意义上的个人通信;也可以实现数据共享、资料同步,在商务办公方面提供便利;Bluetooth 技术还可以将信息家电、家庭安防设施、家居自动化与某一类型的网络进行有机结合,建立一个智能家居系统。

图 8-2　Bluetooth 技术应用场景

8.1.1　Bluetooth 扩展板

Bluetooth 扩展板的板载资源主要包括 Bluetooth 模块、语音模块、按键和指示灯。此外,Bluetooth 扩展板还包括天线、麦克风等资源,并且提供了一个有两组排针的下载调试串口。其 3D 布局图如图 8-3 所示。

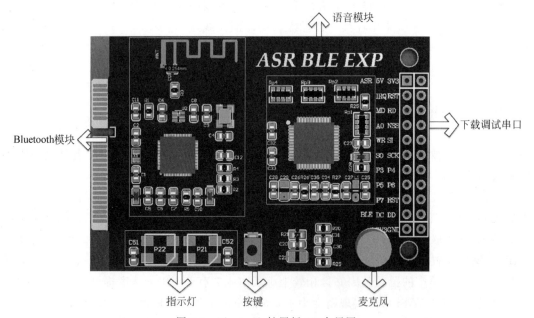

图 8-3　Bluetooth 扩展板 3D 布局图

1. Bluetooth 模块

Bluetooth 模块是 Bluetooth 扩展板的核心模块,采用德州仪器公司的 CC2540 单模 Bluetooth 芯片,该芯片是 BluetoothRF 收发器和 8051 单片机的组合,自带 Flash 和 8KB RAM。CC2540 是基于 Bluetooth4.0 技术的短距离无线通信收发芯片,带有外扩天线接口和板载天线,工作于 2.4GHz 频段,具有功耗低、体积小、传输距离远、抗干扰能力强等特点。

Bluetooth 模块采用的是外接天线模式,CC2540 芯片的 P0_2 和 P0_3 是数据接收引脚 (RXD)和数据发送引脚(TXD),通过 PCIE 端口分别与 Arduino 主控板的 7 号引脚和 8 号 引脚相连,实现 Bluetooth 模块和 Arduino 开发板的数据通信功能。图 8-3 中标出的按键可 用于 CC2540 芯片的复位。

2. 语音模块

语音模块采用的是 LD3320 芯片,LD3320 芯片是一颗基于非特定人语音识别技术的语 音识别芯片,芯片上集成了高精度的 A/D 和 D/A 接口,不需要外接辅助的 Flash 和 RAM, 即可实现语音识别、声控、人机对话功能。图 8-3 中标出的麦克风用于语音信息的接收。

3. 下载调试串口

下载调试串口由两组排针组成,除了能够给语音模块下载程序外,还能够连接 CC Debugger 下载调试接口给 Bluetooth 模块烧写固件程序或下载指令程序实现透传功能。 表 8-1 描述了排针对应的 Bluetooth 调试串口和语音调试串口的引脚分配情况。

表 8-1 排针引脚资源分配表

功 能 模 块	Arduino Pin	排针引脚名称	芯片引脚名称	功 能 说 明
Bluetooth 调试串口	3V3	3V3	VDD	3.3V 供电
	GND	GND	GND	接地
	无	RST	RST_N	复位
	无	DD	P2_1	数字 IO 口
	无	DC	P2_2	数字 IO 口
语音调试串口	5V	5V	无	5V 供电
	GND	GND	GND	接地
	2	IRQ	INTB	中断输出
	9	RST	RSTB	复位
	无	MD	MD	设置工作方式
	无	RDB	RDB	读允许
	无	A0	A0	地址或数据端口
	4	NSS	SCS	SPI 片选输入
	无	WR	WRB	写允许
	11	SI	SDI	SPI 数据输入
	12	SO	SDO	SPI 数据输出
	13	SCK	SDCK	SPI 时钟
其余排针	6	A15	P21	信息指示灯
	5	A16	P22	信息指示灯

注:① Arduino Pin 为 Arduino 开发板对应引脚名称。

② "排针引脚名称"为排针的引脚名称。

③"芯片引脚名称"为"Bluetooth 调试串口""语音调试串口""其余排针"分别对应的 Bluetooth 芯片、语音芯片、 语音芯片的引脚名称。

④ SPI 接口是全双工三线同步串行外围接口,采用主从模式(Master/Slave)架构,支持多 Slave 模式应用,一般 仅支持单 Master。时钟由 Master 控制,在时钟移位脉冲下,数据按位传输,高位在前,低位在后(MSB first)。 有两根单向数据线,为全双工通信,目前应用中的数据速率可达几兆比特每秒的水平。其中,SDI 表示主器件 数据输出,从器件数据输入;SDO 表示主器件数据输入,从器件数据输出;SDCK 表示时钟信号,由主器件产 生;SCS 表示从器件使能信号,由主器件控制。

4. 指示灯

指示灯由两个全彩 LED 灯 P21 和 P22 并联组成,作为用户可编程控制的指示灯。全彩 LED 灯是一个集控制电路与发光电路于一体的智能外控 LED 灯源,它将控制电路与 RGB 芯片集成在一个 5050 灯珠元件中,构成一个完整的外控像素点,混色效果均匀且一致性高。

表 8-2 描述了 Bluetooth 扩展板各个模块的引脚资源分配情况。

表 8-2　Bluetooth 扩展板引脚分配表

功 能 模 块	Arduino Pin	PCIE Pin	引 脚 名 称	功 能 说 明
Bluetooth 模块	3V3	A6	VDD	3.3V 供电
	GND	GND	GND	接地
	8	B11	TXD	串口发送
	7	B12	RXD	串口接收
语音模块	3V3	A6	VDD	3.3V 供电
	GND	GND	GND	接地
	11	A2	SDI	SPI 数据输入
	12	A3	SDO	SPI 数据输出
	13	A4	SDCK	SPI 时钟
	9	B10	RSTB	复位
	4	B15	SCS	SPI 片选输入
	2	B17	INTB	中断输出
指示灯	6	A15	P21	信息指示灯
	5	A16	P22	信息指示灯

注:① Arduino Pin 为 Arduino 开发板对应引脚名称。

　　② PCIE Pin 为 PCIE 插槽对应引脚号或引脚名称。

　　③ 引脚名称为各个模块对应的引脚名称或器件名称。

　　④ "串口"即串行接口,是指数据一位一位地顺序传送,其特点是通信线路简单,只要一对传输线就可以实现双向通信。其中,TXD 指串口发送数据;RXD 指串口接收数据。

8.1.2　采用 Bluetooth 串口通信

1. 预期目标

通过 Arduino 开发板和 CC2540 模块之间的软串口向 CC2540 模块发送 AT 指令,配置 CC2540 模块的透传模式,将两个插入 Bluetooth 扩展板的 Arduino 开发板一个作为主机,一个作为从机,实现两个设备之间的短距离无线通信功能。

2. 工作原理

通过在 Arduino 主控板上设置软串口的方式来模拟 UART 串口通信,可以向软串口发送 AT 指令来控制 CC2540Bluetooth 模块工作于主模式或者从模式下。图 8-4 所示是 Bluetooth 传输示意图。工作于主模式下,Bluetooth 作为主设备可以向从设备发起呼叫,查找出周围处于可被查找的 Bluetooth 设备。主设备找到从设备后,需要输入从设备的 PIN 码,与从 Bluetooth 设备进行配对,配对完成后即可实现 Bluetooth 通信功能。工作于从模式下,从设备作为被查找设备,只需等待主设备发起的配对请求。

图 8-4　Bluetooth 传输示意图

3. 操作步骤

（1）使用 Arduino IDE 打开表 8-3 中给出的代码，验证成功后，将代码传到 Arduino 开发板中。

（2）将 Bluetooth 扩展板通过 PCIE 接口插入 Arduino 底板上。

表 8-3　Bluetooth 串口通信的 C 语言代码及代码说明

C 语言代码	代 码 说 明
| ```
#include <SoftwareSerial.h>
SoftwareSerial mySerial(8, 7);
void setup() {
  Serial.begin(9600);
  while (!Serial) {
    ; }
  mySerial.begin(9600);
  mySerial.println("AT");
  delay(1000);
  echo();
  mySerial.println("AT + ROLE1");
  echo();
  delay(1000);
  mySerial.println("AT + DISC?");
  echo();
}
``` | 导入 SoftwareSerial 软串口头文件<br>生成一个 SoftwareSerial 软串口实例 mySerial<br>初始化程序<br>设置 Serial 串口通信在 9600 波特率下进行<br>等待 Serial 串口连接，仅提供本地 USB 连接<br><br>将 mySerial 串口通信设置在 9600 波特率下进行<br>向 mySerial 串口发送 AT 指令<br>延时 1000ms 发送<br>将 CC2540 的返回指令显示在串口监视器中<br>将 CC2540 设置成主模式<br><br><br>获取 Bluetooth 从设备的 PIN 码 |
| ```
void loop() {
  if (mySerial.available()) {
    Serial.write(mySerial.read());
  }
  if (Serial.available()) {
    mySerial.write(Serial.read());
  }
}
``` | 该程序循环进行<br>mySerial 是否接收到数据<br>将 mySerial 读到的数据写入到 Serial<br>Serial 是否接收到数据<br>将 Serial 读到的数据写入到 mySerial |
| ```
void echo(){
  while (mySerial.available()) {
    Serial.write(mySerial.read());
  }
}
``` | 定义 echo 函数 |
```

（3）将一台 Bluetooth 从设备通过 USB 接口接入计算机。打开串口调试助手,在"串口选择框"选择与 Bluetooth 从设备相连的串口,设置波特率为 9600 波特,然后打开串口即可,如图 8-5 所示。

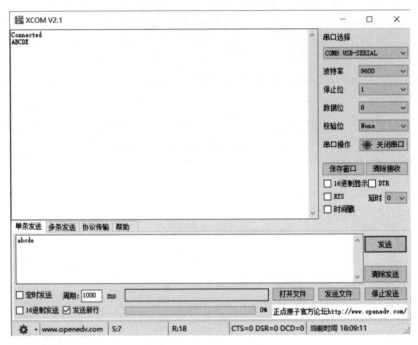

图 8-5　串口调试助手

（4）打开 Arduino IDE 中的串口监视器,如图 8-6 所示,可以看到从设备发回来的返回信息 OK＋DISC:C8FD194F7D04,冒号后是 12 位的 PIN 码。在发送栏中输入 AT＋CON［PIN 码］就可以看到 AT＋CONNA 和 Connecting 返回信息,表明正在连接;当看到 Connected 表明两台 Bluetooth 设备连接成功,此时串口调试助手的接收框中也会显示 Connected。在串口监视器里发送 ABCDE,可以看到串口调试助手接收框中显示 ABCDE;在串口调试助手发送框中发送 abcde,就会收到 abcde 的信息。

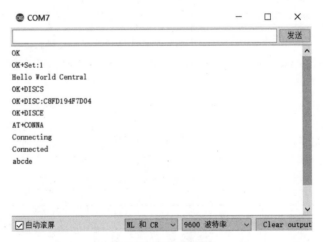

图 8-6　串口监视器

Bluetooth 串口通信的实物连接图如图 8-7 所示。

图 8-7 Bluetooth 串口通信实物连接图

8.2 WiFi

WiFi 是一种基于 IEEE 802.11 标准的无线局域网技术,其原意是一种认证标志,即 WiFi 联盟(WFA)制造商的商标作为产品的品牌认证。通过认证的设备保证能按照 802.11 协议相互兼容。目前 WiFi 传输技术中常使用 802.11g/n/ac 协议,以 802.11n 标准居多,工作在 2.4GHz 和 5GHz 两个频段。在家庭、学校以及企业中最常见的无线上网方式就是通过一个无线路由器将有线网络信号转换成无线信号,在无线路由器的电波覆盖的有线范围内都可以采用 WiFi 连接方式进行联网。

伴随着 WiFi 等无线通信技术的普及,有线设备被无线设备逐渐取代,人们已经进入一个全新的互联网时代——移动互联网时代。传统的家电设备、智能灯光、开关控制已经完美植入了 WiFi 无线通信技术中,想要完成对智能家居的远程控制只需要一部智能手机。WiFi 不仅能够用于智能家居中,还在自动化工厂、智慧物流、智慧医疗、智能照明等各种复杂的环境中广泛应用,如图 8-8 所示。

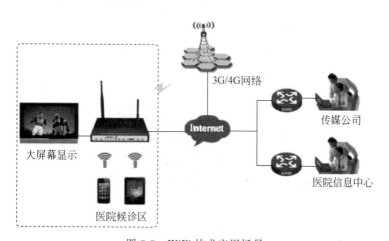

图 8-8 WiFi 技术应用场景

8.2.1 WiFi 扩展板

WiFi 扩展板的板载资源包括 WiFi 模块、粉尘传感器模块、土壤湿度传感器模块、电平转换模块、指示灯和下载调试串口等。其 3D 布局图如图 8-9 所示。下面分别对 WiFi 扩展板各个模块进行介绍。

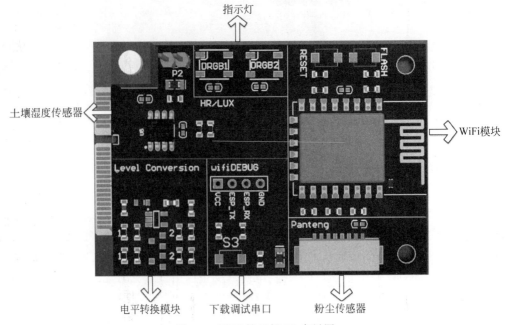

图 8-9　WiFi 扩展板 3D 布局图

1. WiFi 模块

WiFi 模块是 WiFi 扩展板上的核心模块，采用的是 ESP8266 芯片系列。ESP8266 是一款完整且成熟的芯片，可以作为一个独立的模块使用，它除了具有 WiFi 无线通信的功能，还拥有强大的片上处理和存储能力，使其可通过 GPIO 口集成传感器及其他应用的特定设备。在本小节中，将 ESP8266 模块作为一个单纯的 WiFi 无线通信模块，通过 Arduino 开发板来实现 ESP8266 与其他无线设备的透传功能。通过 PCIE 上的端口将 ESP8266 模块的 RXD 引脚和 TXD 引脚与 Arduino 开发板的 7 号和 6 号引脚相连，实现 Arduino 开发板和 ESP8266 芯片的数据传输功能。WiFi 模块上的 RESET 按键用于 ESP8266 的复位，Flash 按键提供下载模式。

2. 下载调试串口

扩展板上的一个 4 脚排针 wifiDebug 用于外接"USB 转 TTL"转串口模块，可以用来给 ESP8266 芯片烧写固件程序或者下载透传指令实现透传功能等。其引脚说明如表 8-4 所示。

3. 粉尘传感器

粉尘传感器模块主要由 8 脚排针 Panteng 和一个 LED 电源指示灯组成，通过排针接口的方式外接攀腾公司的 PMS5003 传感器，它是一款可以同时监测空气中颗粒物浓度、甲醛浓度及温湿度的三合一传感器。PMS5003 传感器上的数据发送引脚(TXD)和数据接收引脚(RXD)通过电平转换模块和 PCIE 接口与 Arduino 开发板上的 TX→1 和 RX→0 相连，实现 PMS5003 传感器和 Arduino 开发板上的数据传输功能。根据图 8-9 所示的 3D 布局图,Panteng 引脚名称从左到右依次为 VCC、GND、SET、RXD、TXD、RESET 和两个 NC。

表 8-4　下载调试串口 wifiDebug 引脚资源分配表

Arduino Pin	串口 Pin	引脚名称	功能说明
3V3	VCC	3.3V	3.3V 供电
GND	GND	GND	GND
无	ESP_TX	TXD	串口发送
无	ESP_RX	RXD	串口接收

注：① Arduino Pin 为 Arduino 开发板对应引脚名称。

② 串口 Pin 为下载调试串口 wifiDebug 的引脚名称。

③ 引脚名称为 WiFi 模块对应的引脚名称。

④ "串口"即串行接口,是指数据一位一位地顺序传送,其特点是通信线路简单,只需一对传输线就可以实现双向通信。其中,TXD 指串口发送数据;RXD 指串口接收数据。

4. 土壤湿度传感器

土壤湿度传感器模块主要由 LM393 电压比较器、电源指示灯和两脚排针 P2 以及一个复位按键 S3 组成,它可以通过排针 P2 外接土壤湿度传感器 FC-28 来检测土壤中的湿度(相对含水量)。土壤湿度传感器采集的湿度信息转换成电压信号输入到 LM393 的同相输入端 INB+ 和 Arduino 主控板的 A0 端口,OUTB 输出端和 Arduino 开发板的 2 号引脚相连,通过 Arduino 开发板检测高低电平,由此来检测土壤湿度。

5. 电平转换模块

电平转换模块采用 ME6211 稳压芯片,将 Arduino 开发板的 5V 供电电压转换成 3.3V,保证 PM2.5 的 TX、RX、SET 和 RESET 四个引脚的高电平电压为 3.3V,粉尘传感器能够正常工作。

6. 指示灯

指示灯由两个全彩 LED 灯 DRGB1 和 DRGB2 串联起来,用户可进行编程控制指示灯。

表 8-5 描述了 WiFi 扩展板各模块资源分配情况。

表 8-5　WiFi 扩展板引脚资源分配表

功能模块	Arduino Pin	PCIE Pin	引脚名称	功能说明
WiFi 模块	3V3	A6	VCC	3.3V 供电
	GND	GND	GND	接地
	7	A14	TXD	串口发送
	6	A15	RXD	串口接收
粉尘传感器	5V	A1	VCC	5V 供电
	GND	GND	GND	GND
	5	A16	SET	设置工作模式
	TX→1	B4	RXD	串口接收
	RX→0	B5	TXD	串口发送
	无	无	RESET	复位功能
	无	无	NC	空脚
	无	无	NC	空脚

续表

功 能 模 块	Arduino Pin	PCIE Pin	引 脚 名 称	功 能 说 明
土壤湿度	A0	B23	1	模拟量输入
传感器	GND	B0	2	接地
指示灯	9	B10	DRGB1	信息指示灯
	9	B10	DRGB2	信息指示灯

注：① Arduino Pin 为 Arduino 开发板对应引脚名称。

② PCIE Pin 为 PCIE 插槽对应引脚号或引脚名称。

③ "引脚名称"为各个模块对应的引脚名称或器件名称。

④ "串口"即串行接口，是指数据一位一位地顺序传送，其特点是通信线路简单，只要一对传输线就可以实现双向通信。其中，TXD 指串口发送数据；RXD 指串口接收数据。

⑤ 粉尘传感器中的 SET 引脚用来设置工作模式，高电平或悬空为正常工作状态，低电平为休眠状态；RESET 引脚通过 S3 按键实现复位功能。

8.2.2 采用 WiFi 联机通信

1. 预期目标

通过 Arduino 开发板和 ESP8266 模块之间的软串口向 ESP8266 模块发送 AT 指令，配置 ESP8266 模块的透传模式，实现 Arduino 开发板通过 WiFi 与 PC 计算机端之间的无线通信功能。

2. 工作原理

通过在 Arduino 开发板上设置软串口的方式来模拟 UART 串口通信，向软串口发送 AT 指令来控制 ESP8266 连接路由器（AP）工作于 station（客户端）模式，如图 8-10 所示。在这种模式下，ESP8266 模块和 Arduino 主控板之间相当于无线网卡和 PC 之间的关系。可以将 Arduino 开发板和 ESP8266 模块看作一台客户终端，将 PC 主机看作一台服务器，网络调试助手作为与客户端通信的应用软件，数据通信方式设置成 TCP（可靠传输）方式，这样每当向软串口写入发送信息时，ESP8266 模块都可以将信息透明地传输到服务器显示出来；反之，当服务器向客户终端发送信息时，可以通过 UART 串口将软串口接收到的信息通过串口监视器显示出来。

图 8-10　工作原理示意图

3. 操作流程

（1）使用 Arduino IDE 打开表 8-6 中给出的代码，验证成功后，将代码上传到 Arduino 开发板中。

（2）打开网络调试助手，如图 8-11 所示，将协议类型设置成 TCP Server，本地 IP 地址自动识别，本地主机端口可随意设置，一般默认为 8080，单击"打开"按钮，这样就将网络调试助手模拟成一台 TCP 服务器。

表 8-6　WiFi 联机通信的 C 语言代码及代码说明

C 语 言 代 码	代 码 说 明
♯ include < SoftwareSerial. h > SoftwareSerial mySerial(7, 6);	导入 SoftwareSerial 软串口头文件 生成一个 SoftwareSerial 软串口实例 mySerial

void setup() {
　Serial. begin(115200);
　while (!Serial) {; }
mySerial. begin(115200);
mySerial. println("AT + RST");
	初始化程序
	设置 Serial 串口通信在 115200 波特率下进行
	等待 Serial 串口连接,仅提供本地 USB 连接
	将 mySerial 串口通信设置在 115200 波特率下进行
	向 mySerial 串口发送 AT＋RST 指令初始化重启
	一次 ESP8266

delay(1500);
echo();
mySerial. println("AT + CWMODE = 1");
echo();
	延时 1500ms 发送
	将 ESP8266 的返回指令显示在串口监视器中
	将 ESP8266 设置成 station 模式

mySerial. println("AT + CWJAP = \"605 − 1 60G\",
\"605605605\"");
echo();
delay(1000);
	连接 WiFi
	
	延时 1000ms 发送

mySerial. println("AT + CIPSTART = \"TCP\",\"10.
112.102.190\",8080");
delay(1000);
echo();
	连接服务器

mySerial. println("AT + CIPSEND = 4");
delay(1000);
echo();
	向服务器发送 4 字节数据

mySerial. println("ABCD");
echo();
}
	向服务器发送 ABCD

void loop() {
if (mySerial. available()) {
　Serial. write(mySerial. read());
　}
　if (Serial. available()) {
　　mySerial. write(Serial. read());
　}
}
void echo(){
　delay(50);
　while (mySerial. available()) {
　　Serial. write(mySerial. read());
　}
}
	该程序循环进行
	mySerial 是否接收到数据
	将 mySerial 读到的数据写入到 Serial
	
	Serial 是否接收到数据
	将 Serial 读到的数据写入到 mySerial
	
	定义 echo 函数
	延时 50ms

（3）将 WiFi 扩展板通过 PCIE 接口插到底板上,在 Arduino IDE 中打开串口监视器,如图 8-12 所示,可以看到发送的 AT 指令和 ESP8266 返回的指令。在网络调试助手的"连

接对象栏"中可以看到 WiFi 模块的 IP 地址,表明 ESP8266 已经与 PC 计算机端建立了连接;在"数据接收"栏中可以看到发送过去 4 字节数据 ABCD,表明数据发送成功;在"数据发送"栏中输入 CDEFG 并发送,可以在串口监视器中显示信息"+IPD,5:CDEFG",说明接收到的数据长度为 5 字节,接收到的信息为 CDEFG。

图 8-11　网络调试助手

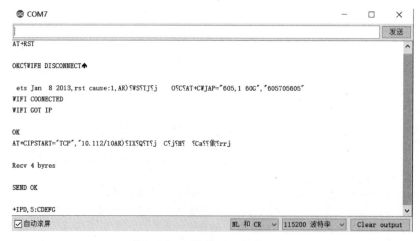

图 8-12　串口监视器

8.3　RFID

射频识别(RFID)技术,又称无线射频识别,是一种通信技术,可通过无线电信号识别特定目标并读写相关数据,而无须识别系统与特定目标之间建立机械或光学接触。RFID 技术主要工作在三个频段上:低频 100～500kHz、高频 10～15MHz 以及超高频 850～950MHz。在识别时标签从识别器发出的电磁场中就可以得到能量,并不需要电池,即无源

RFID；也有标签本身拥有电源，并可以主动发出无线电波（调成无线电频率的电磁场），即有源 RFID。一套完整的 RFID 系统，是由阅读器与电子标签也就是所谓的应答器及应用软件系统三个部分所组成，如图 8-13 所示。其工作原理是阅读器发射特定频率的无线电波能量，用以驱动电路将内部的数据送出，此时阅读器便依序接收解读数据，送给应用程序做相应的处理。

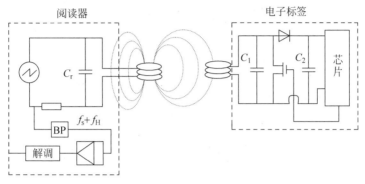

图 8-13　RFID 工作原理

　　RFID 已经深入到我们的日常生活中。例如，基于 RFID 技术的小区安防系统设计解决方案：小区的人员可能在经过的各个通道中安装若干个阅读器，并且它们将通过通信线路与地面监控中心的计算机进行数据交换；同时在每个进入小区的人员车辆上安置有 RFID 电子标签身份卡，当人员车辆进入小区，只要通过或接近放置在通道内的任何一个阅读器，阅读器即会感应到信号同时立即上传到监控中心的计算机上，计算机就可判断出具体信息（如：是谁，在哪个位置，具体时间），管理者也可以根据大屏幕上或计算机上的分布示意图单击小区内的任一位置，计算机即会把这一区域的人员情况统计并显示出来。此外，一旦小区内发生事故（如：火灾、抢劫等），系统可根据计算机中的人员定位分布信息立即查出事故地点周围的人员车辆情况，然后用探测器在事故处进一步确定人员准确位置，以便帮助公安部门准确快速营救出遇险人员和破案。RFID 也运用在其他产业，如图 8-14 所示。

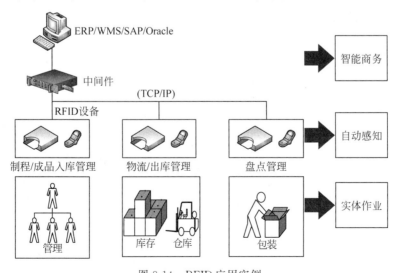

图 8-14　RFID 应用实例

8.3.1 RFID 扩展板

RFID 扩展板是用于射频技术学习、开发、研究的一种开发套件,可以帮助大家了解并快速开发出符合自己需求的射频系统。RFID 扩展板由三部分组成:RFID 模块、指示灯、蜂鸣器。图 8-15 所示为 RFID 扩展板 3D 布局图。

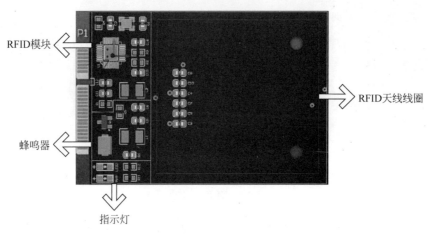

图 8-15 RFID 扩展板 3D 布局图

1. RFID 模块

MFRC522 作为 RFID 模块的电路核心,是应用于 13.56MHz 非接触式通信中高集成度读写卡系列芯片中的一员,以实现 RFID 扩展板的读写功能。它与主机间的通信采用连线较少的串行通信,可根据不同的用户需求,选取 SPI、I2C 或串行 UART 模式之一,有利于减少连线,缩小 PCB 板体积,降低成本。图 8-16 所示是 MFRC522 的引脚顺序图,图 8-17所示是 MFRC522 的主要功能电路。

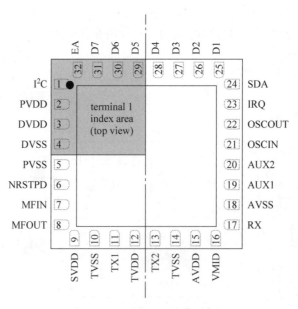

图 8-16 MFRC522 引脚顺序图

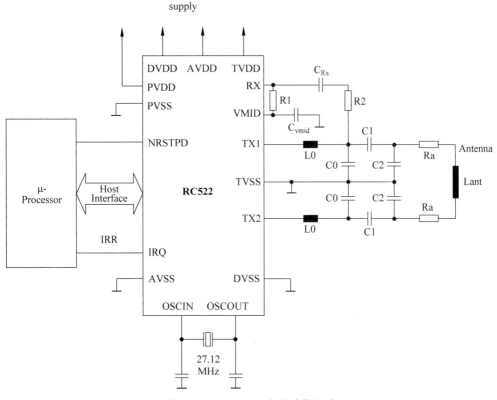

图 8-17　MFRC522 主要功能电路

从 RFID 技术原理上看,RFID 标签性能的关键在于其天线的特点和性能。在标签与读写器数据通信过程中起关键作用的是天线。一方面,标签的芯片启动电路开始工作,需要通过天线在读写器产生的电磁场中获得足够的能量;另一方面,天线决定了标签与读写器之间的通信信道和通信方式。因此,天线尤其是标签内部天线的研究就成为了重点。RFID 天线主要分为三大类:线圈型、偶极子、缝隙(包括微带贴片)型。在 RFID 开发板中,选择使用线圈型天线,线圈型天线是将金属线盘绕成平面或将金属线缠绕在磁心上。

2. 指示灯

RFID 扩展板上一共有两个指示灯,一个指示灯与 3.3V 相连,用来显示 RFID 扩展板是否正常被供电,如果被供电,该指示灯长亮,否则不亮;另一个指示灯与 Arduino 开发板的一个数据口相连,用于显示当前是否有标签贴近 RFID 扩展板,一旦有标签被识别,该指示灯闪烁。

3. 蜂鸣器

RFID 扩展板上有一个蜂鸣器,用于显示当前是否有标签贴近 RFID 扩展板,一旦有标签被识别,蜂鸣器发声;或者当有标签贴近时,如果是目标标签,则通过,如果不是目标标签,则蜂鸣器报警。

表 8-7 所示为 RFID 扩展板引脚分配表。

表 8-7　RFID 扩展板引脚分配表

功 能 模 块	Arduino Pin	PCIE Pin	引 脚 名 称	功 能 说 明
RFID 模块	无	无	ANT	天线
	GND	GND	GND	接地
	3.3V	3.3V	3.3V	3.3V 供电
	11	A2	D6(MOSI)	SPI 数据输入
	12	A3	D7(MISO)	SPI 数据输出
	13	A4	D5(SCK)	SPI 时钟输入
	10	A5	SDA	串行数据线
	5	B14	RST	复位
指示灯	8	B11	LED2	信息指示灯
	3V3	无	PWR	电源指示灯
蜂鸣器	7	B12	BUZZER	声音提示

注：① Arduino Pin 为 Arduino 开发板对应引脚名称。

② PCIE Pin 为 PCIE 插槽对应引脚号或引脚名称。

③ "引脚名称"为各个模块对应的引脚名称或器件名称。

④ SPI 接口是全双工三线同步串行外围接口,采用主从模式(Master/Slave)架构,支持多 Slave 模式应用,一般仅支持单 Master。时钟由 Master 控制,在时钟移位脉冲下,数据按位传输,高位在前,低位在后(MSB first)。有两根单向数据线,为全双工通信,目前应用中的数据速率可达几兆比特每秒的水平。其中,MOSI 表示主器件数据输出,从器件数据输入; MISO 表示主器件数据输入,从器件数据输出; SCK 表示时钟信号,由主器件产生。

8.3.2　采用 RFID 读取标签

1. 预期目标

将 RFID 扩展板连接主控板,烧写程序,以实现 RFID 可以读写卡的功能,并在此基础上,利用指示灯和蜂鸣器,实现其他扩展功能。

2. 工作原理

RFID 扩展板工作原理如图 8-18 所示。标签进入磁场后,读写器将要发送的信息,经编码后加载在某一频率的载波信号上经天线向外发送,进入读写器工作区域的电子标签接收此脉冲信号,卡内芯片中的有关电路对此信号进行调制、解码、解密,然后对命令请求、密码、权限等进行判断。若为读命令,控制逻辑电路则从存储器中读取有关信息,经加密、编码、调制后通过卡内天线再发送给阅读器,读写器对接收到的信号进行解调、解码、解密后送至中央信息系统进行有关数据处理; 若为修改信息的写命令,有关控制逻辑引起的内部电荷泵提升工作电压,提供可擦写 EEPROM 中的内容进行改写,若经判断其对应的密码和权限不符,则返回出错信息。

3. 操作流程

(1) 将 RFID 扩展板插入底板,用 Arduino 开发板作为主控板,并连接计算机。将表 8-8 中的程序烧写入 Arduino 开发板,打开串口监视器即可看到实验效果。

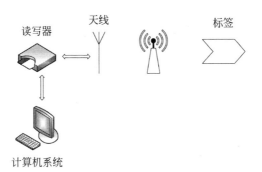

图 8-18 RFID 扩展板工作原理

表 8-8 RFID 读取标签的 C 语言代码及代码说明

C 语言代码	代 码 说 明

```#include <MFRC522.h>```
```#include <MFRC522Extended.h>```
```#include <RFID.h>```
```#include <deprecated.h>```
```#include <require_cpp11.h>```
```#include <SPI.h>```
	导入头文件

```RFID rfid(10,5);```
```unsigned char status;```
```unsigned char str[MAX_LEN];```
```void setup()```
```{```
  ```Serial.begin(9600);```
  ```SPI.begin();```
  ```rfid.init();```
```}```
	D10——读卡器 CS 引脚、D5——读卡器 RST 引脚
	
	MAX_LEN 为 16,数组最大长度
	
	初始化

```void loop()```
```{```
    ```if (rfid.findCard(PICC_REQIDL, str) == MI_OK) {```
    ```Serial.println("Find the card!");```
    ```ShowCardType(str);```
 	
    ```if (rfid.anticoll(str) == MI_OK) {```
      ```Serial.print("The card's number is : ");```
      ```for(int i = 0; i < 4; i++){```
        ```Serial.print(0x0F & (str[i] >> 4),HEX);```
        ```Serial.print(0x0F & str[i],HEX);```
      ```}```
      ```Serial.println("");```
    ```}```
 	
    ```rfid.selectTag(str);```
```}```
	
	寻找标签,读出标签类型
	显示标签类型
	
	防冲突检测,读取卡序列号
	显示卡序列号
	
	选卡(锁定卡片,防止多数读取,去掉本行将连续读卡)

续表

C 语言代码	代 码 说 明
| ```c
  rfid.halt();
}

void ShowCardType(unsigned char * type)
{
  Serial.print("Card type: ");
  if(type[0] == 0x04&&type[1] == 0x00)
    Serial.println("MFOne-S50");
  else
    if(type[0] == 0x02&&type[1] == 0x00)
    Serial.println("MFOne-S70");
  else
    if(type[0] == 0x44&&type[1] == 0x00)
    Serial.println("MF-UltraLight");
  else
    if(type[0] == 0x08&&type[1] == 0x00)
    Serial.println("MF-Pro");
  else
    if(type[0] == 0x44&&type[1] == 0x03)
    Serial.println("MF Desire");
  else
    Serial.println("Unknown");
}
``` | 命令卡片进入休眠状态 |

（2）读取出靠近 RFID 扩展板的标签属性值，读取成功时 LED2 发光，并且给出标签信息。实物连接图如图 8-19 所示。

图 8-19   RFID 扩展板实物连接图

8.4 ZigBee

ZigBee 是基于 IEEE 802.15.4 标准的低功耗局域网协议。ZigBee 技术主流使用频段是 2.4GHz 的免费频段，另外还有欧洲频段 868MHz 和北美频段 915MHz。

ZigBee 技术要求节点低成本、低功耗，并且能够自动组网、易于维护、可靠性高，与 Bluetooth 等无线通信技术相比，它具有更低功耗、更低成本、短时延、高容量、高安全、接入
```

设备多、免执照频段等优点。简而言之,ZigBee 是一种便宜的、低功耗的近距离无线组网通信技术,所以 ZigBee 技术在货物跟踪、建筑物监测、环境保护等方面都有很好的应用前景。在实际应用中,将 ZigBee 技术与 GPRS/CDMA 结合起来,对于居民小区的抄表,根据抄表用户的不同分布,抄表终端通常分布较密集、距离较近,ZigBee 技术可以很好地满足这些要求,终端采集的数据需要送到水电煤公用事业公司的集抄管理中心,这可以通过 GPRS/CDMA 网络来实现,它无距离限制,且无须网络规划、几乎不需要维护。图 8-20 所示是 ZigBee 远程抄表应用示意图。

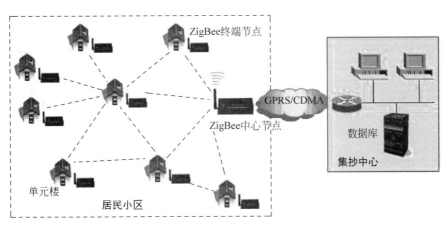

图 8-20 ZigBee 远程抄表应用示意图

8.4.1 ZigBee 扩展板

ZigBee 扩展板的板载资源主要包括 ZigBee 模块、土壤湿度传感器、粉尘传感器、血氧心率传感器 MAX30100、下载调试串口、指示灯和按键开关。其中,土壤湿度传感器和粉尘传感器在 8.2.1 节 WiFi 扩展板中已有详细介绍,此处不再进行介绍。图 8-21 所示为 ZigBee 扩展板 3D 布局图,表 8-9 所示为 ZigBee 扩展板各功能模块电路引脚分配表。

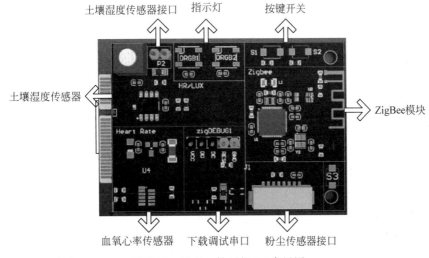

图 8-21 ZigBee 扩展板 3D 布局图

表 8-9　ZigBee 扩展板各功能模块引脚分配表

功 能 模 块	Arduino Pin	PCIE Pin	引 脚 名 称	功 能 说 明
ZigBee 模块	～6	A15	P0_2(RX)	串口接收
	7	A14	P0_3(TX)	串口发送
土壤湿度 传感器	A0	B23	1	模拟量输入
	GND	B0	2	接地
粉尘传感器	5V	5V	VCC	5V 供电
	GND	GND	GND	接地
	～5	A16	SET	设置工作模式
	RX←0	B5	RXD	串口接收
	TX→1	B4	TXD	串口发送
	3V3	3.3V	RESET	复位功能
	无	无	NC	空脚
	无	无	NC	空脚
血氧心率 传感器	A5	B18	SDA/3	串行数据
	A4	B19	SCL/2	串行时钟
	4	B15	INT/13	中断引脚
指示灯	9	B10	DRGB1	信息指示灯
	9	B10	DRGB2	信息指示灯
按键开关	3	B16	SW1	按键
	2	B17	SW2	按键
	A2	B21	SW3	复位键

注：① Arduino Pin 为 Arduino 开发板对应引脚名称。

② PCIE Pin 为 PCIE 插槽对应引脚号或引脚名称。

③ "引脚名称"为各个模块对应的引脚名称或器件名称。

④ "串口"即串行接口,是指数据一位一位地顺序传送,其特点是通信线路简单,只要一对传输线就可以实现双向通信。其中,TXD 指串口发送数据;RXD 指串口接收数据。

⑤ 粉尘传感器中的 SET 引脚用来设置工作模式,高电平或悬空为正常工作状态,低电平为休眠状态;RESET 引脚通过 SW3 按键实现复位功能。

⑥ 中断:中断装置和中断处理程序统称为中断系统。中断系统是计算机的重要组成部分。实时控制、故障自动处理、计算机与外围设备间的数据传送往往采用中断系统。中断系统的应用大大提高了计算机效率。

1. ZigBee 模块

ZigBee 模块采用了芯片 CC2530F256,该芯片结合了德州仪器的业界领先的黄金单元 ZigBee 协议栈(Z-Stack™),提供了一个强大和完整的 ZigBee 解决方案。CC2530 是用于 2.4GHz IEEE 802.15.4、ZigBee 和 RF4CE 应用的一个真正的片上系统(SoC)解决方案。它能够以非常低的总的材料成本建立强大的网络节点。CC2530 结合了领先的 RF 收发器的优良性能,业界标准的增强型 8051 CPU,系统内可编程闪存,8KB RAM 和许多其他强大的功能。CC2530F256RHAR flash256KCC2530 具有不同的运行模式,使得它尤其适应超低功耗要求的系统,运行模式之间的转换时间短,进一步确保了低能源消耗。图 8-22 所示为 CC2530 的应用电路。

2. 血氧心率传感器

血氧心率传感器 MAX30100 由两个发光二极管和一个光检测器组成,优化光学和低噪

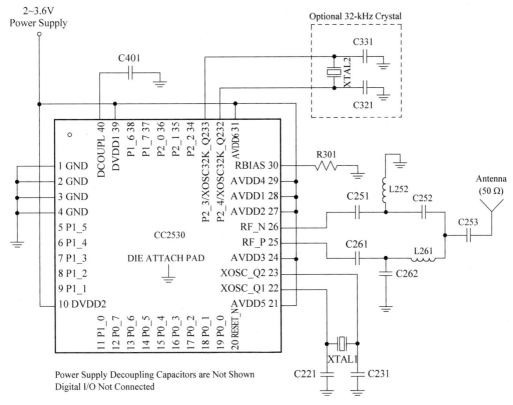

图 8-22　CC2530 应用电路

声的仿真信号处理,以检测脉搏血氧饱和度和心脏速率信号。利用不同红血球之吸收光谱的原理[携带氧气的红血球能吸收较多红外光(850～1000nm),未携带氧气的红血球则是吸收较多的红光(600～750nm)],来分析血氧饱和度。

3. 下载调试串口

通过下载调试串口将程序烧写入 ZigBee 模块的 CC2530 芯片中,使得 ZigBee 扩展板可以实现串口透传功能。表 8-10 所示为 ZigBee 扩展板下载调试串口部分电路引脚分配表。

表 8-10　**ZigBee 扩展板下载调试串口部分电路引脚分配表**

Arduino Pin	串　　口	引 脚 名 称	功 能 说 明
无	DD	P2_1	串行数据
无	DC	P2_2	串行数据
无	RESET	RESET_N	复位
3V3	VCC	3.3V	电源
GND	GND	GND	接地

注:① Arduino Pin 为 Arduino 开发板对应引脚名称。

　　② "串口"指下载调试串口。

　　③ "引脚名称"为 CC2530 芯片的引脚名。

4. 指示灯

指示灯由两个全彩 LED 灯 DRGB1 和 DRGB2 串联起来,用户可进行编程控制指示灯。

8.4.2 采用 ZigBee 透传通信

1. 预期目标

将两台计算机或者一台计算机的不同串口分别连接两个 ZigBee 模块,ZigBee 模块将有线信号转化为无线信号,实现串口透传,用串口收发消息。图 8-23 所示为 ZigBee 模块串口透传过程示意图。透传通信可以实现 ZigBee 模块接收到从计算机发送的信息,然后无线发送出去,或者 ZigBee 模块接收到其他 ZigBee 模块发来的信息,然后发送给计算机。

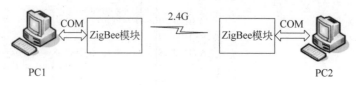

图 8-23　ZigBee 串口透传过程示意图

2. 工作原理

ZigBee 透传模块采用 TI CC2530F256 芯片实现模块与模块之间的无线通信,通过串口通信即可以使用 ZigBee 技术。本模块可通过命令控制,通过串口可以切换模块的角色,配置串口波特率,修改 ZigBee 网络参数等。使用该模块,用户可以快速把数据以 ZigBee 网络方式进行传输,使用 Arduino 收集 ZigBee 板子上传感器数据,通过软串口发送给 ZigBee。ZigBee 模块默认是在全透传模式下,当串口有数据时模块会自动将数据通过设置好的参数无线发送出去。

3. 操作流程

(1) 将两块 ZigBee 扩展板分别插入两个底板中,将 Arduino 开发板插入底板,构成两个 ZigBee 模块。其中实验箱中所带的两块 ZigBee 扩展板已经将串口透传程序烧写完成,一个为协调器,另一个为路由,不用再对这两块 ZigBee 扩展板进行单独的程序烧写。

(2) 准备两台计算机或者一台有两个空闲串口的计算机,分别将两个 ZigBee 模块插入两台不同计算机或者一台计算机的不同串口,并检查计算机中是否可以识别两个串口。图 8-24 所示为两个 ZigBee 模块连接方式,选择插入同一台计算机的不同串口。

图 8-24　ZigBee 透传通信实物连接图

(3) 分别打开一个串口监视器,设置波特率为 115 200b/s,并且选择对应的串口。在发送数据窗口输入要发送的数据或文字,单击"发送"按钮即可。图 8-25 所示为实验结果截图。从图 8-25 中可以看出通过 ZigBee 组网实现两台计算机的通信。

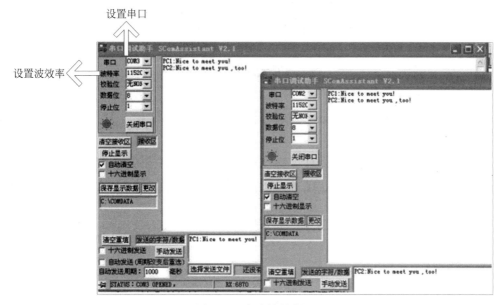

图 8-25　实验结果截图

8.5　LoRa

LoRa 是 Semtech 公司创建的一种基于扩频技术的远距离无线传输方案,其工作频段在 1GHz 以下,包括 433MHz、868MHz、915MHz 等。LoRa 技术包含两种传输协议:LoRa 协议和 LoRaWAN 协议。LoRa 协议是一种物理层协议,它的传输方式是点对点传输,可以使用两个终端设备作为收发器。LoRaWAN 协议是基于 MAC 层的组网协议,它的网络架构较复杂,适用于更加大型的项目。

LoRa 技术具有传输距离远、成本低、功耗低、系统容量大以及电池使用寿命长等特点,非常适用于要求低功耗、远距离、大量连接以及定位跟踪等物联网应用,图 8-26 中列举了六个终端应用:宠物追踪、烟雾报警、水位监测、垃圾回收、自动售卖、气体检测。

8.5.1　LoRa 扩展板

LoRa 扩展板的板载资源主要包括 LoRa 模块、蜂鸣器、指示灯、按键等。图 8-27 所示为 LoRa 扩展板 3D 布局图。

1. LoRa 模块

LoRa 模块采用安信可公司生产的 Ra-01 型模块,其射频芯片 SX1278 主要采用 LoRa 远程调制解调器,用于远距离的扩频通信,抗干扰性强,电流消耗低,具有超过−148dBm 的高灵敏度,+20dBm 的功率输出,传输距离更远,可靠性更高。Ra-01 型模块的软件可配置频率为 420～450MHz(主要针对 433MHz 网段的地区,包括中国的东南亚地区)。LoRa 模块通过 SPI 总线与 PCIE 插槽相连,进而通过底板与主控连接。

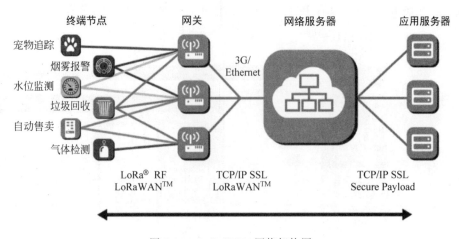

图 8-26　LoRaWAN 网络架构图

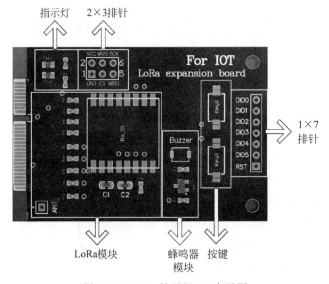

图 8-27　LoRa 扩展板 3D 布局图

2. 蜂鸣器

蜂鸣器采用 DET402-G-1 超小体积的贴片无源蜂鸣器,其工作原理与扬声器相同,利用电磁感应现象,将交流信号通过音圈形成的交变磁通和磁环恒定磁通进行叠加,使钼片以给定的交流信号频率振动并配合共振腔发声。其优点在于性能稳定,使用寿命长,造型美观,功能强大,资源占用率小,仅需一个 I/O 口与 Arduino 开发板相连就可以播放出美妙的音乐。

3. 指示灯、按键、排针

指示灯为两个板载 LED,作为通电和接收数据的指示灯;按键用于模块扩展时接收数据和发送数据的开启和关闭;2×3 排针孔与 1×7 排针孔用于模块的扩展,如外接传感器等元件。

表 8-11 描述了 LoRa 扩展板各模块的引脚资源分配情况。

表 8-11 LoRa 扩展板各模块引脚分配表

功能模块	Arduino Pin	PCIE Pin	引脚名称	功能说明
LoRa 模块	无	无	ANT	天线
	GND	GND	GND	接地
	3.3V	3.3V	3.3V	3.3V 供电
	5	A16/B14	RESET	复位功能
	13	A4	SCK	SPI 时钟输入
	12	A3	MISO	SPI 数据输出
	11	A2	MOSI	SPI 数据输入
	10	A5	NSS	SPI 片选输入
蜂鸣器	4	B15	BUZZER	声音提示
指示灯	3.3V	3.3V	LED_1	电源指示灯
	13	A4	LED_2	传输指示灯
按键	TX	B4	KEY_1	发送按键
	RX	B5	KEY_2	接收按键
2×3 排针	GND	GND	GND	接地
	3.3V	3.3V	3.3V	3.3V 供电
	10	A5	CS	SPI 片选输入
	11	A2	MOSI	SPI 数据输入
	12	A3	MISO	SPI 数据输出
	13	A4	SCK	SPI 时钟输入
1×7 排针	2	B17	DIO0	数字 IO0
	6	A15/B13	DIO1	数字 IO1
	7	A14/B12	DIO2	数字 IO2
	无	无	DIO3	数字 IO3
	无	无	DIO4	数字 IO4
	8	A13/B11	DIO5	数字 IO5
	5	A16/B14	RST	复位

注：① Arduino Pin 为 Arduino 开发板对应引脚名称。

② PCIE Pin 为 PCIE 插槽对应引脚号或引脚名称。

③ "引脚名称"为各个模块对应的引脚名称或器件名称。

④ "天线"接口连接 Ra-01 模块自带 433MHz 天线。

⑤ SPI 接口是全双工三线同步串行外围接口，采用主从模式（Master /Slave）架构，支持多 Slave 模式应用，一般仅支持单 Master。时钟由 Master 控制，在时钟移位脉冲下，数据按位传输，高位在前，低位在后（MSB first）。有两根单向数据线，为全双工通信，目前应用中的数据速率可达几兆比特每秒的水平。其中，MOSI 表示主器件数据输出，从器件数据输入；MISO 表示主器件数据输入，从器件数据输出；SCK 表示时钟信号，由主器件产生；CS 表示从器件使能信号，由主器件控制。

⑥ 数字 IO0～IO2 和数字 IO5 为数字 IO 口，用户可根据需求进行软件编程控制。

8.5.2 采用 LoRa P2P 传输

1. 预期目标

使用 Arduino 开发板作为主控板，将两个 LoRa 扩展板和主控板插在底板上进行连接，并分别烧写客户端和服务器端代码，使其成为接收器与发送器，实现两个终端设备间的传输。尽量在空旷无干扰的场所进行实验,完成远距离的点对点(Point to Point,P2P)传输。

2. 工作原理

P2P 传输,即点对点透传,发射数据为透明方式。模块自带地址,并以使用相同地址和信道的模块接受,成对工作。如图 8-28 所示,两个 LoRa 终端,分别通过 USB 连接两台 PC,终端之间通过 LoRa 无线通信,PC1 发送的数据,PC2 能远程接收;反之亦然。当然,这两个终端也可以连接到同一台 PC,只是不能体现 LoRa 远距离通信的功能。

这 4 个设备的一次通信时序如下:

(1) PC1 接收用户数据。

(2) PC1 将用户数据封装成 UART 帧 1,并交付给 LoRa 终端 1。

(3) LoRa 终端 1 抽取用户数据,封装成 RF 数据包 1,通过 LoRa 射频发送。

(4) LoRa 终端 2 接收到 RF 数据包 1,抽取用户数据,封装成 UART 帧 1。

(5) LoRa 终端 2 将 UART 帧 1 交付给 PC2。

(6) PC2 打印用户数据。

PC1　　　　　node1　　　　　node2　　　　　PC2

图 8-28　LoRa 点对点传输示意图

3. 操作流程

(1) 准备好两个连接好主控板的 LoRa 扩展板,条件允许的话将它们分别连接进两台 PC,此时扩展板上电源指示灯亮起。将 PC1 作为客户端,使用 Arduino IDE 烧写表 8-12 中的程序,并打开串口监视器进行接收等待。

表 8-12　**LoRa 点对点传输的 C 语言代码及代码说明——客户端**

C 语言代码	代码说明

```// rf95_client.pde```
```# include < SPI.h >```
```# include < RH_RF95.h >```
```RH_RF95 rf95;```
	项目名称
	在文件目录中查找 SPI.h 头文件
	在文件目录中查找 RH_RF95.h 头文件
	创建一个 RH_RF95 类型的实例 rf95

```void setup()```
```{```
``` Serial.begin(9600);```
``` while (!Serial) ;```
``` if (!rf95.init())```
```   Serial.println("init failed");```
```}```
	setup 函数
	
	设置串口通信在 9600 波特率下进行
	当串口可用时
	如果 rf95 初始化失败
	打印 init failed

```void loop()```
```{```
``` Serial.println("Sending to rf95_server");```
``` uint8_t data[] = "Hello World!";```
``` rf95.send(data, sizeof(data));```
	主循环
	
	打印 Sending to rf95_server
	声明一个 uint8_t 类型的数组并初始化
	调用 send 函数发送数据信息与其长度

续表

C 语言代码	代 码 说 明

rf95.waitPacketSent();
uint8_t buf[RH_RF95_MAX_MESSAGE_LEN];
uint8_t len = sizeof(buf);
	等待回复
	声明一个 uint8_t 类型的数组
	声明一个 uint8_t 类型的变量

if(rf95.waitAvailableTimeout(3000))
  {
    if (rf95.recv(buf, &len))
  {
    Serial.print("got reply: ");
    Serial.println((char *)buf);
  }
  else
  {
    Serial.println("recv failed");
  }
}
else
{
  Serial.println("No reply, is rf95_server running?");
}
delay(400);
}
	如果等候未超时
	
	如果接收到一定格式的信息
	
	打印 got reply:
	打印出转换为字符串类型的数组
	
	如果并未接收到信息
	
	打印 recv failed
	
	如果等候超时
	
	打印 No reply，is rf95_server running?
	
	定义延迟

（2）PC2 作为服务器端，使用 Arduino IDE 烧写表 8-13 中的程序，打开串口监视器观察发送数据包情况。此时查看 PC1 的串口监视器，可以看到客户端接收到了服务器端发来的数据包。

表 8-13 LoRa 点对点传输的 C 语言代码及代码说明——服务器端

C 语言代码	代 码 说 明

// rf95_server.pde
＃include < SPI.h>
＃include < RH_RF95.h>
RH_RF95 rf95;
int led = 9;
	项目名称
	在文件目录中查找 SPI.h 头文件
	在文件目录中查找 RH_RF95.h 头文件
	创建一个 RH_RF95 类型的实例 rf95
	一个整数表明接 LED 的引脚

void setup()
{
  pinMode(led, OUTPUT);
  Serial.begin(9600);
  while (!Serial) ;
  if (!rf95.init())
    Serial.println("init failed");
}
	setup 函数
	
	设置 LED 引脚为输出引脚
	设置串口通信在 9600 波特率下进行
	当串口可用时
	如果 rf95 初始化失败
	打印 init failed

void loop()	主循环

续表

C 语 言 代 码	代 码 说 明

``
{
  if (rf95.available())
  {
  uint8_t buf[RH_RF95_MAX_MESSAGE_LEN];
  uint8_t len = sizeof(buf);
  if (rf95.recv(buf, &len))
   {
     digitalWrite(led, HIGH);
 	
     Serial.print("got request: ");
     Serial.println((char *)buf);
     uint8_t data[] = "And hello back to you";
     rf95.send(data, sizeof(data));
     rf95.waitPacketSent();
     Serial.println("Sent a reply");
      digitalWrite(led, LOW);
   }
 	
   else
   {
     Serial.println("recv failed");
   }
  }
}
``
	如果 rf95 可用
	
	声明一个 uint8_t 类型的数组
	
	声明一个 uint8_t 类型的变量
	如果接收到一定格式的信息
	将 LED 引脚置高
	
	打印 got request：
	打印出转换为字符串类型的数组
	声明一个 uint8_t 类型的数组并初始化
	发送数据包
	等待数据包发送
	打印 Sent a reply
	将 LED 引脚置低
	
	如果没有接收到信息
	打印 recv failed

(3) 图 8-29 与图 8-30 分别为客户端和服务器端串口监视器的数据接收情况。当客户向服务器发送"Hello World!"请求时,服务器端接收到请求并回复客户端 And hello back to you,客户端收到回复,将开始新一轮的传输过程。

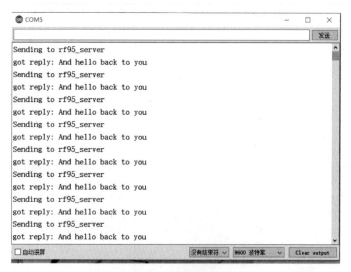

图 8-29　客户端串口监视器

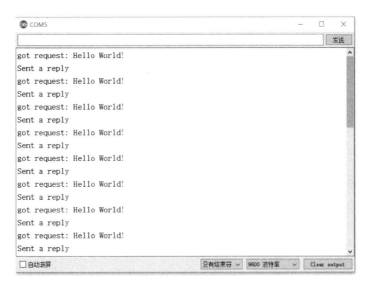

图 8-30　服务器端串口监视器

（4）如图 8-31 所示，接收端能持续接收发送端的信息，且接收器每接收到通信帧，闪烁 LED 灯，表明接收到数据包，即点对点传输成功进行。

图 8-31　LoRa P2P 传输实物连接图

8.6　NB-IoT

窄带物联网技术（Narrow Band Internet of Things，NB-IoT）是物联网领域中基于蜂窝的一种新兴技术，支持低功耗设备在广域网蜂窝中进行数据连接，也被称为低功耗广域网。NB-IoT 主要有覆盖广、连接多、速率低、成本低、功耗少、架构优等特点，使用 License 频段，可采取带内（Inband）、保护带（Guardband）和独立载波（Standalone）三种部署方式，与现有网络共存。全球大多数运营商使用 900MHz 频段来部署 NB-IoT，有些运营商部署在800MHz 频段；中国联通的 NB-IoT 部署在 900MHz、1800MHz 频段，目前只有 900MHz 可以试验；中国移动为了建设 NB-IoT 物联网，将会获得"LTE/第四代数字蜂窝移动通信业务"经营许可（FDD-LTE 牌照），并且允许重耕现有的 900MHz、1800MHz 频段；中国电信的 NB-IoT 部署在 800MHz 频段，频率只有 5MHz。

NB-IoT 支持对网络连接要求较高、待机时间较长的设备的高效连接。据估计 NB-IoT 设备的电池寿命可以提高到至少 10 年,同时还能提供非常全面的室内蜂窝数据连接覆盖。其应用场景主要有以下几个方面:

(1) 水表、电表、气表、热表的远程抄表。

(2) 环保、安防、灌溉、物流。

(3) 共享单车、门锁、路灯。

其网络架构如图 8-32 所示。

图 8-32　NB-IoT 网络架构

8.6.1　NB-IoT 扩展板

NB-IoT 扩展板是一款基于移远 BC95 型模块设计的最小系统板,扩展板包含 NB-IoT 模块、NB-IoT 天线、NB-IoT 专用 SIM 卡槽、指示灯、USB 转串口模块等。图 8-33 所示为 NB-IoT 扩展板 3D 布局图。

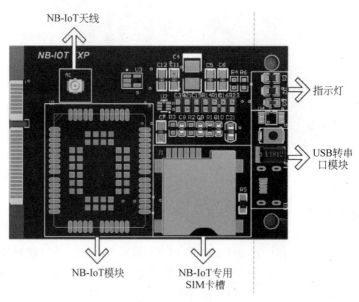

图 8-33　NB-IoT 扩展板 3D 布局图

1. NB-IoT 模块

NB-IoT 模块采用移远公司生产的 BC95-B8 模块,是一款高性能、低功耗的 NB-IoT 无线通信模块,其尺寸仅为 19.9mm×23.6mm×2.2mm,能最大限度地满足终端设备对于小尺寸模块产品的需求,同时有效地帮助客户减小产品尺寸并优化产品成本。BC95 型模块采用更易于焊接的 LCC 封装,可通过标准 SMT 技术实现模块的快速生产,为客户提供可靠的连接方式,特别适合自动化、大规模、低成本的现代化生产方式。SMT 贴片技术也使 BC95 型模块具有高可靠性,以满足复杂环境下的应用需求。凭借紧凑的尺寸、超低功耗和超宽工作温度范围,BC95 型模块成为物联网应用领域的理想选择,常被用于无线抄表、智慧城市、安防、资产追踪、智能家电、农业和环境监测以及其他诸多行业,提供了完善的短信和数据传输服务。表 8-14 描述了 NB-IoT 模块引脚分配情况。

表 8-14 NB-IoT 模块引脚分配表

功 能 模 块	Arduino Pin	PCIE Pin	引脚名称	功能说明
NB-IoT 模块	D2	B17	TX	串口发送
	D3	B16	RX	串口接收
	5V	5V	5V	5V 供电
	GND	GND	GND	接地

注:① Arduino Pin 为 Arduino 开发板对应引脚名称。

② PCIE Pin 为 PCIE 插槽对应引脚号或引脚名称。

③ "引脚名称"为 NB-IoT 模块引脚名称。

④ "串口"即串行接口,是指数据一位一位地顺序传送,其特点是通信线路简单,只要一对传输线就可以实现双向通信。其中,TX 指串口发送数据;RX 指串口接收数据。

⑤ NB-IoT 使用软串口与主控连接。其中,TX 表示发送数据;RX 表示接收数据。

2. NB-IoT 专用 SIM 卡

NB-IoT 是部署在已有的蜂窝网络信号覆盖范围之下,使用的是授权频段,必须通过运营商提供的网络才能使用,因此终端必须要配备专用的 SIM 卡。表 8-15 描述了 NB-IoT 模块与 SIM 卡卡槽引脚连接关系。

表 8-15 NB-IoT 模块与 SIM 卡卡槽引脚连接表

功 能 模 块	NB-IoT Pin	引 脚 名 称	功 能 说 明
SIM 卡槽	USIM_GND	SIM_GND	接地
	USIM_VCC	SIM_VCC	供电
	USIM_CLK	SIM_CLK	时钟信号输出
	USIM_DATA	SIM_DATA	数据传输
	USIM_RST	SIM_RST	复位信号输出

注:① PCIE Pin 为 PCIE 插槽对应引脚号或引脚名称。

② "引脚名称"为 SIM 卡槽引脚名称。

③ 常用的 SIM 卡座为 6 脚。其中,VCC 与 GND 为供电与接地;CLK 为时钟信号输出引脚;DATA 为双向数据传输引脚;RST 为复位信号输出引脚;VPP 提供编程电压,可悬空,表中并未体现。

3. NB-IoT 天线

NB-IoT 天线为适配 BC95-B8 模块使用频率的天线,其中心频率为 900MHz。采用 U. FL 贴片型天线接头,尺寸很小,长宽约 3mm×3mm,高约 1.3mm。

4. USB 转串口模块

NB-IoT 模块扩展板的串口是 UART 信号,TTL 电平,需要经过转换才能和计算机相连。

8.6.2　采用 NB-IoT 云平台传输

1. 预期目标

使用带有 BC95 型模块的 NB-IoT 扩展板进行云平台传输,绑定能与其板载 NB-IoT 卡通信的服务器。使用 Arduino IDE 作为串口调试助手,发送多条 AT 指令完成网络附着及初始化,完成 UDP 数据收发、COAP 数据收发等动作。

2. 工作原理

NB-IoT 基站是通过 COAP 协议或者 UDP 协议来连接的。

首先通过 NB-IoT 扩展板进行数据采集,并将数据按自定义规则进行编码,例如,将温湿度实时数据编码成 000102;扩展板将通过串口,以 AT 命令的形式,发送已编码数据到 NB-IoT 模块;NB-IoT 模块接收到 AT 命令后,将 payload 后,自动封装为 COAP 协议的消息,并发送给事先配置的物联网云平台;物联网平台收到数据后,自动解析 COAP 协议包,根据设备 profile 文件,找到匹配的编解码插件,对 payload 进行解析,解析为与设备 profile 中描述的 service 匹配的 json 数据,并存于平台之上。图 8-34 所示为 NB-IoT 云平台传输示意图。

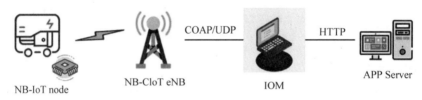

图 8-34　NB-IoT 云平台传输示意图

3. 操作流程

(1) 登录云平台网址 http://cloud.iotxx.com,将通信设备 NB-IoT 扩展板绑定到云平台上。如图 8-35 所示,选择注册,注册完毕登录主界面。

图 8-35　NB-IoT 云平台设备列表

（2）登录后单击创建设备，设备编号需要使用串口调试助手进行查询，选择对应串口波特率9600。发送指令 AT＋CGSN＝1；模块返回＋CGSN：863703033501417OK，即可获取设备编号，在如图8-36处创建设备。

图 8-36　NB-IoT 云平台创建设备

（3）将 NB-IoT 扩展板接入云平台之后，便可以利用 Arduino IDE 中的串口向其发送 AT 指令。将扩展板连接进主控板，烧写表 8-16 中的代码，实现软串口读写。

表 8-16　云平台传输实验的 C 语言代码及代码说明

C 语言代码	代码说明
# include < SoftwareSerial.h > SoftwareSerial mySerial(2, 3);	在文件目录中查找 SoftwareSerial.h 头文件 定义 2、3 号端口为软串口

void setup() {
 　mySerial.begin(9600);
 　Serial.begin(9600);
 }
 void loop() {
 　if (mySerial.available())
 　　Serial.write(mySerial.read());
 　if (Serial.available())
 　　mySerial.write(Serial.read());
 }
	setup 函数
	 设置软串口通信在 9600 波特率下进行
	 设置硬串口通信在 9600 波特率下进行
	
	 主循环
	 若软串口可用
	 写出串口读取的信息
	 若硬串口可用
	 写出串口读取的信息

（4）烧写代码成功后，即可打开串口监视器发送 AT 指令。开机瞬间会有短暂的乱码出现，一两秒后正常显示以下字符：

Neul
OK

发送字符 AT，模块返回 OK。

发送指令 AT＋CFUN?，模块返回＋CFUN：0，表示射频未打开；若返回＋CFUN：1，则表示射频已打开，如图8-37所示，串口监视器中显示了发送 AT 指令后的返回值。

也可查询国际移动用户识别码（International Mobile Subscriber Identification Number,IMSI），发送指令 AT+CIMI,模块返回 ISMI 码。

接下来查询模块信号，发送指令 AT+CSQ,模块返回+CSQ：19,99。其中，+CSQ 格式为 +CSQ：<rssi>,<ber>,字段的含义为 rssi=99,表示网络未知，或者网络未附着。如果模块关闭了自动附着功能，则需要激活模块网络，才能获取到正确的信号值；rssi=0,表示信号质量为 −113dBm 或者以下，信号非常差；rssi=1,表示信号质量为−111dBm；rssi=2∼30,对应信号值为−109∼53dBm；rssi=31,对应信号值为−51dBm 或者更高。ber 字段未使用，恒等于 99。

查询网络是否激活可发送指令 AT+CGATT?,模块返回+CGATT：1。其中，+CGATT：0 表示网络未激活；+CGATT：1,表示网络已激活。

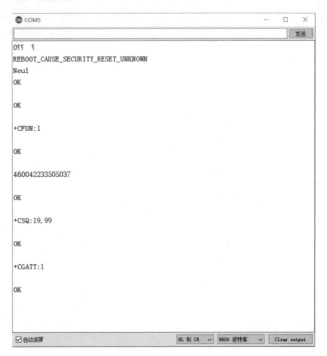

图 8-37　串口监视器返回值

如图 8-38 所示，接通电源后，D2、D3 两个指示灯亮起。D1 为数字 I/O 口通信指示灯。

图 8-38　NB-IoT 云平台传输实物连接图

习题

1. 本章介绍了几种无线通信技术？请对比它们的异同点，并阐述各自的使用场景。
2. Bluetooth 协议的最新版本是什么？相较于上一版本有哪些更新？
3. 谈谈你对 WiFi 技术的认识，并简述 WiFi 模块和计算机之间的通信过程。
4. 与条形码相比，RFID 技术具有哪些优点？
5. 如果想把 RFID 读取的标签信息通过 WiFi 扩展板透传，需要如何设计？
6. 基于 ZigBee 技术搭建的无线传感器网络体系由哪几部分组成？各自功能是什么？
7. 根据 8.5 小节介绍的 LoRa 双节点通信模型，试设计多节点通信的网络模型。
8. 请登录 NB-IoT 云平台注册并绑定 NB-IoT 扩展板，尝试发送不同的 AT 指令。

## 第 9 章

物联网的未来应用

当今时代已经处于网络通信技术不断增强的阶段,全球物联网应用增长态势明显。随着 5G 逐渐普及,万物互联时代开启,物联网应用逐渐成熟,数以百亿计的设备接入网络。物联网的理念在于物体之间的通信,以及相互之间的在线互动,这项很难想象的技术进步,正逐渐展现在我们眼前。

本章就物联网在生活中的应用及信号采集和传输方面做出详尽的叙述,应用领域涵盖物流、医疗、农业、建筑等方面,既讲述了物联网应用的光辉前景,同时也提出了目前所需解决的问题。

9.1 智慧物流

物流业是国家经济支撑性产业,根据中国物流与采购联合会数据,2016 年智慧物流市场规模超过 2000 亿元,到 2025 年,智慧物流市场规模将超过万亿元。2009—2016 年,全国社会物流总费用在 GDP 中的占比由 18.1%下降至 15.5%,但与发达国家物流费用占 GDP 约 10%的比例相比还有很大差距。因此提高物流效率,降低物流成本成为政府、物流企业与其客户力争实现的目标。

传统物流一般指产品出厂后的包装、运输、装卸、仓储。传统物流只是由生产企业到批发企业和零售企业的物流运动,它是点到点或线到线的运输,运输工具单一,而且多是依靠人力,没有大规模采用智能化机器设备。现代物流业是厂商直接与终端用户打交道,物流的领域将扩大到全球的任何一个地方。智慧物流提供的是一种门到门的服务,只要消费者需要,通过网络提供全面的服务,通过综合运输将产品送货到位,这就促使现代物流必须构建一个全球服务性网络,如图 9-1 所示。

图 9-1　全球性物流业

限制我国传统物流行业发展的主要因素有两点:末端物流配送与基础设施建设。

末端物流配送问题主要体现在以下几点。第一,物流产业链末端配送成本高,由于物流产业链末端的配送环节雇佣了大量劳动力,有时可能需要多次运送,增加运营成本。第二,末端物流基础设施重复建设,无法发挥其最大效用。大部分物流采用将大城市或者中心城市作为企业发展的重心,耗费大量资金在这些城市建设仓库或者配送点。而对于稍微偏远一点的乡、村等地区的物流配送点建设不足。最后,城市配送交通拥挤,导致物流配送效率低下,快递运输的行驶难、停车难问题日益突出。

基础设施建设问题体现在以下几点。首先,物流信息平台建设不完备,区域基础建设差异明显。我国东部地区物流信息平台已经正式投入使用,但是中西部地区的物流信息平台却仍在规划阶段,区域发展差距明显。其次,物流运转过程中的信息化连接不足,信息孤岛问题严重。虽然目前中国许多物流企业都使用了云技术、大数据、物联网等信息技术来支持日常的生产与运营。但是这些物流企业只是单纯地依靠新技术提升运行效率,而企业之间几乎没有交流,更不用说信息共享,进而形成信息孤岛,物流企业仍是按照传统物流商业模式进行经营,与智慧物流的内涵不符。

要降低我国物流成本,就必须减少中间的无效搬运,这就需要依靠互联网和信息化技术来解决,因而智能化和生态化将成为物流业未来的发展趋势,因此"物联网+"与物流业的结合势在必行。

9.1.1　智慧物流简介

智慧物流是指将物联网与传统物流业整合,通过以精细、动态、科学的管理,实现物流的自动化、可视化、可控化、智能化、网络化。智慧物流利用了集成智能化技术与传感物联网技术,使物流系统能模仿人的智能,具有思维、感知、学习、推理判断的能力。在物流流通过程中,智慧物流系统能获取信息、分析信息、做出决策,使商品从源头开始被实施跟踪与管理,实现信息流快于实物流。而且还能通过 RFID、传感器、移动通信技术等让配送货物自动化、信息化和网络化。智慧物流示意图如图 9-2 所示。

图 9-2　智慧物流示意图

智慧物流系统架构的提出基于物联网技术在物流业的应用。因此智慧物流系统架构将从物联网技术属性、物流业固有属性这两个层面介绍。

从智慧物流系统的物联网属性来看,智慧物流系统技术架构主要分为三层技术:感知层、网络层、应用层。感知层是智慧物流系统实现对货物感知的基础,是智慧物流的起点。物流系统的感知层通过多种感知技术实现对物品的感知。网络层是智慧物流的神经网络与虚拟空间。物流系统借助感知技术获得的数据进入网络层,利用大数据、云计算、人工智能等技术分析处理,产生决策指令,再通过感知通信技术向执行系统下达指令。应用层是智慧物流的应用系统,借助物联网感知技术,感知到网络层的决策指令,在应用层实时执行操作。

从智慧物流系统的物流业固有属性来看,智慧物流系统主要由仓内技术、干线技术、最后一公里技术和末端技术组成。针对传统物流中技术设施建设和末端物流配送中的技术缺陷问题,仓内技术主要应用于物流系统的应用层,实现物流自动分类分拣和机器搬运;干线技术主要是指无人驾驶卡车技术;最后一公里技术是末端配送中重要的一项技术;末端技术主要是指智能快递柜。智慧物流系统的数据底盘主要包括物联网、大数据和人工智能三大领域。智慧物流的技术架构如图 9-3 所示。

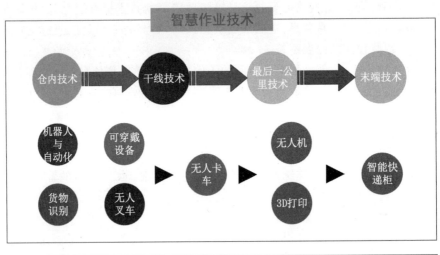

图 9-3　智慧物流技术结构

9.1.2　细分技术简介

1. 仓内技术

仓内技术主要有机器人与自动化分拣、可穿戴设备、无人驾驶叉车、货物识别四类技术,当前机器人与自动化分拣技术已相对成熟,得到广泛应用,可穿戴设备目前大部分处于研发阶段,其中智能眼镜技术进展较快。

仓内技术属于智慧物流系统的应用层的执行操作的技术,目前广泛应用于国内外智能物流应用中。主要的应用有:①实现自动分拣,包括各类机器人拣选、自动输送分拣、语音拣选、货到人拣选等各类自动的分拣,如图 9-4 所示是仓内分拣机器人;②智能搬运,主要指通过自主控制技术,进行智能搬运及自主导航,使整个物流作业系统具有高度的柔性和扩展性,如搬运机器人、AGV(自动导引运输车/机器人)、无人叉车、无人牵引车等物料搬运技术。

图 9-4 仓内分拣机器人

目前,仓内技术已进入实际商用阶段。如阿里巴巴旗下的阿里菜鸟,通过建立菜鸟 ET 实验室,开发仓内机器人,以 AGV 为主,已在天津、惠阳仓大规模投入使用,未来将拓展机器人型号。2015 年,阿里成立 ET 实验室,目标通过研发物流前沿科技产品,追求符合未来科技发展的物流生产方式,并牵头进行仓内机器人研发,开发出造价高达上百万的"曹操"仓内机器人,其能顶起的重量可达到 250kg,同时还能灵活旋转,通过在天津仓部署"曹操"机器人迅速定位商品区位、规划最优拣货路径,提升仓内操作效率。

2017 年 8 月,菜鸟广东惠阳机器人仓投入使用,仓内部署上百台阿里自主研发的 AGV 机器人,主要用于货物搬运,提高仓内效率。除了 AGV 外,菜鸟还尝试在仓储其他环节研发生产机器人,如广州仓库在包装等环节使用机器人,天津武清仓库已在使用自主研发的仓内分拣机器人(托举机器人)。

未来,菜鸟网络将进一步探索机器人与云端智能调度算法、自动化设备的磨合,在更多仓内环节应用机器人,并与合作伙伴将会在多个仓库内复制机器人模式。

2. 干线技术

干线运输主要是无人驾驶卡车技术。无人驾驶卡车将改变干线物流现有格局,虽然目前尚处于研发阶段,但已取得阶段性成果,正在进行商用化前测试。

干线技术主要应用在无人驾驶乘车并且已经取得了阶段性成果,目前多家企业开始了对无人驾驶卡车的探索。由多名 Alphabet 前高管成立了 Otto,研发卡车无人驾驶技术,核心产品包括传感器、硬件设施和软件系统,目前已经进入测试阶段,虽然公路无人驾驶从技术实现到实际应用仍有一定距离,但从技术上看,发展潜力非常大,未来卡车生产商将直接在生产环节集成无人驾驶技术。

目前,无人驾驶主卡车主要由整车厂商主导,但也有部分电商、物流企业正尝试布局,如亚马逊已申请无人卡车相关专利提前布局,而国内企业如京东也正在尝试研发无人卡车。

目前无人卡车研究由亚马逊 Prime AIR 无人机研发项目组负责,出于降低干线物流成本,防范运力不足等问题需求,2017 年年初提交的专利申请显示亚马逊正在研制自动驾驶汽车,因为该专利涉及可变车道导航等复杂任务,当前尚处于研发状态。未来自动驾驶汽车和自动驾驶卡车可能将成为亚马逊内部物流部门的一个重要组成部分。新型卡车概念图如图 9-5 所示。

3. "最后一公里"技术

"最后一公里"相关技术主要包括无人机技术与3D打印技术两大类。无人机技术相对成熟，目前包括京东、顺丰、DHL等国内外多家物流企业已开始进行商业测试，其凭借灵活等特性，预计将成为特定区域未来末端配送重要方式。3D技术尚处于研发阶段，目前仅有亚马逊、UPS等针对其进行技术储备。

"最后一公里"的应用中有无人机应用和3D打印，无人机技术已经成熟，主要应用在人口密度相对较小的区域如农村配送，中国企业在该项技术中具有领先优势，且政府政策较为开放。中国政府制定了相对完善的无人机管理办法，国内无人机即将进入大规模商业应用阶段。2013年以来各行业内领先企业纷纷启动无人机项目，亚马逊自2013年至今无人机技术已经过多次升级。2017年京东成立无人机运营调度中心标志着无人机在国内已基本可进行大规模商用，如图9-6所示。未来无人机的载重、航时将会不断突破，感知、规避和防撞能力有待提升，软件系统、数据收集与分析处理能力将不断提高，应用范围将更加广泛。3D技术对物流行业将带来颠覆性的变革，但当前技术仍处于研发阶段，未来的产品生产至消费的模式将是"城市内3D打印＋同城配送"，甚至是"社区3D打印＋社区配送"的模式，物流企业需要通过3D打印网络的铺设实现定制化产品在离消费者最近的服务站点生产、组装与末端配送的职能。

图 9-5 新型卡车概念图

图 9-6 京东无人配送机

许多企业通过"最后一公里"技术提升了物流配送的效率，比如虽然京东农村战略的成功落地使农村市场订单量快速增长，但是农村人口密度低，单位面积下支撑的订单量有限，沿用之前的配送方式无疑意味着运营成本升高，订单周期拉长，客户体验较低。京东尝试用无人机来替代人工送货，将货物从各城镇末级站点送至各村配送点，实现15~25km范围内的自动配送。京东的无人机项目一开始就以商业为目的，2016年京东成功利用自主研发无人机在宿迁完成物流首单配送，2017年更是在宿迁建立全球首个无人机运营调度中心，标志着京东无人机常态化运营将逐步开展，无人机项目已进入实际应用的快车道。2017年618期间实现多省市无人机配送常态化运营，已经完成1000余单配送。

未来，京东将持续加大物流无人机的研发与应用，将尝试开发大型载重无人机，拓展配送品类。在四川、陕西建立约300个无人机机场。建成后将实现24小时内送达中国的任何城市，并期望未来每天能用无人机为40万个村庄送货。

4. 末端技术

末端新技术主要是智能快递柜，如图9-7所示。目前已实现商用，主要覆盖一、二线城市，是各方布局重点，但受限于成本与消费者使用习惯等问题，未来发展存在不确定性。

智能快递柜技术较为成熟,已经在一、二线城市得到推广,包括顺丰为首的蜂巢、菜鸟投资的速递易等一批快递柜企业已经出现,但当前快递柜仍然面临着使用成本高、便利性智能化程度不足、使用率低、无法当面验货、盈利模式单一等问题。

打印机出口
刷卡区
扬声器

摄像头
数字键盘
投币器
条码打描器

图 9-7 智能快递柜

2012—2014 期间,顺丰尝试进入末端快递柜市场,在全国各地累计投放超过 5000 个顺丰储物柜。为了掐住包裹的入口,进而控制末端服务和数据,2015 年 6 月,基于顺丰储物柜资源,顺丰联合申通、中通、韵达、普洛斯发布公告,共同投资创建深圳市丰巢科技有限公司,共同研发运营"丰巢"智能快递柜。

截至 2017 年 6 月,丰巢公司已完成逾 5 万台柜机的布局,日均承接超过 300 万件包裹的派送。未来,丰巢公司将探索除快递代收外的其他盈利模式,如与新零售结合推出线上生鲜下单,线下取等功能,实现模式创新,解决盈利难题。

9.1.3 搭建智慧物流系统

智能物流是利用条形码、射频识别技术、传感器、全球定位系统等先进的物联网技术,通过信息处理和网络通信技术平台,广泛应用于物流业运输、仓储、配送、包装、装卸等基本活动环节,实现货物运输过程的自动化运作和高效率优化管理。智能物流在功能上要实现 6 个"正确",即正确的货物、正确的数量、正确的地点、正确的质量、正确的时间、正确的价格,在技术上要实现物品识别、地点跟踪、物品溯源、物品监控、实时响应。

使用物联网套件搭建的智慧物流系统架构如图 9-8 所示。

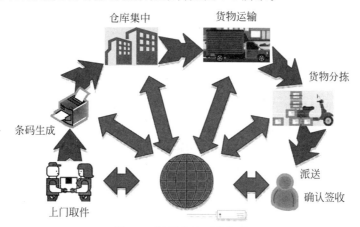

仓库集中　　货物运输

货物分拣

条码生成

派送
确认签收

上门取件

图 9-8 智慧物流系统架构

1. 产品溯源

在日常生活中,很多人都会在收到快递后把快递信息销毁,以防自己的个人信息被泄露出去。如果这个时候有一种可以将用户个人信息隐藏的方法,那将极大地便利人们的日常生活。使用物联网套件,实现通过 RFID 技术和语音控制技术,将原本贴在快递箱或快递袋外面的寄取件人信息全部写入标签,隐藏寄件人和收件人的个人信息。同时结合 Bluetooth 扩展板上的语音功能,方便快递员智能分配或者存取目标快递。产品溯源的技术结构如图 9-9 所示。

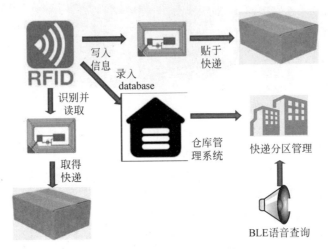

图 9-9　产品溯源的技术结构

首先需要一块 RFID 扩展板和若干标签。

RFID 扩展板可以实现对目标标签的信息写入、修改和读取,其中标签信息写入、修改和读取功能可以实现用户个人信息写入标签和从标签中读取出来。将 RFID 扩展板和主控模块拼接在底板上。

其次,需要一个 ZigBee 扩展板和一个 Bluetooth 扩展板。

ZigBee 扩展板可以实现 ZigBee 与主机的连接和 ZigBee 之间的通信。ZigBee 的自组网功能可以将信息发送至仓库管理数据库。将 ZigBee 扩展板和主控模块拼接在底板上。

Bluetooth 扩展板上有语音识别模块。语音识别模块可以将人类语音中的词汇内容转换为计算机可读的输入。将 Bluetooth 扩展板和主控模块拼接在底板上。

使用 Arduino IDE 将对应程序烧写进物联网套件内,就能实现产品溯源的应用。

产品溯源的预期功能如下:

(1) 当寄件人将快递寄出时,快递员通过使用 RFID 扩展板的写入功能将寄件人、收件人和寄件种类等全部信息存入标签,再把标签贴在快递上。同时,通过 ZigBee 扩展板的自组网实现将快递信息存入快递仓库管理数据库,以便之后的管理和分配。

(2) 当快递入库时,仓库通过 RFID 扩展板的读取功能读取出,仓库管理系统根据收件人信息和快递类型自动将快递分区,减少了人力物力。

(3) 在快递管理过程中,可以使用 Bluetooth 扩展板上的语音识别功能,通过语音信息在仓库管理数据库中进行查找,支配仓库自动找出全部符合条件的目标快递。

(4) 当快递寄到时,快递员通过使用 RFID 扩展板的读取功能来识别收件人信息,以保证成功将快递送到收件人手中。同时在确定收件的同时,利用 RFID 扩展板的写入功能将空白信息覆盖标签上的原始信息,以保证快递流程中涉及的全部信息不外泄。

2. 冷链控制

生活中不免会遇到要寄一些对环境要求高的物品,这时候就对物流提出了要求。通过车辆内部安装的温控装置,对车内的温湿度情况进行实时监控,确保全程冷链不掉链。使用物联网套件,将会实现 Bluetooth 连接、后续发送和接收数据的功能。物联网套件中的Bluetooth 扩展板与外加温湿度传感器、CO_2 传感器相结合使用,把温湿度传感器和 CO_2 传感器收集到的数据用 Bluetooth 的方式发送出去,工作人员可以及时对车内环境进行对应调整。系统结构图如图 9-10 所示。

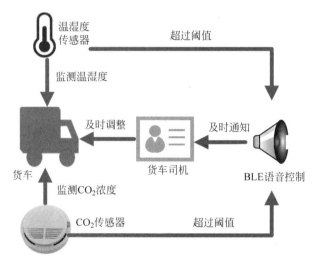

图 9-10　冷链控制系统结构图

首先需要一块 Bluetooth 扩展板。

Bluetooth 扩展板可以实现与不同带有 Bluetooth 功能的终端设备进行连接,进而实现文件、信息、数据等的传输。Bluetooth 扩展板与司机的终端设备建立 Bluetooth 连接之后,收到环境信息就可以发送给司机。将 Bluetooth 扩展板和主控模块拼接在底板上。

其次,需要一个温湿度传感器(DHT11)、一个 CO_2 传感器(CM1101)。

温湿度传感器把空气中的温湿度通过一定检测装置,测量到温湿度后,按一定的规律变换成电信号或其他所需形式的信息输出,用以满足用户需求。二氧化碳传感器用于检测二氧化碳浓度。

使用 Arduino IDE 将对应程序烧写进物联网套件内,就能实现冷链控制的应用。

运输车辆所运输的物品中有时候会包含对环境有特殊要求的货物,通过产品溯源环节,仓库已将这些有同样要求的特殊物品放置在同一辆货车中,根据这些物品的要求,给温湿度传感器和二氧化碳传感器设置阈值。

冷链控制的预期功能如下:

(1) 温湿度传感器和二氧化碳传感器实时将信息读取并发送给 Bluetooth 扩展板。

(2) 当货车内部温湿度或者 CO_2 含量超过阈值的时候,Bluetooth 扩展板将信息通过Bluetooth 连接的方式发送给货车司机,以便让司机及时对货车内环境做出调整,保证运输的物品完好无损。

3. 无人机配送

当前无人车、无人机、无人仓、无人站、配送机器人等"无人科技"正成为电商、外卖、物流的新宠。在新技术的重构下,"低头下订单,抬头收快递"的生活方式成为可能。无人机解决偏远山村地区配送的最后一公里、无人车解决城市最后一公里、配送机器人深入园区楼宇,根据不同环境匹配不同的解决方案进行批量送货,提升配送效率。这是智慧物流走出无人仓后的实践,也是现阶段所能达到的无人配送,而无人配送的终极目标是改造传统的物流体系架构,彻底实现智慧物流下的无人运作。通过利用无线电遥控设备和自备的程序控制装置操纵的无人驾驶的低空飞行器运载包裹,自动送达目的地。其优点主要在于解决偏远地区的配送问题,提高配送效率,减少人力成本。物联网套件中的 NB-IoT 扩展板可以实现这一功能中的建立无线电通信,与云控制平台和自助快递柜进行数据传输。系统结构图如图 9-11 所示。

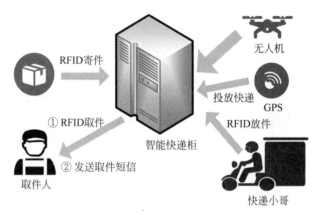

图 9-11　无人机配送系统结构图

首先需要一块 NB-IoT 扩展板。

NB-IoT 扩展板是 IoT 领域一个新兴的技术,支持低功耗设备在广域网的蜂窝数据连接,也被叫作低功耗广域网(LPWAN)。NB-IoT 支持待机时间长、对网络连接要求较高设备的高效连接。据说 NB-IoT 设备电池寿命可以提高至少 10 年,同时还能提供非常全面的室内蜂窝数据连接覆盖。物联网套件中的 NB-IoT 扩展板保证了广覆盖,支持连接、低功耗。将 NB-IoT 扩展板和主控模块拼接在底板上。

其次,还需要无人机(八旋翼飞行器,配有 GPS 自控导航系统、iGPS 接收器、各种传感器以及无线信号发收装置)、4G 模块、云控制平台(即调度中心)、自助快递柜。

使用 Arduino IDE 将对应程序烧写进物联网套件内,以上设备相互连接合作,才可实现无人机配送的功能。

无人机配送的预期功能如下:

(1) 无人机具有 GPS 自控导航、定点悬浮、人工控制等多种飞行模式,集成了三轴加速度计、三轴陀螺仪、磁力计、气压高度计等多种高精度传感器和先进的控制算法。无人机配有黑匣子,以记录状态信息。同时无人机还具有失控保护功能,当无人机进入失控状态时将自动保持精确悬停,失控超时将就近飞往快递集散分点。

（2）无人机通过 4G 模块提供的 4G 网络和 NB-IoT 扩展板提供的无线电通信遥感技术与云控制平台和自助快递柜等进行数据传输,实时地向调度中心发送自己的地理坐标和状态信息,接收调度中心发来的指令。

（3）在接收到目的坐标以后采用 GPS 自控导航模式飞行,在进入目标区域后向目的快递柜发出着陆请求、本机任务报告和本机运行状态报告。

（4）在收到着陆请求应答之后,由快递柜指引无人机在快递柜顶端停机平台着陆、装卸快递以及进行快速充电。

（5）无人机在发出请求无应答超时之后再次向目的收发柜发送请求,三次超时以后向调度中心发送着陆请求异常报告、本机任务状态报告和本机运行状态报告,请求指令。

（6）无人机在与调度中心失去联系或者出现异常故障之后将自行飞往快递集散分点。

4. 智能快递柜

对于分散的居民区,快递员采取送货上门的形式派送快递;对于集中的居民区、工作区、学校等地方,快递员会把某一区域的全部快递放到快递代收点,让收件人自行去取快递。智能快递柜则极大地简化了快递员的工作,减少了快递员自己分发快递和快递员手动短信息或电话通知收件人的工作量,提高了快递分发效率。物联网套件中 RFID 扩展板可以实现读取快递基本信息,以助于分配快递柜,同时也方便取件人快速取件。除此之外,寄件人可以通过智能快递柜自助寄件,通过 RFID 扩展板将快件信息写入快递盒中。智能快递柜系统结构图如图 9-12 所示。

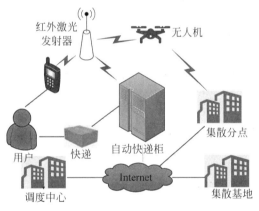

图 9-12 智能快递柜结构图

首先需要一块 RFID 扩展板和若干标签。

RFID 扩展板可以实现对目标标签的信息写入、修改和读取,其中标签信息写入、修改和读取功能可以实现用户个人信息写入标签和从标签中读取出来。将 RFID 扩展板和主控模块拼接在底板上。

其次,需要一块 Bluetooth 扩展板。

Bluetooth 扩展板可以实现与不同带有 Bluetooth 功能的终端设备进行连接,进而实现文件、信息、数据等的传输。Bluetooth 扩展板与快递中心建立 Bluetooth 连接之后,收到快件信息就可以发送给快递中心。将 Bluetooth 扩展板和主控模块拼接在底板上。

最后结合无人机和 GPS 定位系统,使用 Arduino IDE 将对应程序烧写进物联网套件内,以上设备相互连接合作,才可实现智能快递柜的功能。

智能快递柜的预期功能如下:

(1) 智能快递柜将实时地向调度中心发送该柜的快递列表信息,包括通过 RFID 扩展板读取的快递基本信息、快递优先权、快递接收时间、快递柜拥塞状态报告。

(2) 用户通过快递柜投送快递时,当用户按下投件按钮后,如果快递柜未满,将弹开一个空的投件箱箱门,用户把快递放入快递盒后放入投件箱并关上箱门。

(3) 投件箱将检测快递是否达标,如果检测达标,将提示用户输入投递信息,在确认目的地可达以后,将根据快递信息给出价格,用户可选择付款方式。

(4) 快递柜接收快递后,将通过 Bluetooth 扩展板向快递中心发送快件信息,快递盒将记录下快件信息。同时利用 RFID 扩展板的写入功能,将快件信息写入快件标签上。

(5) 无人机与快递柜对接后卸载快递盒并放入快递箱中,快递柜将根据无人机任务报告和通过 RFID 扩展板获取的快递信息核实快递,并向用户发送手机短信,提醒快递已经抵达,并给出取件密码和温馨提示。或者快递员将快递投掷到空闲快递柜,RFID 扩展板获得的快递信息核实快递,并向用户发送手机短信,提醒快递已经抵达,并给出取件密码和温馨提示。

(6) 如果用户超过了收取快递的时限,将根据超时时长交付快递箱占用费,如果超过系统预设时限,快递将被退回或者转移至快递集散分点。

9.1.4 发展前景展望

当前物流企业对智慧物流的需求主要包括物流数据、物流云、物流设备三大领域,2016年智慧物流市场规模超过 2000 亿元,到 2025 年,智慧物流市场规模将超过万亿元。目前智慧物流在数据服务市场(形成层)处属于起步阶段,其中占比较大的是电商物流大数据,随数据量积累以及物流企业对数据的逐渐重视,未来物流行业对大数据的需求前景广阔;在智慧物流云服务市场(运转层),基于云计算应用模式的物流平台服务在云平台上,所有的物流公司、行业协会等都集中整合成资源池,各个资源相互展示和互动,按需交流,达成意向,从而降本增效,阿里、亚马逊等纷纷布局;在智慧物流设备市场(执行层),是智慧物流市场的重要细分领域,包括自动化分拣线、物流无人机、冷链车、二维码标签等各类智慧物流产品。

智慧物流的发展驱动因素主要有国家的推广与支持,新商业模式物流服务提出更高的要求,同时物流运作模式革新,推动物流需求的提升,并且随着大数据、物联网等技术的发展,不断推动智慧物流的发展与革新。在 2009 年我国基于物联网技术在物流业应用与发展的背景首次提出了"智慧物流"概念,开始大力倡导"智慧物流"。国家大力推进互联网＋物流业。自 2015 年以来,国家各级政府机构出台了鼓励物流行业向智能化、智慧化发展的政策,并积极鼓励企业进行物流模式的创新。同时,近 10 年来,电子商务、新零售、C2M 等各种新型商业模式快速发展,同时消费者需求也从单一化、标准化,向差异化、个性化转变,这些变化对物流服务提出了更高的要求。互联网时代下,物流行业与互联网结合,改变了物流行业原有的市场环境与业务流程,推动出现了一批新的物流模式和业态,如车货匹配、众包运力等。基础运输条件的完善以及信息化的进一步提升激发了多式联运模式的快速发展。新的运输运作模式正在形成,与之相适应的智慧物流快速增长;同时大数据、无人技术等智慧物流相关技术日趋成熟,无人机、机器人与自动化、大数据等已相对成熟,即将商用;可穿戴设备、3D打印、无人卡车、人工智能等技术在未来10年左右逐步成熟,将广泛应用于仓储、运输、配送、末端等各物流环节,如图9-13所示。

图 9-13　智慧物流前景

　　2017年以来,智慧物流已经成为业界关注的焦点话题,无论以阿里、京东等为代表的电商企业,还是以顺丰、圆通、韵达等为代表的快递企业,以及各种车货匹配企业、第三方物流企业、城市物流配送企业、物流信息化平台企业,都开始大力发展智慧物流。

　　其中,电商平台物流企业(亚马逊、京东、阿里等)在物流基础设施不如传统物流企业情况下,更加注重通过技术手段提升物流整体操作效率。依托自身互联网技术基因优势,在各技术领域积极布局,力图对传统物流企业实现弯道超车。领先物流企业(顺丰、UPS、DHL等)通过组建技术研发团队,设立技术趋势研发机构,与领先第三方研发机构合作,在应用前景较大、与物流紧密相关的新兴技术上积极布局。但受限于数据劣势,在大数据、人工智能方面与电商物流企业仍有差距。物联网企业(G7等)独立于物流公司和电商平台,专注于物联网、大数据和人工智能平台开发和服务,具有很强的技术实力和商业模式优势。在具有互联网思维的专业团队和资本的助力下,发展前景巨大。

　　智慧物流市场快速发展,预计2025年规模超万亿元,行业正由自动化、无人化向数据化、智能化发展。目前智慧物流的发展趋势有以下三个方向。

　　(1)"全供应链化",大数据驱动整个供应链重新组合,不管是上游原材料、生产制造端,还是下游的分销端,都会重新组合,由线性的、树状的供应链转型为网状供应链。

　　(2)物流机器人会大量出现,不管阿里还是京东,以及顺丰等各大快递企业都会投入智能物流的硬件研发和应用。随着人力成本的不断提高,机器人成本与人工成本会越来越接近。简单重复性劳动被机器人取代只是时间问题。

　　(3)社会化物流会变成全社会经济的重要组成部分。数字化物流会让物流资源在全社会重新配置,不管快递的人员、快递的工具、快递的设施,还是商品,都会来进行组合,任何一个社会资源都可能成为物流的一个环节。所以未来智慧物流,一定是一个自由、开放、分享、透明、有信用的一套新的物流体系。

　　未来,领先物流企业需要结合自身特性、洞察所在领域的客户和市场变化,做好智慧物流的提前布局,追赶者应以更加开放的心态拥抱科技,拥抱智慧物流,实现转型升级。

9.2 智慧医疗

中国是世界人口第一大国,庞大的人口基数以及快速增长的老龄人口带来了持续增长的医疗服务需求。全民医疗健康因与国家战略密切相关,得到了历届政府的重点关注。随着我国经济的快速发展与居民收入水平的提升,居民对健康水平的重视程度不断提高。2017 年我国卫生总费用达到 40 974.64 亿元,较上年增长 16.03%,远高于同期 GDP 增长率。2017 年我国卫生总费用占 GDP 的比重为 6.05%,近年来保持稳步上升态势。

在传统的医疗服务链中有三个主要的环节,分别是医院、医生和患者。每个环节中都有亟待解决的问题。在传统的医患模式中,患者置于被动的地位,而医生处于主导地位,患者普遍缺乏事前预防的意识。在治疗的过程中,由于双方形成的不平等关系导致患者体验差,并且在诊治完成后没有后续的服务,不能对患者的病情进行跟踪。

传统医疗行业存在的主要缺陷是医疗资源总量不足和医疗资源分布失衡。虽然我国医疗服务资源的供给量逐年增长,但医疗资源总量仍不足。从国际比较看,尽管我国卫生总费用持续增加,但是其占 GDP 的比例一直相对较低,卫生总费用不足。同时我国医疗服务的社会公平性差,医疗资源的地域分布不合理加剧了医疗服务供需矛盾。大规模的综合型医院一般分布在经济发达地区,医疗资源的地域分布不均,转诊制度未能有效执行,促使基层的病患向经济发达地区求医,导致基层医疗体系无法发挥作用。

在信息技术与互联网技术快速发展的背景下,"物联网+"已经逐步成型,并且逐渐渗透到了各行各业中,为很多行业特别是传统行业提供了新的发展动力。在"物联网"背景下,传统医疗行业迎来了新的发展机遇,同时也面临着巨大的挑战。"物联网+医疗"为传统医疗行业提供了一种新的发展途径,并大幅度提高了医疗行业资源整合、配置效率,因此"物联网+医疗"的改变势在必行。

9.2.1 智慧医疗简介

智慧医疗是通过打造健康档案区域医疗信息平台,利用最先进的物联网技术,实现患者与医务人员、医疗机构、医疗设备之间的互动,逐步达到信息化。在不久的将来医疗行业将融入更多人工智能、传感技术等高科技,使医疗服务走向真正意义的智能化,推动医疗事业的繁荣发展,如图 9-14 所示。在中国新医改的大背景下,智能医疗正在走进寻常百姓的生活。随着人均寿命的延长、出生率的下降和人们对健康的关注,现代社会人们需要更好的医疗系统。这样,远程医疗、电子医疗(e-health)就显得非常急需。借助于物联网/云计算技术、人工智能的专家系统、嵌入式系统的智能化设备,可以构建起完美的物联网医疗体系,使全民平等地享受顶级的医疗服务,解决或减少由于医疗资源缺乏,导致看病难、医患关系紧张、事故频发等现象。

早在 2004 年,物联网技术便应用于医疗行业,当时美国食品药品监督管理局(FDA)采取大量实际行动促进 RFID 的实施和推广,政府相关机构通过立法,规范 RFID 技术在药物的运输、销售、防伪、追踪体系中的应用。美国医院采用基于 RFID 技术的新生儿管理系统,利用 RFID 标签和阅读器,确保新生儿和小儿科病人的安全。2008 年年底,IBM 提出了"智慧医疗"概念,设想把物联网技术充分应用到医疗领域,实现医疗信息互联、共享协作、临床

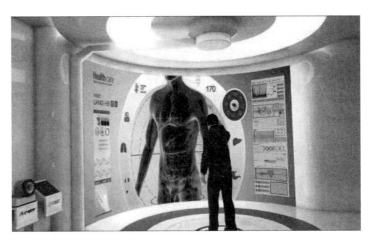

图 9-14　智慧医疗

创新、诊断科学以及公共卫生预防等。

　　智慧医疗技术架构共分为三层，分别为应用层、网络层、终端及感知延伸层。技术架构
如图 9-15 所示。

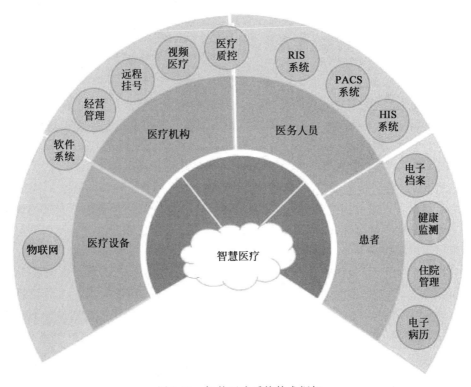

图 9-15　智慧医疗系统技术框架

　　应用层根据医疗健康业务场景分为七个系统模块业务管理系统，包括医院收费和药品
管理系统；电子病历系统，包括病人信息、影像信息；临床应用系统，包括计算机医生医嘱
录入系统（CPOE）等；慢性疾病管理系统；区域医疗信息交换系统；临床支持决策系统；公
共健康卫生系统。

网络层包括有线网络和无线网络,有线方式可支持以太网、串口通信和现场总线等方式,无线方式可支持 WiFi、移动网、RFID、Bluetooth。网关在网络层与感知延伸层之间进行数据存储和协议转换,并通过接入网发送,具有对业务终端的控制管理能力。

终端及感知延伸层指的是为医疗健康监测业务提供硬件保证的各类传感器终端。针对不同的应用,这些传感器终端可以组成相应的传感器网络,如心电监测传感器、呼吸传感器、血压传感器、血糖传感器、GPS 和摄像头等设备。

9.2.2　细分技术简介

1. 智慧医院

智慧医疗由三部分组成,分别为智慧医院系统、区域卫生系统、家庭健康系统。

数字医院包括医院信息系统(Hospital Information System,HIS)、实验室信息管理系统(Laboratory Information Management System, LIS)、医学影像信息的存储系统(Picture Archiving and Communication Systems,PACS)和传输系统以及医生工作站四个部分,实现病人诊疗信息和行政管理信息的收集、存储、处理、提取及数据交换,提升应用包括远程图像传输、海量数据计算处理等技术在数字医院建设过程的应用,实现医疗服务水平的提升,如图 9-16 所示,医生可通过平板等客户端查看系统中负责患者的资料详情。

图 9-16　智慧医院

利用智慧医院系统,实现远程探视,避免探访者与病患的直接接触,杜绝疾病蔓延,缩短恢复进程;远程会诊,支持优势医疗资源共享和跨地域优化配置;自动报警,对病患的生命体征数据进行监控,降低重症护理成本;智慧处方,分析患者过敏和用药史,反映药品产地批次等信息,有效记录和分析处方变更等信息,为慢性病治疗和保健提供参考。

2018 年 5 月,英国有了第一家利用数字技术提升患者体验的全数字化公立医院。这些技术贯穿于从患者入院前到出院后的整个医疗过程。所有临床医生都能从自己的设备上查看安全一体化的电子健康档案,包括患者病情、所有药物过敏史和就诊史以及基本医疗细节等。临床医生可直接用设备预定诊断和实验测试,测试结果以及智能手机中的照片都将自动被记录进电子健康档案,临床医生还会收到实时通知。所有患者和治疗方案受射频识别技术监控,形成一个与患者电子健康档案自动保持同步的封闭治疗周期。电子健康档案将自动确定新的疗法或临床研究是否能够改进治疗结果。医院使用机器人通过地下隧道传送药品,运输血液样本,收集诊断结果,安排床单和食品配送,大大节省了时间和费用,医院服务的可靠性提升。此外,机器人为手术工具消毒可减少感染,机器人配药能够实现零出错。所有病人都拥有一个床边控制台,除提供相关医疗信息以外,还可提供教育、娱乐、社交媒体等服务。出院后,病人可通过私人设备安排门诊预约。虚拟助手可提供院内导航和患者教育、指导以及咨询服务。根据统一编写的算法,智慧医院将实现高效精准配药。

2. 区域卫生

区域卫生系统,由区域卫生平台和公共卫生系统两部分组成。区域卫生平台包括收集、处理、传输社区、医院、医疗科研机构、卫生监管部门记录的所有信息的区域卫生信息平台;

旨在运用尖端的科学和计算机技术,帮助医疗单位以及其他有关组织开展疾病危险度的评价,制定以个人为基础的危险因素干预计划,减少医疗费用支出,以及制定预防和控制疾病的发生和发展的电子健康档案(Electronic Health Record,EHR)。公共卫生系统由卫生监督管理系统和疫情发布控制系统组成。

社区医疗服务系统,提供一般疾病的基本治疗,慢性病的社区护理,大病向上转诊,接收恢复转诊的服务;科研机构管理系统,对医学院、药品研究所、中医研究院等医疗卫生科院机构的病理研究、药品与设备开发、临床试验等信息进行综合管理。图 9-17 所示是社区医院。

图 9-17　社区医院

2004 年 8 月,法国通过一项针对国家医疗计划重组的新法律,这项法律确定要建立个人医疗档案,且该医疗档案由患者所有(患者同意方能使用)。其目标是为患者提供持续的医疗服务,其经济目标是为了更好地控制医疗成本(如取消多余的辅助性检查)。

通过卫生信息共享来提高医疗服务效率、提高医疗服务质量、提高医疗服务可及性、降低医疗成本以及降低医疗风险的作用已经得到充分验证,并被公认是未来卫生信息化建设的发展方向。越来越多的国家已经认识到开展国家级及地方级的区域卫生信息共享的核心内容是居民健康档案。

3. 家庭健康管理

家庭健康管理主要包括三个部分,一是为家庭各成员建立健康档案,二是根据体检结果进行健康评估,三是根据评估结果进行健康干预。

健康档案,是记录每个人从出生到死亡的所有生命体征的变化,以及自身所从事过的与健康相关的一切行为与事件的档案。具体的内容主要包括每个人的生活习惯、以往病史、诊治情况、家族病史、现病史、体检结果及疾病的发生、发展、治疗和转归的过程等。每个成员单独建档,有利于更新和查找,也便于提供给医生进行健康咨询。

家庭健康风险评估是健康管理过程中关键的专业技术部分,是健康干预的基础,也称为危险预测模型。它是通过所收集的大量的个人健康信息,分析建立生活方式、环境、遗传等危险因素与健康状态之间的量化关系,预测个人在一定时间内发生某种特定疾病或因为某种特定疾病导致死亡的可能性。图 9-18 所示是一

图 9-18　智能手环

款智能手环,可以实时检测用户的心率、运动量、作息时间等,并将数据保存到云服务器进行分析处理,用户可以在手机客户端建立自己的健康档案,系统根据综合信息对身体健康状况进行评估并给出相关预防方案。

健康干预中,通常是三级预防机制进行:一级预防,即无病预防,又称病因预防,是在疾病(或伤害)尚未发生时针对病因或危险因素采取措施,降低有害暴露的水平,增强个体对抗有害暴露的能力预防疾病(或伤害)的发生或至少推迟疾病的发生。此级家庭健康干预主要就是改变不好的生活方式,积极预防不良生活方式导致的疾病。二级预防,即疾病早发现早治疗,又称为临床前期预防(或症候前期),即在疾病的临床前期做好早期发现、早期诊断、早期治疗的预防措施。这一级的预防是通过早期发现,早期诊断而进行适当的治疗,来防止疾病临床前期或临床初期的变化,能使疾病在早期就被发现和治疗,避免或减少并发症、后遗症和残疾的发生,或缩短致残的时间。三级预防又称临床预防,对患者及时有效地采取治疗措施,防止病情恶化,预防并发症和后遗症,对已丧失劳动能力或残疾者,通过康复医疗,尽量恢复或保留功能。就是治病防残,延长生命,提高生活质量。

健康系统是最贴近市民的健康保障,包括针对行动不便无法送往医院进行救治病患的视讯医疗,对慢性病以及老幼病患远程的照护,对智障、残疾、传染病等特殊人群的健康监测,还包括自动提示用药时间、服用禁忌、剩余药量等的智能服药系统。

阿里巴巴对家庭健康管理极为重视,创立了阿里健康和医疗云服务。阿里巴巴计划在未来搭建的整个阿里健康生态系统,将以支付宝为核心,而挂号、缴费、查询、取号、诊前服务都将通过支付宝操作完成。在整个过程中,医院只需要负责治疗和诊断,其他的一切操作都交由支付宝完成,而且可以通过支付宝给医院和医生进行评价。

9.2.3 搭建智慧医疗系统

智慧医疗英文简称 WIT120,通过打造健康档案区域医疗信息平台,利用最先进的物联网技术,实现患者与医务人员、医疗机构、医疗设备之间的互动,逐步达到信息化。在国家政策、技术的共同驱动下,基于全民健康信息化和健康医疗大数据的个人智慧医疗体系正在形成,开始形成跨空间、跨部门的医疗数据融合应用雏形。

1. 药品管理

近几年,假药假疫苗事件频发,让人们对药品都有了一种畏惧心理,同时也一定程度上让病患和家属对医院产生了怀疑态度。为了让药品生产过程受到大众的监督和监控,使药品质量得到提高,可以对药品进行全程实时监控,做到让人们放心吃药、吃放心药。使用物联网套件中的 RFID 扩展板,把药品所有信息都写入药品标签中,可以保证药品问世之后,病患可以通过 RFID 扩展板的读取功能获得药品的全部信息。图 9-19 所示是药品管理系统示意图。

首先需要一块 RFID 扩展板和若干标签。

RFID 扩展板可以实现对目标标签的信息写入、修改和读取,其中标签信息写入、修改和读取功能可以实现用户个人信息写入标签和从标签中读取出来。将 RFID 扩展板和主控模块拼接在底板上。

使用 Arduino IDE 将对应程序烧写进物联网套件内,就能实现药品管理的应用。

药品管理的预期功能如下:

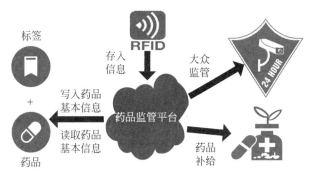

图 9-19　药品管理系统示意图

（1）实现对药品的全程实时监控。药品从科研、生产、流通到使用整个过程中，利用 RFID 标签等技术进行全方位的监控。

（2）利用 RFID 扩展板的写入功能，在药品生产的各个流程，将信息写入标签。同时将信息上传到数据库，进行管控。

（3）利用 RFID 扩展板的读取功能可以看到药品生产流程，从而得到大众监督。除了监控以外，还可以统计各类药物情况，对缺少的药物及时进行补充。

（4）除了要大众对药品进行监督，还需要记录药品的生产条件、储存环境、用量说明，以保证药品实现高质量存储。

2. 院前急救

当有急诊发生的时候，时间就是生命，所以需要在救护车上就对患者提前进行治疗，并将患者信息及时发送给医院，给医生时间去诊断和做出相应措施以等待患者到达医院，让医生可以第一时间对患者进行治疗。物联网套件中的 ZigBee 扩展板上包含心率血氧传感器，可以测得病患的心率血氧信息。同时 ZigBee 扩展板本身也可以实现 ZigBee 自组网功能，实现数据内部的传输，进而实现院前急救的数据收集和传递的功能。系统示意图如图 9-20 所示。

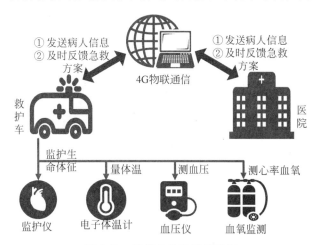

图 9-20　院前急救系统示意图

首先需要一块 ZigBee 扩展板。

ZigBee 扩展板上包含了心率血氧传感器，可以实现测量患者心率血氧信息。同时可以实现 ZigBee 与主机的链接和 ZigBee 之间的通信。ZigBee 的自组网功能可以将信息发送至医院数据库。但是在这个应用中,选择使用 4G 模块进行信息传输,保证远距离信号强地无误传递患者信息和接收医院决策信息。将 ZigBee 扩展板和主控模块拼接在底板上。

其次,需要 4G 模块、血压仪、电子体温表、监护仪。

4G 模块用于信息传输,血压仪、电子体温表、监护仪都用于实时监测患者生命体征。

使用 Arduino IDE 将对应程序烧写进物联网套件内,就能实现院前急救的应用。

院前急救的预期功能如下:

(1) 院前急救是通过在救护车上加装无线传送设备,将患者的心率、脉搏、血、脑电等生命体征数据,特别是有效的 t2 电图、脑电图实时波形传送到急救中心。

(2) 医院或急救中心的医生可以利用传送来的医疗数据,及时并准确地了解患者的病情,节约与受伤现场医护人员进行患者交接的时间。

(3) 利用 ZigBee 扩展板上的心率血氧传感器,测得患者的心率血氧信息。血压仪、电子体温表、监护仪同时收集患者信息。

(4) 所得到的全部信息通过 4G 模块发送给医院,以便医生做出进一步决策。

3. 个人健康管理

生活压力越来越大,人们也逐渐开始关注自身的身体健康。通过可穿戴式医疗装备,可以及时获得医疗信息、监测自身健康、调整生活习惯。这样极大改善了生活品质,保证得到第一时间的治疗,保持身体健康。物联网套件中的 ZigBee 扩展板上包含心率血氧传感器,可以测得病患的心率血氧信息,同时 ZigBee 扩展板本身也可以实现 ZigBee 自组网功能,结合其他测量仪器,收集数据,实现数据内部的传输,进而实现个人健康管理的数据收集和传递的功能,如图 9-21 所示。

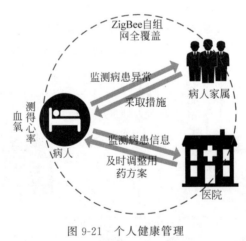

图 9-21 个人健康管理

首先需要一块 ZigBee 扩展板。

ZigBee 扩展板上包含了心率血氧传感器,可以实现测量患者或者使用者心率血氧信息,同时可以实现 ZigBee 与主机的链接和 ZigBee 之间的通信。ZigBee 的自组网功能可以将信息发送至医院数据库、主治医师、家属或朋友,保证患者或使用者的生命体征信息可以实时无误地发送给紧急联系人,以便于家属及时做出反应。将 ZigBee 扩展板和主控模块拼接在底板上。

其次,需要血压仪、电子体温表、血糖仪。血压仪、血糖仪、电子体温表都用于实时监测患者生命体征。使用 Arduino IDE 将对应程序烧写进物联网套件内,就能实现个人健康管理的应用。

个人健康管理的目标人群分为两类:病患与健康人群。

对于病患来说:

(1) 利用 ZigBee 扩展板的心率血氧传感器实时监测心率血氧,同时用血压仪、血糖仪、电子体温表测量身体各项指标,ZigBee 扩展板将所有信息统一收取,通过 ZigBee 自组网上传病患信息。

(2) 记录患者日常信息,一旦有异常,立即触动家属端报警,通知家属。

(3) 对于医院系统来说,保存了患者的取药信息,可以依据通过使用 ZigBee 扩展板的监测和传输,实时回馈给主治医师,及时调整患者药量。并且医院系统可以依据患者上次的去药量和最近身体状态,适时地给患者寄出合适且适量的药物。

对于健康人群:

(1) 实时监控自己身体状态,对于高压工作状态的情况,可以预防出现过劳死情况的频繁发生。

(2) 对于极限运动者,ZigBee 扩展板实现自组网,基地的队友可以监测到极限运动者的生命体征信息,以防出现不测。

4. 手术辅助决策管理

面对大量无序数据,医院管理者决策难度也随之增大,对于医院管理者来说,经常面临"数据丰富,信息贫乏"的局面。医院辅助决策支持系统是基于医院信息系统而设计,可以将大量数据通过汇总、挖掘、组织、展示,有效地转化为有用的知识信息,并服务于决策过程,可以为医院管理者实现科学决策提供有力的依据。物联网套件中的 ZigBee 扩展板上包含心率血氧传感器,可以测得病患的心率血氧信息,同时 ZigBee 扩展板本身也可以实现 ZigBee 自组网功能,实现数据内部的传输,进而实现手术过程中的数据收集和传递的功能,及时收发手术辅助决策,如图 9-22 所示。

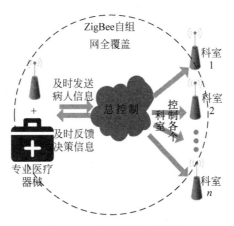

图 9-22　手术辅助决策系统

首先需要一块 ZigBee 扩展板。

ZigBee 扩展板上包含心率血氧传感器,可以实现测量患者或者使用者心率血氧信息,同时可以实现 ZigBee 与主机的链接和 ZigBee 之间的通信。ZigBee 的自组网功能可以将信息发送至医院数据库和各科室的主治医师。保证患者生命体征信息可以实时无误地发送给对应的各科室，以便于医生及时做出反应，给出手术辅助决策。将 ZigBee 扩展板和主控模块拼接在底板上。

其次，需要血压仪和各专业医疗器械。

血压仪、各专业医疗器械都用于实时监测患者生命体征。

使用 Arduino IDE 将对应程序烧写进物联网套件内，就能实现手术辅助决策管理的应用。

手术辅助决策管理的预期功能如下：

（1）对于一些大型手术，需要多个不同专业医生进行操作的手术，在手术进行的过程中，需要及时地采集病人身体各项指标。可以利用 ZigBee 扩展板上的心率血氧传感器、血压仪、各种对应的医疗器械去采集信息，并且统一一传送给 ZigBee 扩展板。

（2）ZigBee 扩展板实现医院内自组网，将这些信息对应地发送到各个科室，以供各科室专业医生进行判断决策。

（3）各科室医生可以通过 ZigBee 扩展板自组网将决策信息、手术辅助信息发送回手术室，使得手术顺利进行。保证实现全方位实时监控，同时还可以通过人工智能算法给出辅助决策。

（4）同时在手术之前，也可以通过对病患的身体指标的实时监测和发送，保证手术中涉及的各科室做好充足准备并且商量出解决方法。

9.2.4　发展前景展望

全球智慧医疗市场在移动医疗、智慧医疗、远程医疗等医疗新模式的带动下，正处于稳步发展阶段。2015 年市场销售额约为 2514 亿美元，同比增长 11.50%。全球智慧医疗市场主要集中在美国、欧洲、日本和中国，而产品生产主要集中在美国、欧洲和日本。近年来，我国的智慧医疗市场需求不断增长，市场规模迅速扩大，已成为仅次于美国和日本的世界第三大智慧医疗市场。2015 年，我国智慧医疗市场销售额为 259.9 亿美元，同比增长 35.5%，占全球市场份额达 10.5%。

智慧医疗发展的驱动因素主要有外部动力和内部动力两方面，经济全球化、气候环境及技术变革将成为未来 10 年全球经济增长的主要驱动因素，同时促进智慧医疗产业升级。社会人口变化、医疗服务业、国际贸易、城镇化促进消费升级及市场化是中国未来 10 年经济增长的主要驱动因素，也是智慧医疗产业发展的主要驱动因素。

其中表现尤为突出的是万达信息股份有限公司。

公司当前在全国范围内的区域卫生信息化市场占有率约 50%，业务所涵盖的区域卫生平台、区域诊疗中心、区域心电信息系统、区域病理信息系统、远程医疗服务平台以及为社区和个人所提供的远程健康监护与管理平台总共为超过 3.6 亿人建立了电子健康档案。

目前，公司已完成了大卫生、大健康的战略布局，医卫产业链不仅包括医疗、医保、医药等服务政府、机构的平台；同时还涵盖了移动医疗、食药健康等惠及民生的创新产品及举措。至此，万达信息已经完成了全国首创的提供医疗卫生闭环服务，实现全过程健康管理。

在智慧医疗广阔前景的吸引下，以 BAT 为首的互联网企业纷纷对医疗行业展开布局，其中阿里巴巴创立了阿里健康和"医疗云"服务；腾讯、丁香园、众安保险三方合作打造的互联网医疗生态链已现雏形；诸多大型企业通过并购，整合医疗资源，布局智慧医疗产业链。截止 2016 年，我国智慧医疗投资规模将近 500 亿元，预计到 2020 年，投资规模将扩大到1000 亿元。

9.3　智慧农业

农业自古以来就是国民经济的基础，报告数据显示，2016 年中国农林牧副渔业总产值达 11.2 万亿元。目前农村人口 6.2 亿，乡镇 3.3 万个，农村市场规模超 10 万亿元，农资市场规模约 1.6 万亿元，消费总支出约 5.2 万亿，其中人均消费 8383 元，增速 12%，远高于城镇居民人均消费增速，农业市场前景广阔。

传统农业是在自然经济条件下，采用人力、畜力、手工工具、铁器等为主的手工劳动方式，靠世代积累下来的传统经验发展，以自给自足的自然经济居主导地位的农业。传统农业生产技术落后，生产效率低下，农民抵御自然灾害的能力非常有限，农业生产受自然环境的影响较大，"靠天吃饭"的现象比较普遍。为了预防自然灾害给人们生存带来威胁，农民尽量地多生产、多储备粮食以备不测，即以产量最大化为其生产目标，而增产的主要手段就是加大劳动的投入；另外，传统农业所需水资源多，水资源短缺与需水量逐年增加之间矛盾日益加剧。为解决传统农业的高能耗、高污染、低效率等缺陷，智慧农业应运而生。

智慧农业通过生产领域的智能化、经营领域的差异性以及服务领域的全方位信息服务，推动农业产业链改造升级，实现农业精细化、高效化与绿色化，保障农产品安全、农业竞争力提升和农业可持续发展。因此，智慧农业是我国农业现代化发展的必然趋势，需要从培育社会共识、突破关键技术和做好规划引领等方面入手，促进智慧农业发展。

9.3.1　智慧农业简介

人类社会经历了农业革命、工业革命，正在经历信息革命。农业自身发展经历了以矮秆品种为代表的第一次绿色革命、以动植物转基因为核心的第二次绿色革命，随着现代信息技术的发展，农业的第三次革命农业数字技术革命正在到来。现代信息技术为我国农业现代化发展提供了前所未有的新动能，信息技术与农业的深度融合，催生了数字农业、精准农业、智慧农业等以信息知识为核心要素的智慧农业。

智慧农业是指利用物联网、人工智能等现代信息技术，将现代信息技术与传统农业相结合，实现信息化、精确化的农业生产全过程。智能控制的现代化管理技术实现了农业的视觉诊断、远程控制和灾害预警等功能。智慧农业是农业信息化发展从数字化到网络化再到智能化的高级阶段，是中国农业 4.0 的核心内容，也是中国工业 2025 的核心组织架构。目前，我国智慧农业主要集中在农业种植和畜牧养殖两个方面，发展潜力巨大。

智慧农业技术架构根据物联网层次也可分为三层：感知层、网络层、应用层。其中应用到的技术主要是信息感知技术、信息传输技术、信息处理技术等。感知层是指智慧农业中的感知环节，利用信息感知技术采集传感器的数据，传感器包括用于农业生产环境、动植物生命及质量安全与追溯等的各式各样传感器。在种植业中，主要采集光照、温度、水分、肥力、气体等种植信息参数；在畜禽养殖业中，主要采集二氧化碳、氨气和二氧化硫等有害气体含量,空气尘埃、飞沫以及温湿度等环境参数;水产养殖业主要收集溶解氧、酸碱度、氨氮、电导率以及浊度等数据。网络层使用信息传输技术,将传感器的数据通过 ZigBee、WiFi、LoRa、RFID 等无线通信技术传输到云平台,再利用大数据、云计算、人工智能等技术对数据进行分析处理,并产生决策指令,从而在应用层控制设备进行自动化操作。应用层包括智慧种植、智慧家畜养殖、智慧水产养殖、农产品溯源、智慧粮食存储等典型应用,如图 9-23 所示。

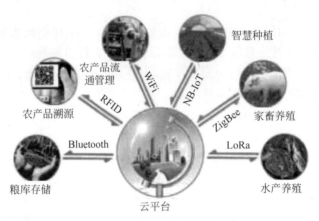

图 9-23　智慧农业的应用

9.3.2　细分技术简介

1. 农业种植

智慧农业种植根据不同植物品种对生长环境的不同要求,可以利用智能传感器、无线传感网络、大规模数据处理与智能控制等物联网技术,对温度、光照、土壤温湿度、土壤水分、空气二氧化碳含量、基质养分等环境参数做动态监测,并通过对风机、卷帘、内遮荫、湿帘、水肥灌溉等自动化设备的智能控制,使植物生长环境达到最佳状态。

随着物联网技术的发展,智慧农业种植应用广泛,包括大田种植、设施园艺、智能温控、智能灌溉等。在美国,农业种植物联网的网络体系架构已发展得较为健全,大农场给农业种植应用提供了试验基地。智能灌溉方面,借助感知技术对喷头附近的信息进行探测,包括地形、土质、土壤墒情等,通过无线通信将检测到的信息传输给服务器,实现灌溉的智能化,提高了灌溉的精准性,节约人力和水资源。农场经营方面,农业种植的应用使得施肥、病虫害、墒情等信息以及农场经营管理信息可以随时查询,农场经营更为科学化、规范化。智能温控方面,荷兰建立起温室农业高效生产体系,温度、湿度、光照等实现智能调节,经营管理实现智能化。以盆花栽培为例,栽培实现自动化,通过农业物联网采集图像,对盆花生长综合打分,传送、打包等操作实现智能化,栽培效率得到大大提高。

我国农业部门积极推动农业物联网的研究与实践,出台了一系列政策,其中《2018 年种植业工作要点》指出要持续推进种植业结构调整,大力推进绿色发展,加快种植业现代化步伐。上海、天津、安徽、浙江成为农业物联网的首批示范试点,进行了各具特色的试验。2018年浙江省种植业创建 127 个"五园创建"省级示范基地,包括生态茶园、精品果园、放心菜园、特色菌园和道地药园。据悉到 2020 年,浙江省将创建 500 个"五园创建"省级示范基地。

2. 畜牧养殖

我国是一个畜牧大国,在实现畜牧业发展的过程中,面临着企业生产管理水平低、政府监管薄弱、环境污染、行业数据资源分散等问题,阻碍了现代畜牧业的快速发展。近年来,智慧畜牧养殖针对畜牧业的发展现状,借助新一代物联网和移动互联技术,面向各级畜牧监管部门提供养殖、防疫、检疫、屠宰、流通、分销、无害化处理、畜产品安全、重大疫病预警等在线监管服务,实现畜牧业的资源整合、数据共享和业务协同;面向畜牧业养殖经营主体提供畜禽智能养殖和畜产品分销溯源等信息化管理系统,助力现代畜牧产业转型升级。

畜牧养殖业务的主要应用有精细化养殖、动物产品分销追溯、畜牧生态环境监管等,适用对象为大规模畜禽养殖企业、养殖场、家庭农场等。图 9-24 描述了一个奶牛精细化养殖场情景。精细化养殖通过部署无线传感器网络,实现对禽畜位置信息、健康信息的感测;使用 RFID 技术构建农业物联网,实现对动物群体中个体进行跟踪、识别,建立禽畜生活习性特征、养殖场所信息数据库,实现实时监测、养殖环境调控。动物产品分销追溯通过二维码和 RFID 技术对动物产品信息进行记录、标识管理以及畜产品溯源。畜牧生态环境监管借助物联网技术,能够远程监控养殖场的环境数据,对环境温度、空气质量、有害气体、光照情况等进行采集和检测,并通过物联网管理平台或手机 APP 对养殖环境报警进行及时处理。

图 9-24 奶牛精细化养殖场

畜牧养殖业一直深受国家和政府的大力支持,在 2016 年国家实行的 52 项落实发展新理念、加快农业现代化、促进农民持续增收的政策措施中,有 11 项涉及畜牧兽医行业。2017 年中央“一号文件”提出发展规模高效养殖业,稳定生猪生产,优化南方水网地区生猪养殖区域布局,大力发展牛羊等草食畜牧业,重点支持适度规模的家庭牧场。2018 年中央“一号文件”提出要优化养殖业空间布局,大力发展绿色生态健康养殖,做大做强民族奶业。“一号文件”的发布,为畜牧养殖业带来了良好的发展机遇,带动着整个行业向规模化、产业化发展。规模化、标准化养殖是加快养殖业发展的关键,打造智慧养殖新模式,加快研发养殖业智能装备制造,推动以“互联网＋”和物联网技术为核心的智慧农业在养殖领域的广泛应用,是实现养殖业规模化和标准化的必经之路。

9.3.3 搭建智慧农业系统

智慧农业系统的建设立足于物联网技术,以感知为前提,实现人与人、人与物、物与物全面互联的网络。在传统农业中,浇水、施肥、打药,全凭农民的经验和感觉,而如今有了农业物联网,就可以通过控制系统,运用基于物联网系统的各种设备,感知层通过传感器检测环境中的温度、相对湿度、pH、光照强度、土壤养分、二氧化碳浓度等物理参数,网络层通过NB-IoT、LoRa、ZigBee等通信技术将数据信息传输到智慧农业云平台,如图 9-25 所示,可实现智能温室、智能灌溉、精细化养殖和食品溯源等应用,用户根据传感器参数通过手机、PC 端以及 RFID 手持终端等控制终端实现对农业生产的自动控制,确保农作物有一个良好、适宜的生长环境。

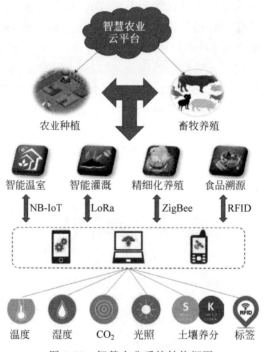

图 9-25　智慧农业系统结构框图

1. 智能灌溉

我国是淡水资源极其匮乏的国家,传统农业因为农业技术较为落后,水资源浪费非常严重;另外,传统农业中农民只是依据自身经验判断农作物是否需要灌溉,但是经验再丰富的农民判断也总是存在误差。为了解决水资源短缺、浇水困难、施肥困难等问题,使用物联网套件,提出了基于 LoRa 物联网技术的智能农业灌溉系统设计方案,如图 9-26 所示。智能灌溉系统由各类传感器、传输网络、控制系统以及水泵等灌溉用具组成,通过各类电子传感器实时感知灌溉需求信息,通过 LoRa 无线通信方式传输至控制系统,经由控制系统处理后进行决策,发送指令控制水泵进行灌溉。

首先需要数个 LoRa 扩展板、土壤养分传感器以及土壤湿度传感器。土壤湿度传感器可以灵敏地检测到土壤的湿度值,土壤养分传感器可以检测到土壤的各项养分指标。LoRa扩展板上配备有 LoRa 通信模块,与云平台连接,将传感器采集到的数据信息发送至云平台,云平台进行数据处理,通过对各项数据的实时分析进行决策。

其次,需要根据农田实际情况来配置整个灌溉系统,合理布置继电器、水泵、水管道、喷头等设备,系统根据云平台决策指令智能控制灌溉设备进行灌溉。配置完成后,使用Arduino IDE 将对应程序烧写进物联网套件内,就能实现智能灌溉系统的搭建和应用。

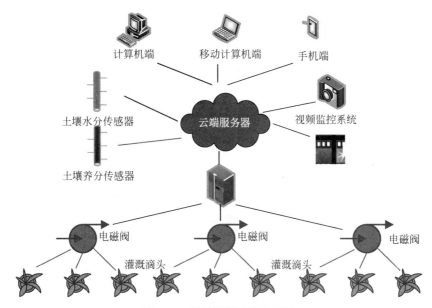

图 9-26　智能灌溉系统示意图

智能灌溉的预期功能如下：

（1）使用者可以通过客户终端实时监测土壤的湿度值与养分值。

（2）使用者可以设定土壤湿度及养分参数阈值，在农作物的土壤湿度及养分低于该阈值时，灌溉系统将自动浇水或者施肥，直到土壤湿度及养分达到该阈值。

（3）使用者如果认为农作物需要浇水或施肥，可以手动操作终端进行浇水或施肥。

2. 智能温控

现如今，人们可以吃到许多跨季水果，例如在寒冷的冬天也可以吃到可口的西瓜，这些都依赖于现在的大棚温控技术，通过大棚智能温控技术，人们可以通过手机或者计算机直接控制大棚的温度，而且能够实现恒温，再也不用怕受温度的影响而不敢种植跨季作物了。使用物联网套件、传感器、NB-IoT 无线通信技术、自动控制设备等，可以做一个智能温控系统，如图 9-27 所示。该系统可以对光照、温度、湿度等影响植物生长的重要参数进行实时智能化监测，并可以通过手机短信的方式通知农户。智能温控系统大大减少了人力物力的消耗，实现了现代化低能耗的农业生产，使农业生产变得更可靠、有效、科学和合理化。

实现本系统需要 NB-IoT 扩展板和一系列传感器，包括土壤温/湿度传感器、空气温/湿度传感器、光照传感器、CO_2 浓度传感器等。空气温度传感器可以灵敏地检测到大棚内的温度值，空气湿度传感器可以检测大棚内的空气湿度，土壤温/湿度传感器用来检测土壤的温/湿度，光照传感器用来检测大棚内的光照强度。各个传感器将采集到的数据通过 NB-IoT 通信技术传输到云平台存储并进行分析处理。

需要根据大棚的实际情况来配置整个温控系统，如图 9-27 所示，在温室大棚适宜的位置布置好土壤温/湿度传感器、空气温/湿度传感器、光照传感器、CO_2 浓度传感器以及各种控制设备，如加热器、加湿器、遮阳网、鼓风机等。用户可以根据不同的农作物适宜环境条件设置传感器的阈值，从而控制温控系统的智能设备。配置完成后，使用 Arduino IDE 将对应程序烧写进物联网套件内，就能实现智能温控系统的应用。

图 9-27　智能温控系统示意图

智能温控系统的预期功能可分为检测和控制两部分。

智能温控系统的监测功能如下：

（1）温/湿度监测。通过温/湿度传感器检测温/室大棚室内外环境温/湿度、土壤温/湿度，并对数据进行采集，传输至云平台存储并分析处理等。

（2）光照度监测。通过光照传感器监测温室大棚内的光线强度，并可以直接与相关的补光系统、遮阳系统等设备相连，必要时自动打开相关设备。

（3）CO_2 浓度监测。在温室大棚内部署 CO_2 浓度传感器，实时监测温室中 CO_2 的浓度，通过 NB-IoT 传输至用户监控终端。

（4）分区域检测。同一个大棚内划分区域控制管理，可以实现每个种植区不同的温/湿度、CO_2、光照等环境参数指标；用户可以分块进行单独控制和整体协调控制。

智能温控系统的控制功能如下：

（1）报警控制。用户可以设置温/湿度、CO_2 浓度、光照强度等环境参数的阈值，当传感器检测的数据超过设定阈值范围时，系统产生报警信息，并发送给客户端通知用户。

（2）设备控制。系统根据传感器采集到的环境参数信息自动控制加湿器、加热器、遮阳网、鼓风机等设备的开启和关闭；用户也可以通过客户端控制这些设备。

3. 精细化养殖

现在随着社会的进步，人们对家畜的需求量越来越大，这使得农牧场的压力也越来越大，所以尽早实现精细化养殖必然能够带来巨大的经济效益，通过精细化养殖技术，人们可以大大减少畜牧养殖业所需人力物力，提高养殖的效率。使用物联网套件，就可以做一个家禽精细化养殖管理应用系统，如图 9-28 所示。系统利用现代信息技术准确掌握家禽生育进程和生长动态，对家禽养殖的环境参数（空气温度、空气湿度等）和有害气体（氨气浓度、二氧化碳浓度等）实施监控，系统可以根据设定的阈值自动控制风机、灯光、除湿、天窗、加热等设备。

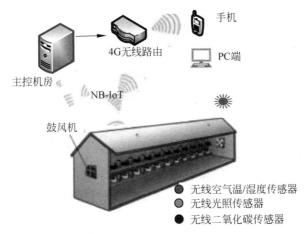

图 9-28 精细化养殖系统示意图

本系统需要 NB-IoT 扩展板和一系列传感器,包括温度传感器、CO_2 浓度传感器、沼气浓度传感器。扩展板上配备有 NB-IoT 通信模块,与云平台相连,将数据通过 NB-IoT 模块传送给云平台后,平台服务器将各个参数进行数据处理并与标准参数相对比,从而对精细化养殖系统进行智能控制,如启动风机进行对大棚的通风来降低二氧化碳浓度和沼气浓度等。

首先将 NB-IoT 扩展板和主控模块拼接在底板上;然后,根据养殖大棚的实际情况来配置整个系统,包括传感器和各种设备,在合适的位置配置风机、摄像头、报警器等装置。配置完成后,使用 Arduino IDE 将对应程序烧写进物联网套件内,就能实现精细化养殖系统的应用。

精细化养殖系统的预期功能如下:

(1) 系统可以实时监测养殖大棚环境参数,采集温度、CO_2、沼气等传感器的数据。

(2) 系统根据传感器采集到的数据动态控制通风设备,为禽舍打造适宜的环境。

(3) 系统通过对家禽养殖过程的适应参数安全阈值设置,当超出阈值报警系统启动。

(4) 系统对家禽生长动态以及各生育阶段的长势长相进行动态监测和趋势分析。

(5) 用户通过手机 APP 可实现远程监控禽舍。

4. 食品溯源

食品安全的问题越来越受到人们的重视,提高食品安全度的重要方法之一就是实现食品溯源。通过食品溯源系统,消费者可以轻松查出所购买的食品是来自何方、产自何时、生产环境、加工环境、加工过程等信息。使消费者在购买的时候更加放心,也使得生产者在生产或者加工食品的时候有一定的自我约束力,一定程度上解决了食品安全的问题。使用物联网套件,就可以做一个食品溯源系统,如图 9-29 所示。

本系统需要 RFID 扩展板和多个电子标签,RFID 扩展板上配备有 RFID 通信模块。首先将农作物在幼苗时期进行代表性选择,在选中的农作物上悬挂电子标签,通过室内的无线 RFID 读写设备将大棚的环境数据定期写入农作物的电子标签内;当农作物经过施肥或者初步加工的时候,都将通过 RFID 读写设备将所施的肥料及加工方式、加工时长写入电子标签内;初步加工完毕后,工作人员会通过读写设备将检测的农药残留量信息写入标签内;当食品被运输时,会将电子标签收回,并重置信息,系统将自动生成二维码,二维码将会包含

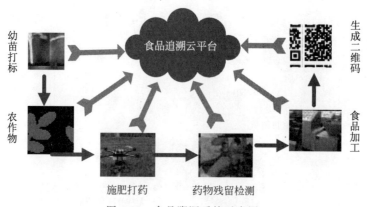

图 9-29　食品溯源系统示意图

农作物从幼苗时期的各类信息,消费者可通过扫描二维码获得食品的所有相关生长信息。先进的云技术与领先的数据采集设备完美结合,真正实现全程跟踪、信息准确、追溯便捷,让消费者吃的安心,吃的放心。

配置完成后,使用 Arduino IDE 将对应程序烧写进物联网套件内,就能实现食品溯源系统的应用。

食品溯源系统的预期功能如下:

(1) 消费者可以通过扫描二维码直接读出食品的生产日期、保质期、厂家及地址。

(2) 消费者可以通过扫描二维码查看食品原料的生长环境、施肥次数、农药种类、残留量等信息。

(3) 消费者可以通过扫描二维码读出食品的初加工方式。

9.3.4　发展前景展望

中国是一个农业大国,尽管智慧农业起步较晚,整体上处于初步阶段,但是前景仍一片广阔。随着物联网、互联网等信息技术的发展,智慧农业正逐渐从科研基地试点阶段走进越来越多的民用企业。《中国智慧农业行业市场深度调研及 2017—2021 年投资商机研究报告》数据显示,在 2015 年,我国智慧农业的产业规模已达到 137 亿美元,2018 年达到 200 亿美元,年复合增长率达 13.4%。

智慧农业是农业发展进程中的必然趋势。为支持智慧农业概念落地,我国先后在多个现代农业政策中提及智慧农业的推广,按照《全国农业农村信息化发展"十三五"规划》的要求,未来 5 年,农业农村信息化总体水平将从现在的 35% 提高到 50%,基本完成农业农村信息化从起步阶段向快速推进阶段的过渡。具体指标包括:农业生产信息化整体水平翻两番,达到 12%;农业经营信息化整体水平翻两番,达到 24%;农业管理信息化整体水平达到 60%;农业服务信息化整体水平达到 50% 以上等。

在国家乡村振兴战略推动下,阿里、京东、百度等巨头纷纷布局智慧农业,为推动我国智慧农业建设做出努力。2018 年,阿里在云栖大会上推出阿里云 ET 农业大脑,主打农业资料数据化、农产品生命周期管理、智慧农事系统和全链路溯源管理,预计 ET 农业大脑可以帮助果农每亩地节省 200 元以上成本;阿里用 ET 农业大脑 AI 养猪,如图 9-30 所示,检测小猪跑步的路径、时间和频率,只有跑满 200km 以上,才是一只合格的出栏小猪;利用阿里云技术可以帮助农户实现精准种植,成熟的区块链技术也能实现产业链全程可视化溯源。京东以无人机农林植保服务为切入点,搭建智慧农业共同体,做全产业链上的智慧农业;百度在农业的布局则是侧重和农业企业进行合作,2017年与云南佳叶合作,在设备端安装智能边缘平台;百度云与中化农业也合力构建智能化农业生产过程管理平台,助力农企智能化转型。

ET农业大脑会监智小猪运动,
检测小猪跑步的路径、时间和频率。
只有跑满200km以上,
才是一只合格的出栏小猪。

200km

图 9-30 阿里 ET 农业大脑 AI 养猪

预计在2022年仅以应用硬件和网络平台以及服务为基础的智慧农业市场将达到184.5亿美元的规模,年均复合增长率13.8%。到2025年,我国农业规模预计占全球比重将超过1/5。在巨头们的带领下,智慧农业未来发展主要集中在以下三个方面:

(1) 以农业环境信息采集、农作物监测为代表的智慧生产。

(2) 农产品销售渠道拓展、质量安全与追溯等相关的智慧经营。

(3) 结合云计算、大数据等新技术实现远程测控的智慧服务。

9.4 智慧建筑

建筑业作为国民经济生产部门之一,对国民经济的发展具有举足轻重的作用。过去20多年中国建筑业市场获得长足发展,建筑业市场规模从1997年1334亿元到2007年的14 014亿元,增长至2016年的49 522亿元,复合增长率达到21.0%;2017年建筑业增加值占GDP的比重为6.73%,所占比重较上年提高了0.07个百分点;截至2017年第三季度,建筑业企业单位数量共计84 185个,同比增长了5.04%,吸纳了4698.73万从业人员,同比增长了4.76%。无论从GDP的贡献还是就业容纳能力来看,建筑业都是无可争议的国民经济支柱产业。

当前,我国传统建筑生产方式普遍存在着建筑资源能耗高、生产效率低下、工程质量和安全堪忧、劳动力成本逐步升高、资源短缺严重等问题,这要求建筑业企业必须改变传统建筑生产方式,加入智能建筑行业中,从而满足未来建筑业可持续发展的要求。另外,随着我国新型城镇化的逐步推进、"一带一路"战略的落地,建筑业迎来了全新的变革时期。在国家的大力支持下,企业应该明确自身的优势和不足,找准定位,站在战略的高度,顺应行业发展趋势,在创新中推动企业核心竞争力的不断提高。目前来看,智慧建筑将是企业转型的必然选择。

9.4.1 智慧建筑简介

智慧建筑是以建筑物为平台,基于对各类智能化信息的综合应用,集架构、系统、应用、管理及优化组合为一体,具有感知、传输、记忆、推理、判断和决策的综合智慧能力,形成以人、建筑、环境互为协调的整合体,为人们提供安全、高效、便利及可持续发展功能环境的建筑。因此,智慧建筑不仅仅是智能建筑,强调的是人、环境、建筑三者的关系,是一个具备感知的生命体,建筑也拥有生命,能够不断进化。

根据建筑的智慧程度划分,可大致分为传统建筑、智能建筑、智慧建筑三个阶段。世界上第一栋智能大厦出现在 1984 年,自此智能建筑的概念逐渐兴起。我国的智能建筑行业从 20 世纪 90 年代开始发展,虽然我国的智慧建筑建设起步晚于国外发达国家,但其所应用的技术及相关标准等,却与国际先进水平旗鼓相当。2017 年,阿里巴巴发布了《智慧建筑白皮书》震撼业内外,白皮书对智慧建筑的特征进行了概括,主要包括四个方面的内容:一是环境,智慧建筑强调与环境的关系;二是经济,延续高性价比的经济;三是社会,强调建筑与人的关系;四是技术,通过物联网、人工智能、云计算等技术手段实现智慧建筑的功能。

智慧建筑按照系统构成可分为设备自动化系统(BAS)、通信自动化系统(CAS)、办公自动化系统(OAS)、安全保卫自动化系统(SAS)和消防自动化系统(FAS),即 5A 智慧建筑。其中,设备又可分为冷热源控制系统、空调及新风控制系统、送排风控制系统、给排水控制系统、电梯监控系统、变配电控制系统、照明控制系统;消防分为火灾自动报警系统、消防联动控制系统、消防设备监控系统;安防分为入侵报警系统、视频监控系统、出入口控制系统、保安巡更系统、智能停车场管理系统;通信可分为语音通信系统、电子会议系统、影像系统、数据通信系统、多媒体网络通信系统、有线及卫星电视系统;办公可分为物业管理运营系统、办公和服务管理系统、智能卡管理系统,如图 9-31 所示。

图 9-31　5A 建筑系统

智慧建筑基于物联网技术分成三个层次：感知层、网络层和应用层。感知层主要用于数据采集和感知，包括物理量、图像、音频等数据信息，其中涉及的感知技术主要有传感器、RFID、多媒体信息采集等。网络层主要实现更加广泛的互联功能，把感知层收集到的信息进行高效、安全、可靠的传输。应用层是构建智能建筑的核心所在，利用各种数据分析处理技术将感知层收集到的信息进行分析融合，形成面向用户需求的各类应用。

9.4.2 细分技术简介

1. 智慧消防

智慧消防系统基于低功耗广域物联网技术、云计算技术和大数据分析技术，实时分析处理测量、故障、状态和告警数据，并通过手机 APP 端、Web 端、微信、短信等方式把告警和故障信息推送给相关管理人员，最终实现远程实时监控的目的。智慧消防管理平台能将历史数据和报警信息进行保存，可实时查看预警、故障、报警趋势图表。

2017 年公共消防 297 号文件《关于全面推进"智慧消防"建设的指导意见》指出了消防信息建设的目标，加快推进智慧消防系统建设，全面促进信息化与消防业务工作的深度融合。智慧消防系统成功地解决了电信、建筑、供电、交通等公共设施建设协调发展的问题；由于消防指挥中心与用户单位联网，改变了过去落后和被动的报警、接警、处警方式，实现了报警自动化、接警智能化、处警预案化，极大地提高了处警速度，真正做到了快捷、安全、可靠，使人民生命、财产的安全以及警员生命的安全得到最大限度的保护。

智慧消防系统包括消防管网水压监测集成子系统、可燃气体监测集成子系统、独立烟感监测集成子系统和火灾预警监测集成子系统，可实现图 9-32 所示的精准定位水压异常、偷水、漏水等故障位置。消防管网水压监测集成子系统具备消防水压实时探测功能，可 24 小时不间断显示消防水的实时压力值；当消防水压超出设定的压力范围或发生故障时，及时上传告警或故障信息。可燃气体监测集成子系统实现对可燃气体浓度实时探测功能，可 24 小时不间断监测；系统可设置可燃气体浓度的上、下限值，当超过阈值或设备故障，系统会自动报警。独立烟感监测集成子系统利用联网型独立式烟感探测场所火灾信息，当发生火警时及时上报火警信息到智慧消防物联网管理平台。火灾预警监测集成子系统利用用户信息传输装置与自动火灾探测系统对接，实时监控企业的自动火灾报警设备的故障，及时上传火警信息到智慧消防物联网管理平台，展现在网站和手机 APP 预警地图上。

2018 年青海省城市智慧消防数据中心揭牌仪式在西宁市举行，标志着青海首个城市智慧消防数据中心正式成立。青海智慧消防数据中心利用物联网、人工智能、"互联网＋"等新技术，配合大数据、云计算、火警智能判断等专业应用，实现了城市智慧感知、互联互通的应用架构模式。青海智慧消防数据中心全面提升了社会单位消防安全管理水平和消防监督执法效能，强化火灾防范、火灾处置管理，把所有的消防工作变得智慧化、科技化、智能化；同时，通过消防工程承揽、消防数据应用等市场化动作，实现社会效益和经营效益双丰收。

2. 智慧安防

智慧安防技术指的是服务的信息化、图像的传输和存储技术，其随着科学技术的发展与进步已迈入了一个全新的领域，智能化安防技术与计算机之间的界限正在逐步消失。

智慧安防技术的主要内涵是其相关内容和服务的信息化、图像的传输和存储、数据的存储和处理等。就智能化安防来说，一个完整的智能化安防系统主要包括门禁、报警和监控三

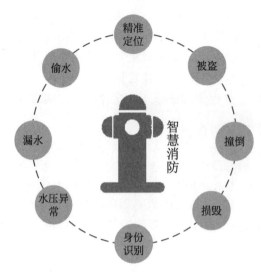

图 9-32 智慧消防

大部分。图 9-33 所示是一种常见的门禁系统。从产品的角度讲，应具备防盗报警系统、视频监控报警系统、出入口控制报警系统、保安人员巡更报警系统、GPS 车辆报警管理系统和110 报警联网传输系统等，这些子系统可以是单独设置、独立运行，也可以由中央控制室集中进行监控，还可以与其他综合系统进行集成和集中监控。

图 9-33 智能门禁

杭州开发区智慧安防项目享誉全球，项目建设目标要紧紧围绕"全区覆盖、全网共享、全时可用、全程可控"的总体目标，通过利用科技信息化技术，整合资源，在社会治安、应急响应、预防打击犯罪、市民服务、家居安防等领域构建完善的管理服务体系。全区各社区、居民小区、校园、企业、网吧、工地内部的社会自建视频监控点位达 22 000 余个。以"开发区视频监控进社区、进小区活动"为契机，突出抓好老小区安防系统改建和新建工程项目安防系统建设。共建设视频安防监控系统 81 套、监控点位 7474 个；入侵报警系统 46 套、1448 个防区；电子巡查系统 37 套、1733 个巡查点位；停车场管理系统 74 套、275 个道砸口；可视对讲系统 33 套、29 281 个终端。开发区的安防大数据平台建设在智能门禁的基础上已形成数据可通过网络远程联网调阅、数据分析、特殊情况下远程通知管理单位等，但随着越来越多的社区进行了智能门禁的建设，需建设更符合要求的安防大数据平台。

3. 智能楼宇

智能楼宇的核心是 5A 系统,利用计算机技术、信息通信技术等将建筑物内的照明、暖通、电力设备等进行科学的协调,从而达到楼宇的建筑物自动化、办公自动化、通信自动化等先进功能,如图 9-34 所示。

图 9-34　智能楼宇

智能楼宇应用广泛,包括暖通空调系统的监控、给排水系统监控、照明系统监控、远程抄表、车库管理系统等。在建筑内部设有各类传感器,可对建筑内的温度、湿度以及照明情况进行实时监测,根据需要自动控制空调和照明系统调节室内温度、湿度以及光照强度,可以节约电力等能耗,降低能源消耗,以达到节能减排、绿色环保的目的。

最近几年,随着经济的蓬勃增长,中国知名企业的总部大楼也开始如雨后春笋般疯长,带着我们步入更快节奏的都市生活。2017 年 11 月 28 日,腾讯宣布位于深圳滨海的全球新总部"滨海大厦"正式启用,这是腾讯在智慧建筑方面的一次有益的探索。滨海大厦位于深圳南山区科技园内,总投资 18 亿元,采用物联网和人工智能技术,是集数字化、智能化于一体的智慧大厦。员工不用刷卡直接"刷脸"即可进入;访客在大堂等待时可通过手机与 AR、VR 设备进行多种互动;在大厦内部走动时,室内精准定位技术可以准确到 1m 内;下班后,打通 QQ 账号的智能寻车导航系统,帮助员工顺利快速地开车回家。腾讯近年来一直致力于打造微建筑智能平台,并在智能建筑领域运用物联网、大数据等技术手段来实现建筑智慧化管理与服务。

9.4.3　搭建智慧建筑系统

智慧建筑系统主要由智能安防、智能楼宇和智能消防三大部分组成,如图 9-35 所示。智慧建筑所用的主要设备通常放置在智慧建筑内的系统集成中心(System Integrated Center,SIC)。在传输层它主要通过 NB-IoT、LoRa、ZigBee 等通信技术与感知层的各种终端设备,如通信终端(电话机、传真机等)、传感器(如压力、温度、湿度等传感器)连接,"感知"建筑物内各个空间的"信息",并在应用层通过计算机进行处理后给出相应的控制策略,再通过通信终端或控制终端(如开关、电子锁、阀门等)给出相应的控制对象的动作反应,使建筑达到某种程度的智能,从而形成建筑的智能照明系统、智慧电梯、楼宇控制和智慧消防等功能。

图 9-35　智慧建筑技术结构框图

1．智能烟感

智能烟感系统是智慧建筑中的重要一环,正因为有了智能烟感系统,才大大降低了大型建筑中发生火灾及可燃气体爆炸的几率。智能烟感系统能够敏锐地发现建筑内的火苗及烟雾,将火灾在星星之火之时就消除干净。当在无人车间时,智能烟感系统也可以实时监测车间内的温度、烟雾及可燃气体等,及时通过控制中心进行报警,将经济损失降到最小,使人们在建筑内生活工作得更加安全。使用物联网套件,就可以做一个智能烟感系统,如图 9-36 所示。

图 9-36　智能烟感系统示意图

首先需要有一块 LoRa 扩展板以及无线烟感报警器、无线感温报警器、无线可燃气体报警器。烟感报警器可以检测到室内的烟雾浓度,感温报警器可以检测室内的温度,可燃气体报警器可以检测到室内的可燃气体浓度,当各个指标超出正常范围时,报警器将及时进行报警,并将信息传给 LoRa 模块,LoRa 模块再将信息传给火警管理平台,对报警信息进行反馈,迅速调配人员进行灭火。

可以根据不同室内的构造来配备整个系统。各个传感器的数据可以及时传送给 LoRa 模块,LoRa 模块可以实时将传感器的数据发送给云平台,云平台对数据进行处理之后将对智能烟感系统进行控制。配置完成后,使用 Arduino IDE 将对应程序烧写进物联网套件内,就能实现智能烟感系统的应用。

智能烟感系统的预期功能如下:

(1)系统可以自动检测出室内温度的异常变化。

(2)系统可以自动检测出室内可燃气体浓度的变化。

(3)系统可以自动检测出室内烟雾浓度的变化。

(4)系统可以根据环境参数进行自动报警。

2. 智能门禁

智能门禁系统是智慧建筑中安全问题的重中之重,通过智能门禁系统,可以记录进出大楼的各个人员,防止其他不相关人员或者小偷等进入,将整个大楼的安全从源头控制住,给整个大楼或者小区创造一个良好的环境;同时还可以方便业主开门进入或者出行,在有访客时,主人可以远程控制门禁系统从而选择大门的开或关,使整个大楼的安全问题控制在最低水平。使用物联网套件,就可以做一个智能门禁系统,如图 9-37 所示。

首先需要一块 RFID 扩展板、门禁卡和摄像头。RFID 扩展板含有 RFID 模块,可以构成读卡器,可以识别门禁卡中的信息,客人可以刷门禁卡进门,而无须继续使用钥匙;如果没有门禁卡,可通过按钮向主人发出进门申请,主人可以远程控制门的开关;当客人的信息不匹配或者主人想远程控制关门时,系统可根据数据信息来实现门禁系统的报警。

需要根据不同的大门来进行相关的配置,将 RFID 读取器、摄像头与门禁系统相连接,进行实时监控,并对非法入侵行为及时报警。RFID 模块可以将进门申请或者人脸配对信息等数据发送给云平台,云平台将根据数据对智能门禁系统进行智能控制。配置完成后,使用 Arduino IDE 将对应程序烧写进物联网套件内,就能实现智能门禁系统的应用。

智能门禁系统的预期功能如下:

(1)系统能够时刻记录出入大门的人数。

(2)主人或者内部人员可以通过计算机远程控制门的开关。

(3)若多次开门失败或者系统遭到破坏,则进行报警。

3. 智慧路灯

智慧路灯是智慧建筑中最有特色的一部分,智慧路灯可以实现许多现代化的功能,使智慧城市更加的一体化,同时也可以解决众多在行驶道路上遇到的问题,如实时监控、一键报警等需求。通过智慧路灯,人们可以随时随地连接无线网络,享用无线充电桩等资源,智慧路灯也可以实现对城市空气质量的实时监控,并在空气质量较差的时候提醒行人注意防范。使用物联网套件,就可以做一个智慧路灯系统,如图 9-38 所示。

首先需要 NB-IoT 扩展板和 WiFi 扩展板,扩展板上的 NB-IoT 和 WiFi 通信模块与智慧路灯控制系统相连接,另外智慧路灯还需配备有光照传感器、空气质量检测仪、汽车充电装置、视频监控系统。根据不同城市的需求来配置智慧路灯系统,NB-IoT 模块将各个传感器的数据实时传送给云平台,平台服务器将根据数据信息控制路灯的开关;WiFi 模块可以为路人提供免费的无线网络。配置完成后,使用 Arduino IDE 将对应程序烧写进物联网套件内,就能实现智慧路灯系统的应用。

图 9-37　智能门禁系统示意图

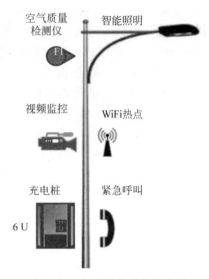

图 9-38　智慧路灯系统示意图

智慧路灯系统的预期功能如下:

(1) 根据光照传感器的实时数据,实现自动控制路灯。

(2) 可通过空气质量传感器的数据,实现检测并显示空气质量,包括 PM10、PM2.5、温度、湿度等。

(3) 路灯内嵌 WiFi 扩展板,可为行人提供免费的网络服务。

(4) 视频监控可进行安防监控和车辆监控,并与公安机关联网实现一键报警功能。

(5) 路灯配置有充电桩,可以给电动汽车提供充电装置。

4. 智能抄表

人们的日常生活中需要由各种各样的表来记录信息,如水表、电表、煤气表等。传统人工抄表面临入户难、强度大、周期长、手工结算方式效率低下、容易出现差错等问题,同时,人工成本逐年递增,能源供给企业无法有效控制运营成本。而智能抄表系统可以实现减少人工、实时监测表数据、数据精确度高等特点。使用物联网套件,就可以做一个智能抄表系统,如图 9-39 所示。

首先本系统需要 NB-IoT 扩展板,扩展板上配备有 NB-IoT 通信模块。各个用户表将与 NB-IoT 通信模块进行数据连接,数据将通过 NB-IoT 通信模块发送给云平台服务中心,云平台服务中心根据人们需要定时获取表内数据,对数据进行分析与统计。当出现紧急情况或者顶层需要时,可通过计算机对表进行断开或关闭。根据不同小区和用户的实际情况来配置各种表和 NB-IoT 扩展板,配置完成后,使用 Arduino IDE 将对应程序烧写进物联网套件内,就能实现智能抄表系统的应用。

智慧抄表系统的预期功能如下:

(1) 实现实时远程抄表,缩短传统抄表所用时间,大幅减少人工消耗。

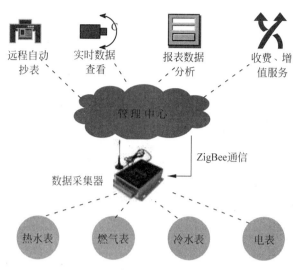

图 9-39 智能抄表系统示意图

（2）大大提高统计表内数据的精确度。

（3）当用户电量余额低于一定值时，系统将发送提示信息提示用户及时缴费。

9.4.4 发展前景展望

目前，中国智慧建筑处于快速成长阶段。虽然我国智能建筑发展起步较晚，但是发展速度却不容小觑，已升级到智能建筑 2.0 的阶段，即智慧建筑阶段。我国智慧建筑行业市场在 2005 年首次突破 200 亿元之后，也以每年 20％以上的增长态势发展。截止到 2016 年，中国智慧建筑市场规模已超过 1853 亿元。随着中国城市化率的提高，新建建筑的增长速度已经放缓，但智慧建筑的市场反而在加速增长，一个重要因素在于存量建筑的智慧化程度在持续提升，并有望在未来打造智慧建筑集群，做到建筑互通、万物互联的盛况。

我国智慧建筑的建设已形成遍地开花的总体建设格局，除环渤海、长三角和珠三角三大经济区外，成渝经济圈、武汉城市群、鄱阳湖生态经济区、关中-天水经济圈等中西部地区的智慧建筑建设均呈现出良好发展态势。从建筑的类型划分，我国智慧建筑主要以商业建筑、办公建筑和住宅建筑为主。国内从事智慧建筑的企业约 3000 家，产品供应商近 3000 家，小规模从业企业多，行业集中度相对较低，前十大公司销售额仅占市场份额的 15％左右。随着技术进步、竞争环境日趋激烈，可以预见行业将会出现一系列整合，行业集中度将会提高，而行业内的规模较大的集成商也将会更多地在所处优势领域向整体解决方案综合服务商的方向发展。

新思界产业研究中心《2018—2022 年中国智能建筑行业市场分析研究报告》显示，在我国智慧建筑中，华北占比最大，达到 33.4％；其次是华东，占比为 28.5％；华南的份额占比为 20.4％，这三大地区经济较为发达，是我国主要智慧建筑的集中地。据前瞻产业研究院发布的《智慧城市建设发展前景与投资预测分析报告》预计，2016—2020 年，我国建筑智能化市场规模继续保持 30％左右的增长，到 2020 年或可达 6400 亿元，而在未来几年，智慧建筑、绿色建筑、装配式建筑都将成为建筑行业的主要发展方向。

习题

1. 物联网有哪些应用场景？并举例说明物联网的发展给生活带来了哪些变化。

2. 简要阐述物联网的三层体系结构，并利用物联网开发套件设计一个智能停车场系统。

3. 产品溯源系统是否有改进空间？可以结合区块链等新兴技术谈一谈你的认识。

4. 在精细化养殖系统中，试通过调整传感器的使用，来实现家畜的体温检测及报警。

5. 在智能门禁系统中，若要实现刷脸进门，需要对系统做出哪些调整？

6. 设想一个智能办公场景，需要设计哪些功能？